LA

CULTURE POTAGÈRE

D'AMATEUR,

BOURGEOISE & COMMERCIALE

NATURELLE ET FORCÉE

PAR

Fréd. BURVENICH, Père

PROFESSEUR HONORAIRE DE L'ÉCOLE D'HORTICULTURE
DE L'ÉTAT.

GAND
Maison d'Éditions et d'Impressions
Ad. HOSTE
Rue du Calvaire, 21-23.

1912

CULTURE POTAGÈRE

LA
CULTURE POTAGÈRE

D'AMATEUR, BOURGEOISE ET COMMERCIALE

NATURELLE ET FORCÉE

MISE A LA PORTÉE DE TOUS

PAR

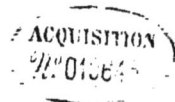

Fréd. BURVENICH, Père

Professeur honoraire de l'Ecole d'Horticulture de l'Etat,
Commissaire permanent de la Chambre syndicale des horticulteurs belges,
Membre du Conseil supérieur de l'horticulture,
Architecte paysagiste,
Membre correspondant de la Société nationale d'Horticulture et de la Société
pomologique de France et de « Deutscher Pomologen-Vereins »,
Membre effectif de la Société Royale d'Agriculture et de Botanique de Gand, etc.
Chevalier des Ordres de Léopold, d'Orange Nassau, du Mérite agricole de France
et de l'Ordre royal de la Couronne du Congo ;
Honoré de la Médaille, de la Croix civique de 1re classe et de la Décoration agricole
de 1re classe
Titulaire de la Croix spéciale de 1re classe de l'Union Agricole de Belgique
et de la Décoration commémorative du règne de S. M. Léopold II.

CINQUIÈME ÉDITION

Avec 497 figures et plans dans le texte et 6 planches en couleur

Le jardinier est l'orfèvre de la terre.
OLIVIER DE SERRES.

GAND
MAISON D'EDITIONS ET D'IMPRESSIONS
AD. HOSTE
Rue du Calvaire, 21-23
1912

PRÉFACE DE LA 4ᵐᵉ ÉDITION.

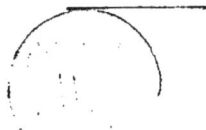

La grande vogue échue aux précédentes éditions nous dispense d'expliquer à nos lecteurs la raison d'être de cet ouvrage. D'ailleurs, par suite du grand mouvement de propagande en faveur de toutes les branches qui se rattachent aux productions du sol, la culture potagère est entrée dans une voie nouvelle ; elle tend de plus en plus à devenir une branche importante de l'industrie agricole, grâce au développement qu'ont pris dans notre pays l'industrie des conserves alimentaires en général et le trafic des légumes en particulier.

Le Gouvernement qui se préoccupe de tout ce qui a trait à l'agriculture et à l'horticulture, a compris la nécessité de contribuer au progrès de la culture maraîchère en instituant un enseignement régulier et gratuit dans toutes les régions agricoles du pays, consacré par des examens sur cette matière. Les conférences sur la culture maraîchère ont rendu des services incontestables, aussi bien aux maraîchers de profession, qu'aux jardiniers, aux bourgeois et aux ouvriers qui pratiquent la culture potagère.

Nous saisissons avec empressement l'occasion nouvelle qui se présente, de remanier notre traité de culture potagère, à un moment où cette culture si intéressante et si peu estimée jadis, a pris un nouvel essor et devient de plus en plus l'objet de la sollicitude de notre Gouvernement. Cette nouvelle édition est entièrement d'accord avec le programme officiel pour les conférences sur la culture maraîchère ; elle sera un guide pratique pour l'enseignement et pour les examens. Nous avons introduit de notables améliorations, signalant les progrès réalisés pendant la période qui sépare cette édition de sa devancière.

Malgré que nous ayons pris notre retraite à l'Ecole d'horticulture de l'Etat à Gand, où nous avons professé pendant 42 années le cours de culture maraîchère, et dont les élèves ont pendant 27 années fréquenté nos cultures personnelles, pour s'exercer dans la pratique de cette branche, à la grande satisfaction de la Direction et du Gouvernement, nous restons par penchant et par nécessité à l'avant-garde du progrès.

Nous recevons avec un intérêt toujours aussi vif les premiers échos de toutes les modifications et de tous les perfectionnements réalisés ; notre activité est tenue en éveil par les soucis de la position que nous ne cessons d'occuper dans l'enseignement en qualité de conférencier et de rédacteur en chef des Bulletins d'arboriculture qui accordent une large place à la culture maraîchère.

Comme pour nos éditions précédentes, nous avons pu, grâce à d'anciennes et solides relations, compter sur le concours bienveillant de MM. Vilmorin-Andrieux et Cie de Paris et de MM. Dutry-Colson de Gand, qui ont mis gracieusement à notre disposition toutes les gravures qu'il nous a plu de choisir dans leurs riches collections.

Nous adressons en particulier des remerciements au Gouvernement pour le puissant encouragement dont il a favorisé jusqu'ici nos publications qui ont eu l'honneur d'être adoptées par le Conseil de perfectionnement de l'Enseignement, recommandées aux instituteurs pour leurs études personnelles, leurs conférences et pour les bibliothèques des écoles normales.

L'Auteur.

PRÉFACE DE LA 5ᵐᵉ ÉDITION

Nous n'avons rien à retrancher de la préface qui précède, mais, certains détails à y ajouter. Notre situation personnelle ne s'est pas modifiée, sauf que les années sont venues s'ajouter au nombre de celles que nous comptions lors de la publication de la 4ᵐᵉ édition. Sans toutefois que nous nous désintéressions des cultures et de leurs perfectionnements, les années accumulées auraient pu nous faire reculer devant la charge d'une édition nouvelle, mais il semble écrit que le repos restera pour nous une perspective illusoire. Entraîné par plus d'un demi-siècle de travail et d'enseignement dans la culture potagère, sollicité par nos nombreux lecteurs, nos confrères et nos clients, engagé par notre éditeur très confiant dans le succès de nos ouvrages, nous nous sommes inspiré de la devise résignée du grand penseur et écrivain néerlandais Marnix « repos ailleurs ! »

De grands encouragements n'ont pas moins pesé sur notre décision et en tout premier lieu l'obligeant concours de la maison amie, Vilmorin-Andrieux et Cⁱᵉ de Paris, qui nous a permis de puiser, à pleines mains dans sa riche collection de gravures [1]. Nous avons rencontré aussi un obligeant accueil à la firme Dutry-Colson de Gand, pour les modèles d'outillage perfectionné, de M. W. Chr. Noske [2] et de M. L. Lacroix, Directeur de la ferme-école de Westmalle. Il nous est agréable de faire mention aussi de l'aide que nous a apportée notre fils Arthur, professeur à l'athénée royal de Bruxelles, aux connaissances linguistiques duquel nous devons la collaboration littéraire à ce texte revisé.

Si donc nous réussissons à rendre cette nouvelle édition digne en tous points des précédentes, nous le devons à des concours bienveillants et dévoués. Dans les dernières années le Gouvernement a témoigné un

---

(1) Voir 2ᵐᵉ édition de l'Album des Clichés, cartonné plats en toile, pris à Paris, quai de la Mégisserie 4, prix 11 frs.

(2) Auteur du magistral ouvrage en 2 vol. illustrés, *Vijanden van den Tuinbouw en hunne bestrijdingsmiddelen*, H. J. W. Brecht, Amsterdam, Prix 12 fr. 50 c.

intérêt toujours grandissant au progrès de l'horticulture en général et de la culture maraîchère en particulier. Il a prouvé cette sollicitude par l'institution de l'Office rural, à la tête duquel est placé un homme des plus compétent et des plus dévoué à la cause de l'horticulture ; cet organisme a déjà rendu des services importants. Plus spécialement le Gouvernement a installé au Ministère de l'Agriculture une division de l'horticulture, nommé des conseillers horticoles et institué le Conseil supérieur de l'horticulture.

Diverses stations d'expérimentation pour l'application du thermosiphon à la culture forcée des légumes, fonctionnent sous le contrôle des hortonomes. La présente édition traite longuement de cette importante question de la culture géothermique, qui a produit les plus beaux résultats à ses premiers essais.

Ayant été un des premiers à attirer l'attention sur la culture des légumes au Congo dans une brochure parue en 1885, nous sommes revenu sur cette question que des initiatives plus jeunes ont étendue sur place ; nous consacrons un article spécial à ce sujet qui intéresse si vivement notre colonie.

Puissent nos derniers efforts contribuer encore à l'avancement d'une branche de culture appelée à augmenter de plus en plus la production du sol de la patrie.

C'était le rêve de notre jeune âge dont notre vieillesse entrevoit avec bonheur la réalisation.

L'Auteur.

Gentbrugge, 1ᵉ septembre 1911.

GÉNÉRALITÉS

Du Sol.

Toutes les terres ne se prêtent pas également bien à la culture potagère, mais, il n'en est guère mauvaises, au point de ne donner un bon résultat, après un travail préparatoire intelligent et deux ou trois années de bonne culture. La culture des légumes améliore le sol ; il n'est donc pas indispensable que celui-ci soit dès le début de qualité irréprochable, principalement là où l'exploitation est restreinte. Bien des terres ne doivent leur prodigieuse fertilité et leurs récoltes magnifiques qu'aux efforts persévérants de l'homme et à des fumures abondantes.

Il n'en reste pas moins vrai, qu'une terre fertile, bien perméable à l'air, à l'eau et à la chaleur, ayant une consistance moyenne, c'est-à-dire, ayant pour éléments principaux, le sable et l'argile à dose à peu près égale, est toujours préférable à toute autre.

Nous ne nous arrêterons pas à des généralités ayant trait à la composition chimique et à l'état physique des terres, à leurs éléments de fertilité ou à leur aptitude à produire plus facilement telle ou telle plante. Il est bien rare qu'on puisse utiliser ces connaissances pour prendre une terre de son choix ; il faut en fin de compte toujours se contenter du sol dont on peut disposer, l'améliorer de son mieux par des labours profonds, le drainage, les fumures appropriées bien réparties, et par un système de culture générale bien combiné, tel que nous allons l'exposer.

Pour le jardinier, le sol se compose de la couche supérieure ou *terre arable* et du *sous-sol* ou fond du terrain.

La couche arable est celle qu'il faut examiner d'abord et étudier à différents points de vue : 1º la configuration et l'élévation de sa surface, c'est-à-dire son profil et son niveau ; 2º sa composition et 3º son épaisseur.

1º. — Sauf dans quelques cas spéciaux le potager doit être entièrement de niveau; cependant une pente dans la direction du nord au midi, et n'excédant pas 2 c. par mètre est avantageuse. Dans les fortes déclivités, les pluies entraînent les terres et les engrais, souvent les graines et les plantes elles-mêmes ; il y règne une humidité inégale, la terre étant trop sèche à un endroit, trop humide à l'autre.

On redresse les légers défauts de nivellement par le

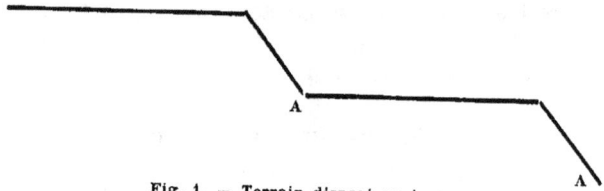

Fig. 1. — Terrain disposé en terrasses.

bêchage et surtout par le défoncement ou labour profond. Lorsque la différence de niveau est notable, on retire des terres dans les parties élevées pour les amener dans les parties basses ; on ouvre des tranchées profondes d'un mètre au moins, afin de prendre une égale proportion de sous-sol et de terre arable évitant ainsi de priver de sa couche fertile le terrain où se fait le déblai.

Dans les terres accidentées et à pente rapide, on dispose le potager en terrasses (fig. 1). Les retraits A sont retenus par des talus de gazons superposés, de pierres ou de briques, suivant les ressources locales ; ils offrent ainsi autant d'abris aux parties situées devant eux.

Lorsque le niveau est trop élevé, il faut l'abaisser, soit en ouvrant sur toute la surface plusieurs tranchées dont on extrait le sous-sol qui sera mis hors d'usage, soit en défonçant tout le terrain et en rejetant à la surface, pour les enlever la troisième pelletée et au besoin la quatrième. Ce déblaiement est des plus urgent dans les terres légères et relativement élevées dont le sous-sol est constitué de sable ou de tuf ferrugineux ainsi que dans les terrains schisteux ou marneux. Le sable s'il est blanc ou jaune, paie largement la main d'œuvre parce qu'il est utilisé dans les travaux de maçonnerie et surtout par les briquetiers. Dans le cas où il y a du tuf, l'extraction est de rigueur et il faut l'éloigner du terrain. Les tufs sont imperméables et les plantes qui croissent au-dessus d'eux sont plus sujettes au pernicieux effet des gelées tardives et de la sécheresse. Lorsque ces tufs sont simplement ramenés à la surface, et qu'on les y laisse, les sels ferrugineux sont entraînés dans le sol et le banc de tuf se forme de nouveau à une certaine profondeur en une vingtaine d'années. En général, un sol élevé et sec est chaud et convient aux premiers produits de la saison, mais en somme il a moins de valeur qu'une terre qui conserve une certaine fraîcheur en été. D'ailleurs il est toujours facile de créer artificiellement des emplacements qui se prêtent aux cultures hâtives.

2° — Quant à la *composition* de la couche végétale, elle ne consiste primitivement qu'en argile, sable et chaux dont les différentes proportions ou l'absence de l'une d'elles dans le mélange, modifient la nature.

Un mélange où la terre grasse, l'argile domine, forme ces terres qu'on nomme *terres fortes* ou *grasses*. Elles sont naturellement fertiles ; elles se chauffent lentement au printemps, les pluies les rendent tenaces et la sécheresse les durcit et les fait crevasser. A mesure que la quantité de sable augmente dans le mélange, il forme des terres argileuses douces, *terres franches*, terres à blé qui par excellence, conviennent à la culture des légumes.

Lorsque, au contraire, le sable domine absolument, on se trouve en présence d'une *terre légère* ou sablonneuse qui a des qualités et des défauts opposés à ceux des terres fortes. Enfin, la présence de la chaux sous quelque forme que ce soit, plâtre, marne ou autre, donne aux terrains une consistance et des qualités particulières très favorables à la culture ; on nomme alors ceux-ci *terrains calcaires*.

Il n'y a pas de terres dont la composition se borne exclusivement à ces matières premières. Toujours il y entre une partie plus ou moins forte de substances minérales très diverses ainsi que des matières organiques, débris végétaux et animaux, dont l'action sur la végétation est variable. Celles-ci en intervenant dans le mélange, le modifient considérablement et forment de nombreuses variétés de terrains qu'il serait oiseux d'examiner séparément, tels que les *terrains schisteux, pierreux, marneux, humeux, tourbeux*, etc.

3° — La *profondeur* ou *l'épaisseur* moyenne de la croûte

arable se détermine en y creusant à différents endroits des fosses de sondage qui mettent à nu la disposition des couches. Aussi loin que la terre conserve la même couleur et n'est pas humide à l'excès, elle peut être considérée comme couche arable. Plus celle-ci a d'épaisseur, plus les plantes y prospèrent. On peut qualifier de médiocre, tout terrain qui a moins de 50 à 60 c. de couche végétale et, dès lors, on doit pourvoir aux moyens d'augmenter celle-ci.

Le moyen le plus simple consiste à vider tous les chemins jusqu'à ce qu'on arrive au sous-sol même et de répandre cette terre sur les carrés du potager.

La terre extraite est remplacée par des matières rapportées, cendres de four, déchets de briqueteries, etc., et par le sable même qu'on pourrait retirer des carrés, si à cause de l'élévation du niveau du terrain il avait fallu l'abaisser en le désablant. Il est du reste toujours recommandable de vider les chemins et de les combler au moyen des matières précitées. On améliore ainsi à la fois la terre cultivée et les chemins eux-mêmes qui restent toujours secs et praticables en toute saison ; ils servent en outre de drains d'écoulement et d'artères d'aérage pour le terrain.

Le deuxième moyen est le *défoncement*. En labourant profondément, on déplace une partie du sous-sol qui, amené à la surface, devient arable par les travaux de culture et par l'action des agents naturels. On ne se rend vraiment pas assez compte de l'immense amélioration que produisent les labours à une profondeur de trois fers de bêche. Ce n'est pas un paradoxe de dire, qu'augmenter l'épaisseur de la couche arable, équivaut à agrandir la surface.

Ce labour peut se pratiquer de diverses manières :

Pour celui qui ne regarde point aux frais d'un labour général, la meilleure marche à suivre est de défoncer totalement le terrain dès la première année de la mise en exploitation ; mais il faut dans ce cas donner une forte fumure à tout le jardin.

Si l'on désire répartir le travail et la dépense sur plusieurs années, on pourra défoncer par zone, c'est-à-dire défoncer la moitié, le tiers, ou le quart du jardin chaque année.

Le défoncement, de quelque manière qu'il se fasse, expose aux agents atmosphériques et aux influences des labours et des engrais les couches inférieures qui s'améliorent en peu de temps. Il facilite aussi la pénétration de l'air, de la chaleur et de l'eau à une plus grande pro- fondeur. Si les deux couches de terre qu'on remue, étaient de nature toute différente (par exemple, sable et argile ou marne) on pour- rait, en défonçant, les mêler au lieu de les superposer, afin d'obtenir un sol de consis- tance moyenne.

Drainage.

Dans les terrains humides par la nature de leur sous-sol, il sera utile de drainer par la méthode ordinaire, si le défoncement ne peut les rendre assez perméables. Le drai-

Fig. 2. — Coupe d'une rigole de drainage avec le drain O.

nage appliqué à de petites surfaces n'est ni difficile ni oné- reux et les résultats sont très rémunérateurs ; pour de grands travaux de ce genre on s'adresse à des spécialistes. Les principaux points à envisager sont les suivants : Les petits drains doivent suivre la direction des pentes et doivent être placés le plus profondément possible, au mini- mum à 1 mètre de profondeur. Dans certaines circonstances, les rigoles pourraient être encore plus profondes. Ces der- nières sont creusées à des distances variables, suivant la qualité du sol et la profondeur à laquelle il est possible de les vider ; plus elles sont profondes, moins elles seront rapprochées. On se guidera sur les indications suivantes :

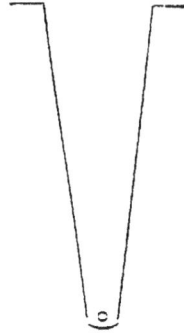

QUALITÉ DU SOL	Minimun de distance de drains	Maximum de distance des drains
	Mètres	Mètres
Sol sablonneux	15	20
Sol tourbeux	11	14
Sol argilo-sablonneux ou pierreux. . . .	10	15
Sol argileux compact	7	10
Sol crayeux ou marneux.	8	11

Les rigoles doivent avoir 40 c. de largeur en haut et 8 à 10 c. de largeur au fond (voir fig. 2) ; le fond aura le plus de pente possible ; celle-ci ne pourra cependant mesurer moins de 4 c. pour 5 m. de parcours.

Quelquefois, dans les petits travaux, on remplace les tuyaux en terre cuite par des fascines ou de gros décombres.

Les Abris.

Dans les pays plats et les localités exposées au vent, comme le sont nos Flandres, il est indispensable d'abriter le potager au moins contre les vents du Nord et de l'Ouest. Les deux autres côtés sont clôturés de haies, ou de fils de fer en ronce artificielle. Dans les petits jardins qu'il importe de ne pas trop enfermer, ce dernier mode de clôture à claire-voie est préférable.

Les abris consistent généralement en murs, palissades, haies ou rideaux d'arbres.

Murs.

Les murs sont les abris les plus parfaits, mais aussi les plus coûteux à établir ; celui qui peut faire les avances de fonds doit toujours leur donner la préférence. Ils clôturent bien la propriété, ils demandent peu d'entretien et au bout d'un certain temps, paient les débours par les fruits des arbres qu'on y palisse et par les légumes précoces qu'on récolte dans leur voisinage.

. Les palissades en planches sont moins coûteuses, mais leur durée est limitée. Si l'on veut adopter ce genre de clôture et en retirer tout l'avantage, il faut combiner le bois et le fer, c'est-à-dire fixer dans le sol des montants en fer et y attacher des planches.·

Les palissades en roseau, en paille, en genêt ou en torchis ne sont pas aussi recommandables parce qu'elles servent de refuge à une foule d'insectes, ne sont guère durables et offrent prise au feu.

Il reste encore la ressource des haies vives. Nous donnons la préférence aux haies en Aubépine, surtout quand on désire à la fois un abri et une clôture défensive. Les palissades en Charme, en Hêtre et en arbres verts, tels que Ifs, Thuias, Troëne du Japon, Houx, etc., abritent à la perfection.

Par l'usage de la ronce artificielle qui rend toutes les haies parfaitement défensives, les plantes épineuses ont perdu de leur importance.

Dans les petits jardins où il faut être parcimonieux du terrain et qu'il n'est pas recommandable de trop renfermer, on se contente d'une simple clôture en fil de ronce (fig. 3).

Dans les parcs-paysagers, on entoure parfois le potager d'épaisses plantations, dans le seul but de le masquer ; on peut l'arbriter par la même occasion. Il faut éviter cependant de placer des grands arbres trop près de la limite pour éviter que ni leur branchage ni leurs racines ne nuisent au potager. Lorsque les accotements extérieurs du potager le permettent, il faut entourer celui-ci d'arbustes qui ne dépassent pas la hauteur de la clôture et ne planter des arbres plus élevés qu'à mesure qu'on s'éloigne du jardin.

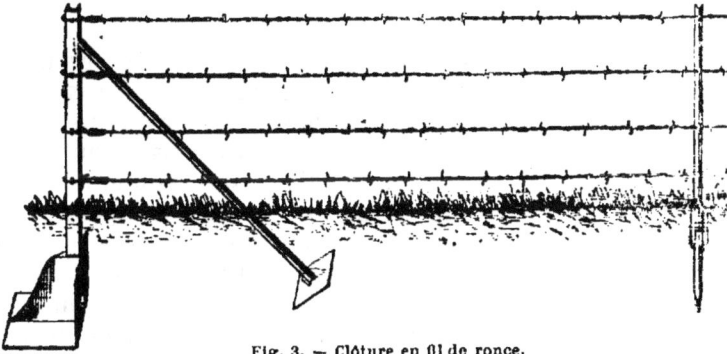

Fig. 3. — Clôture en fil de ronce.

D'ailleurs, l'habitude de masquer le potager à l'excès ou de le reléguer dans un coin perdu, se perd de plus en plus, depuis que ce genre de jardin s'installe de façon à ne plus offusquer la vue.

Dans les localités giboyeuses, il faut absolument éviter l'invasion des lièvres et des lapins, qui rendent la culture impossible ; il faut empêcher de même l'accès du potager aux oiseaux de basse-cour, qui causent aussi de grands dégâts.

On garnit à cette fin le bas des haies d'un treillage en fil de fer galvanisé à mailles de 5 c. et de 60 c. de hauteur (fig. 4). Ces tissus se fixent à la haie même, à des fiches en fer ou à des piquets en bois.

Ce n'est qu'en automne et en hiver, au moment des labours, qu'il est recommandable de laisser aux poules et aux

Fig. 4. — Clôture contre les rongeurs et la volaille de basse-cour.

canards l'accès du potager qu'ils délivrent d'une multitude de vers, de larves et de limaces.

Contre-vents.

L'intérieur du potager doit être coupé d'abris secondaires, surtout s'il est d'une grande étendue et si aux limites extrêmes il n'est pas assez abrité contre les vents.

On fait servir à un double but ces brise-vents en les formant au moyen d'arbres ou d'arbustes fruitiers : les haies fruitières ou contre-espaliers sont formés de petits arbres conduits en cordons ou en palmettes à branches redressées.

On peut aussi cultiver des groseillers, mais en haies proprement dites sur treillis simples ou doubles, ou former des haies de Cerisiers (Griotte) du Nord qui sont très productives.

Nous condamnons les rangées de gros buissons, qui empiètent beaucoup sur le terrain et projettent trop d'ombre.

L'utilité des abris secondaires est incontestable : ils arrêtent le vent qui, en pénétrant dans le potager, causerait de grands dommages aux jeunes plantes et aux semis récents. Au pied de ces abris peuvent se trouver une plate-bande ombragée et une autre exposée au soleil, deux emplacements qu'on utilise d'après les différentes époques de l'année.

Afin de se ménager la libre circulation de l'air, ce qui

est de la plus haute importance surtout pour les plantes à fruits, ces brise-vents ne doivent se trouver que de 12

Plan et distribution du potager.

N   E

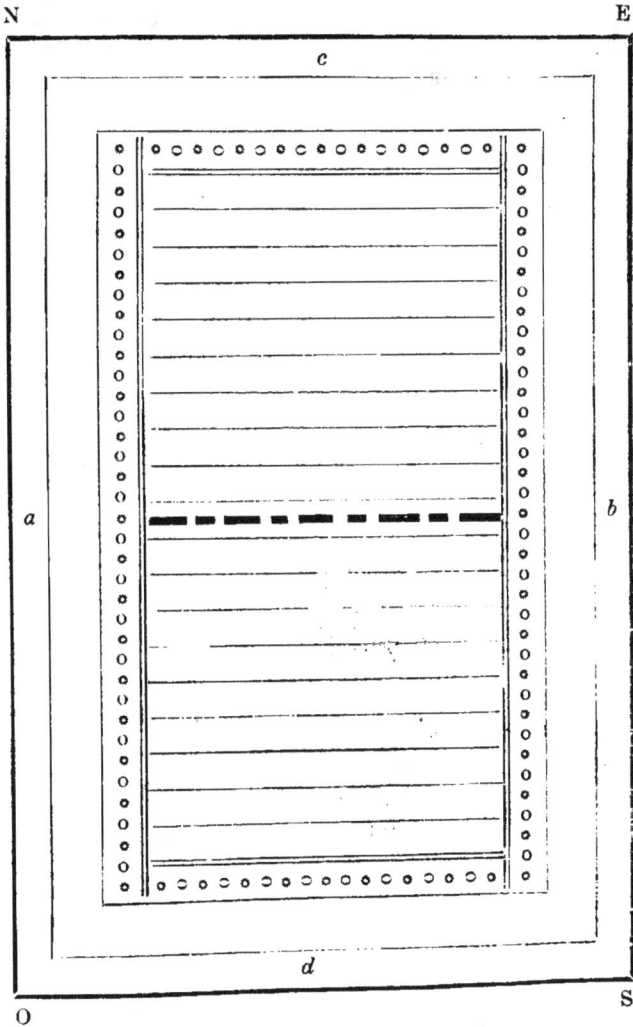

O   S

Fig. 5. — Plan d'un petit potager entouré de murs.

à 15 m. de distance et leur hauteur ne doit pas excéder 1 m. 60.

Le potager doit autant que possible, présenter une configuration régulière, soit carrée, soit rectangulaire. Quand on est libre de déterminer la configuration du terrain, comme cela se présente assez ordinairement pour les potagers enclavés dans les jardins d'agrément, on donnera la préférence à un rectangle. Ce terrain se divise par des chemins et .des sentiers en carrés ou zones, plates-bandes, planches et côtières. La division varie suivant la grandeur et la disposition du jardin.

Un petit jardin (fig. 5) ne comprend qu'un *carré* encadré d'un *chemin de ceinture* et coupé en deux *parcelles* par un abri secondaire. Une plate-bande *abcd* longe le mur ; une 2° plate-bande encadre le carré et peut être plantée d'arbres fruitiers o et ᴥ.

En règle générale du côté où le jardin est entouré de haies, les chemins de ceinture longeront celles-ci, le terrain étant toujours effrité dans leur voisinage immédiat.

Un jardin de dimension moyenne (fig. 6) peut se diviser en 2 carrés par un *chemin transversal*.

Les chemins principaux *a*, sont longés de *plates-bandes* ordinairement un peu élevées ; elles servent à la culture des arbres fruitiers en contre-espalier ▬ ▬ ▬, des groseillers en boule sur tige de 1 m. de hauteur ❋ et des fraisiers ; parfois on les borde de cordons horizontaux de pommiers ou de poiriers. On doit y introduire le moins possible des arbres en pyramides, vases, fuseaux ou buissons o, et dans aucun cas des arbres à haut vent. Moins il y a d'arbres fruitiers dans un potager et plus il produira de légumes. On désigne par le nom de *potager-fruitier*, toute culture potagère où les arbres fruitiers occupent une grande partie de la place.

Un jardin de dimensions plus grandes admet un tracé en 3 carrés (fig. 7) et un plus vaste potager est divisé en 4 carrés par des chemins ABCD qui se coupent en croix et à angle droit (fig. 8).

Dans le plan n° 7, de larges plates-bandes longent les murs ═════ des côtés Nord et Ouest ; elles sont étroites près des clôtures en ronce artificielle o..........o.

Les *planches* du potager ne peuvent pas avoir plus de 1.35 m. de largeur. Dans les petits jardins on ne leur donne qu'un mètre, afin d'en multiplier le nombre ce qui permet d'accorder une petite place à chaque légume. Elles sont séparées par des sentiers de 30 à 40 c. Ceux-ci sont creux

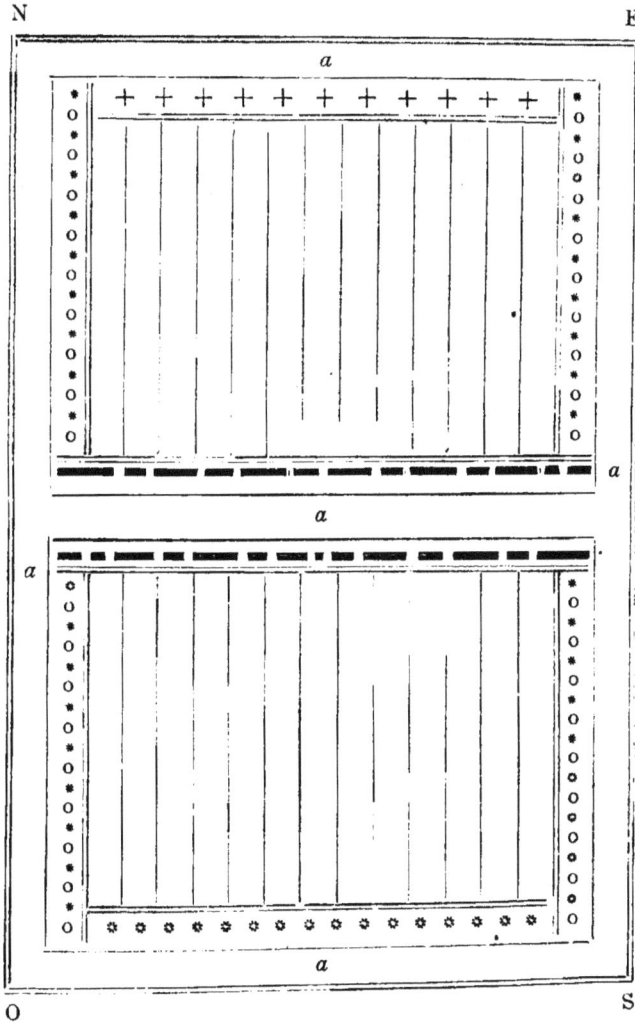

Fig. 6. — Plan d'un potager moyen, entouré de haies.

dans les terrains humides et au printemps dans tous les terrains, de niveau dans les terrains secs.

Les *côtières* sont des planches élevées au-dessus du niveau du sol ; on doit les multiplier autant que possible dans les

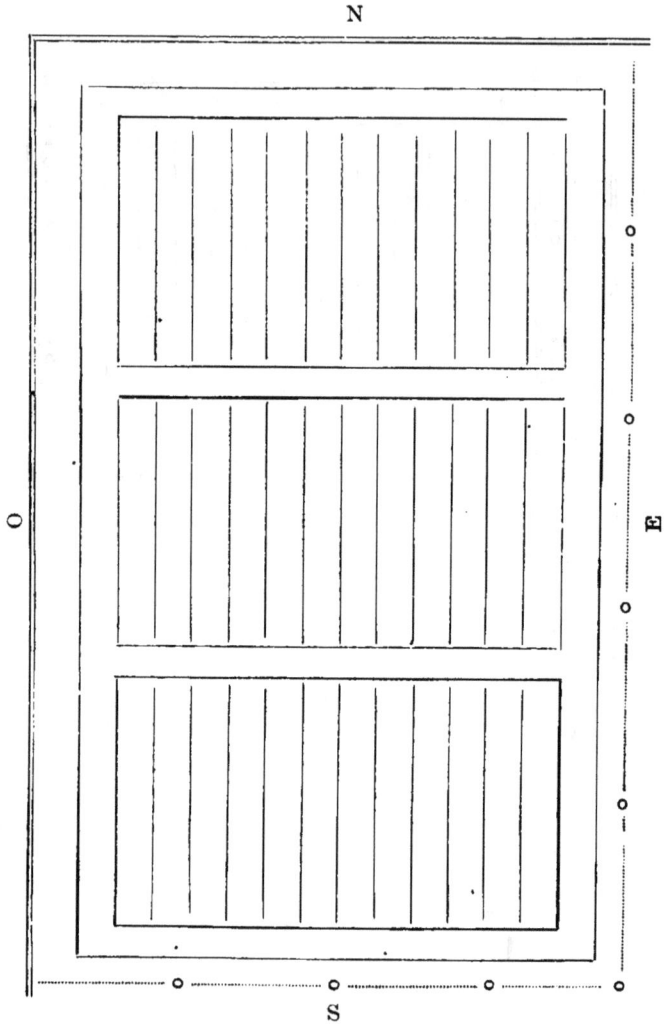

Fig. 7. — Plan d'un jardin potager divisé en 3 carrés.

terrains froids et dans les cultures où l'on vise à obtenir des primeurs de plein air. Les côtières sont d'ailleurs toujours utiles à certaines plantes : Haricots nains précoces et

tardifs, Concombres, Courges, Pourpier, Tomates, Tétragone, etc. On les établit à proximité des abris et de préférence

Fig. 8. — Plan d'un grand jardin potager.

contre les murs à bonne exposition (fig. 10) mais au besoin
on peut les installer en plein jardin. La cotière doit présenter la coupe de la figure 9.

Les talus *a*, peuvent avoir 15 c. et *b*, 30 c. ; ils sont

Fig. 9. — Coupe d'une côtière.

gazonnés pour bien soutenir la terre. On pourrait, si on

Fig. 10. — Côtière adossée à un mur.

ne juge pas ce luxe trop coûteux, les border de tuiles plates,

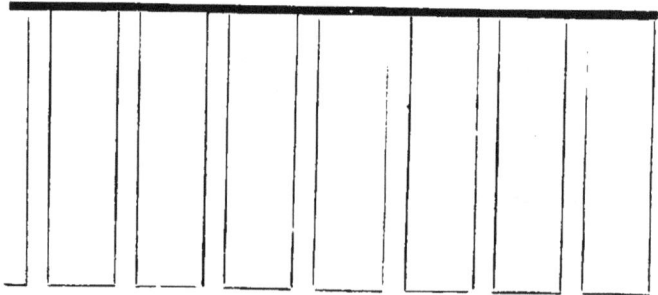

Fig. 11. — Côtière divisée en planches.

d'ardoises ou de planches.

La côtière doit être formée d'un fond perméable (scories, cendres, menus décombres) ; à la surface elle doit être composée d'une terre artificielle (terreau, gazons décomposés, etc.). On peut encore ranger parmi les côtières les planches ordinaires, élevées en *ados* (fig. 12), pour les plantes qui craignent l'humidité.

Devant les murs où les constructions très élevés on fait des côtières plus larges, qu'au besoin on divise en petites planches inclinées (fig. 11).

Nous ne saurions assez insister sur l'utilité des côtières ; on les rencontre trop rarement. Quand on se donne la peine d'abriter les plantes précoces cultivées pour les récolter avant la saison normale, soit avec des cloches, soit en étendant sur des supports, des couvertures en paille ou en roseau, ces côtières remplaceront jusqu'à un certain point

Fig. 12. — Planche surélevée en ados.

les couches sourdes. Elles constituent en quelque sorte la forcerie du petit jardin bourgeois.

Des Engrais.

C'est dans la culture potagère, qui doit être essentiellement intensive, que les engrais jouent le plus grand rôle. Il s'agit en effet de produire en peu de temps et avec une grande vigueur de végétation la plupart des légumes, pour qu'ils soient de bonne qualité et d'une culture lucrative.

Toutes les plantes, pour atteindre un développement normal, ont besoin outre l'eau et certaines matières gazeuses répandues dans l'atmosphère, des 4 éléments suivants : chaux, potasse, acide phosphorique et azote. Un mélange de ces 4 matières se nomme *engrais complet*. Tous les composés qui ne renferment pas ces 4 matières sont appelés *engrais incomplets*.

Le fumier d'étable est complet tandis que le sang, ne renfermant pas de potasse, est incomplet.

Un engrais chimique renfermant les 4 éléments fondamentaux est complet, tandis que le nitrate de soude, le sulfate d'ammoniaque, etc., sont des engrais incomplets qui ne fournissent que l'élément azote.

L'engrais complet répandu à dose suffisante nourrit la plante sans que celle-ci doive emprunter quelque chose au sol.

On entend par fumier, des mélanges plus ou moins complexes de matières animales, végétales et minérales, capables de se décomposer dans se sol. D'après cette définition, presque toutes les matières qu'on rencontre dans la nature peuvent contribuer dans une certaine mesure à fertiliser la terre ; on peut aussi en conclure que des quantités énormes de ces matières se perdent, surtout pour la petite culture.

En effet on ignore généralement les qualités améliorantes et la richesse en substances nutritives des coquillages, des cendres, des os, des chiffons de laine, des herbes et de tant d'autres déchets qui se perdent journellement.

Fosse à fumier.

Dans chaque exploitation de culture potagère, dans le plus modeste jardin même, il faut trouver place pour une fosse à fumier, où on réunit tous les débris du ménage et les déchets ainsi que les mauvaises herbes du jardin ; toutes ces matières s'y transforment en engrais. L'établissement de ce réduit est fort simple : On construit une fosse dont les parois ont une brique d'épaisseur et la forme d'un carré ou d'un rectangle, même d'un cercle dont les dimensions peuvent varier selon l'importance de la culture. Cette construction est enfoncée d'un mètre dans le sol et dépasse le niveau de 20 c. Un toit léger en carton bitumé, soutenu par des montants en bois et qui repose sur la maçonnerie suffit pour abriter le fumier contre le soleil et la pluie. Un enfoncement ou puisard est réservé dans un des coins afin d'en retirer l'eau qui s'y introduit, ou celle qu'il est nécessaire d'y verser pour régler la fermentation des matières qui y sont déposées ; cette partie liquide qu'on appelle *jus de fumier*, est d'une action très efficace, appliquée en arrosement. Il est avantageux de faire piétiner les débris qu'on y jette par un ou plusieurs moutons, chèvres, porcs, génisses, etc. Dans ce même local peut se trouver un tonneau destiné à recueillir les os, les chiffons de laine, les arêtes de poisson, etc.

Lorsque la fosse à fumier est remplie, on retire les matières qu'elle contient, mais avant d'en faire usage on les mêle et on les divise soigneusement, au besoin on les arrose d'engrais liquide, et on les remonte en tas conique pour leur faire subir une nouvelle fermentation. Quelque temps après cette opération, on sera en possession d'un fumier bien homogène, doué par sa nature variée et complexe d'une grande puissance fertilisante. Le fumier couvert est une grande amélioration introduite en agriculture, et la culture potagère aussi peut en retirer des bénéfices appréciables.

On est encore trop porté à ne regarder comme engrais que les déjections des animaux. Chacune de ces matières offre selon sa provenance des qualités spéciales, mais elles ont les meilleurs effets en mélange. Tout fumier d'étable, d'écurie ou autre, doit être décomposé avant qu'on puisse s'en servir utilement, tant dans les terrains légers et chauds, que dans ceux qui sont compacts. Le fumier réduit offre sous un petit volume une grande somme de matière fertilisante directement assimilable par les plantes. Le fumier long et pailleux n'est recommandable dans aucun cas, mais il est le moins nuisible dans les terrains humides et lourds. Afin de mieux faire comprendre la valeur des différentes sortes d'engrais, nous dirons quelques mots de chacun en particulier.

Engrais de ferme.

On entend plus particulièrement par là, les déjections des animaux domestiques mêlées à la litière. On estime en première ligne de fumier du bétail, surtout celui des animaux qu'on prépare pour la boucherie et celui des chevaux; mais il ne faut pas dédaigner celui des moutons, des chèvres, des lapins et des porcs. Mêlés aux fumiers d'écurie, ceux des porcheries sont surtout utiles pour la fabrication des composts et des couches. La vive fermentation qu'ils provoquent, transforme en peu de temps les matières inertes qu'on y ajoute (mauvaises herbes, feuilles et déchets végétaux de toute sorte) en un excellent terreau ou fumier de paillis.

Les composts en général, par leur nature complexe, sont des engrais précieux, et on devrait en faire un plus grand usage, parce qu'ils constituent une fumure d'un prix relativement peu élevé, étant formés en grande partie de matières sans aucune valeur. Les immondices de ville, passés au crible, constituent un excellent engrais mixte ; les maraîchers des environs de Malines et ceux du Nord de Gand, utilisent avec grand profit les balayures des villes voisines.

Le fumier composé de tourbe ayant servi de litière, est précieux pour la culture des légumes. Il est très substantiel, car la tourbe retient les déjections liquides. Il est riche en humus et ne renferme pas de graines de mauvaises herbes. Cet engrais est précieux pour être appliqué en couverture comme paillis. Son prix de revient est de 10 fr. par 1000 kilogrammes.

Engrais liquide.

Toute matière fertilisante préalablement diluée dans l'eau, agit immédiatement après son emploi, parce qu'on doit forcément donner cet engrais à la surface du sol. C'est erronné de croire que les engrais de vidange font contracter un mauvais goût aux légumes qui les reçoivent : les plantes n'absorbent pas l'engrais, de toute pièce par les racines, mais les tissus mous et herbacés se pénètrent facilement des émanations ambiantes. Il ne faut donc jamais mettre cet engrais aux plantes peu de temps avant le moment qu'on les livrera à la consommation. Dans les terrains sablonneux, il faut faire ample usage des engrais liquides surtout pour les plantes à développement rapide ; les arrosements avec cet engrais constituent la plus puissante fumure auxiliaire.

La louche à purin, ne l'oublions pas, est la *baguette magique* de la petite culture et du jardinage en Flandre.

Engrais minéraux.

On donne souvent à ces engrais le nom d'amendements, mais tout ce qui contribue à améliorer physiquement ou chimiquement le sol doit être considéré comme engrais.

La *chaux* est indispensable dans les terrains sablonneux, surtout dans ceux de nature plus ou moins marécageuse ainsi que dans les terres noires humeuses ou tourbeuses dont elle neutralise l'acidité tout en y activant la décomposition des matières organiques. Elle est très utile aussi dans les terrains compacts. La meilleure manière de la répandre, est de l'éteindre sur place, soit pure, ou mieux encore en la mêlant à de la terre et à des herbes ou à d'autres débris végétaux ; on l'éparpille immédiatement sur le sol et on la mélange par un hersage. Dans certaines localités, c'est la chaux marneuse ou bien le plâtre qu'on emploie ; cette dernière matière est un excellent composé de chaux et joue un rôle important comme corps fixateur des sels de potasse qu'il rend assimilables ainsi que l'azote des matières organiques. Les Haricots, les Pois, les Fèves, les Choux et tous les porte-graines trouvent dans le calcaire une substance nutritive qui leur est indispensable.

La chaux cendrée, qui n'est qu'un déchet dont le prix de revient est très bas, peut s'employer utilement et économiquement.

Les *cendres de bois*, sont un précieux engrais ; celles de la houille, si abondantes et si fréquemment perdues, peuvent être très utilement employées en culture maraîchère.

Engrais vert.

Est celui provenant de plantes qu'on enterre. On cultive à cet effet la spergule, la navette, la moutarde, mais surtout des plantes de la famille des légumineuses : Lupin, Vesces, Serradelle, qui plongent leurs racines profondément dans le sol et amènent à la surface les matières devenues inaccessibles à d'autres plantes. De plus, il est reconnu que les plantes de cette famille s'approprient une grande quantité d'azote qu'elles empruntent à l'air.

Engrais chimiques.

L'application des engrais chimiques quoique mieux connue et plus appréciée des maraîchers, est encore trop peu pratiquée en culture potagère.

Ces engrais comme fumure auxiliaire en combinaison avec les fumures ordinaires, rendent de grands services. On peut les administrer aux plantes à toute époque, même peu de temps avant de les récolter : ils sont inodores et d'un épandage très aisé.

On entend par engrais chimiques, des mélanges à composition fixe de toutes les matières indispensables à chaque genre de plantes en particulier. Voici les principales matières premières qui entrent dans leur composition.

Nitrate de soude, 15 à 16 % azote.

Sulfate d'ammoniaque 20 % azote.

Chlorure de potasse de 50 % de potasse pur. C'est le meilleur sel de potasse.

Les matières potassiques connues dans le commerce sous les noms de *Kaïnite* et *Carnalite*, sont des sels bruts renfermant des matières qui peuvent être nuisibles aux plantes délicates.

Superphosphate de chaux de 15 à 16 % d'acide phosphorique soluble.

Plâtre ou *sulfate de chaux*.

Sulfate de potasse 23 % sulfate de potasse.

Nitrate de potasse ou *salpêtre* raffiné avec 92 % d'azote potassique.

Tous ces ingrédients sont absorbés par les plantes et doivent être restitués au sol ; rarement ils se trouvent dans les fumiers ordinaires en quantité suffisante et jamais ils ne s'y rencontrent dans les proportions voulues.

Les sels de potasse ne sont pas seulement indispensables à un grand nombre de plantes, mais elles favorisent l'action des phosphates et des substances azotées.

Comme la mise en pratique des formules pour la composition des engrais chimiques à employer pour les différents genres de plantes est assez compliquée, on peut, en culture potagère, faire usage général d'un mélange qui convient à la grande majorité des produits. C'est un engrais complet, composé comme suit :

     Azote soluble, nitrate de soude 5 ½ à 6 %

     Acide phosphorique soluble

       dans l'eau et dans le citrate

       d'ammoniaque . . . . . 4 à 5 »

     Potasse anhydre . . . . . 7 à 8 »

     Sulfate de chaux . . . . . 35 à 36 »

       dont 22 % de plâtre cuit.

Ce mélange revient environ à 16 fr. les % k.

Avant de semer les légumes on répand l'engrais à la surface à raison de 1 kilo par 10 m. carrés et on le ratisse plusieurs fois dans la terre avant de semer. Dans les terres légères il suffit de répandre l'engrais à la surface du sol.

Le sulfate d'ammoniaque, le nitrate de soude, le salpêtre et autres matières azotées s'emploient très avantageusement en supplément pour tous les produits foliacés chez lesquels il importe de provoquer une végétation rapide et pour stimuler la croissance de toutes les plantes qui se développent trop lentement, faute d'engrais, ou par suite d'influences climatériques, telles que l'humidité ou le froid prolongés.

Il faut confier l'engrais chimique à la terre à plusieurs reprises le plus près possible de l'instant où la plante peut en tirer profit. Il ne faut pas perdre de vue, que les engrais chimiques ne peuvent seuls entretenir la fertilité du sol. Pour en obtenir des effets durables, ils doivent être employés en supplément aux fumures ordinaires.

L'application du nitrate de soude est des plus utile en culture potagère. Nous donnons ci-dessous un tableau indiquant son emploi par surface de 100 m. carrés (un are).

Asperge	2.5 kil. en avril et 2.5 kil. en mars
Carottes, navets et scorsonères . .	1.25 kil. après la levée et 1.25 kil. un mois plus tard.
Céleri	2.5 kil. donné en deux fois sur une double ligne de 50 m. de longueur.
Choux de toutes races	2.5 kil. à la plantation et 2.5 kil. lorsqu'ils sont en pleine végétation.
Concombre . . .	1 kil. au moment du semer et 1 kil. lorsque les plants sont bien levés.
Epinard . . .	2.5 kil. lors des semailles et 2.5 kil. lorsque les plants sont bien en feuilles.
Fraisiers	1 kil. au mois de mars et 1 kil. fin avril.
Fève, haricot, pois.	N'exigent pas de nitrate comme supplément de fumure.
Oignon et poireau .	2.5 kil. à la levée des plantes et 2.5 kil. quand les plantes sont en plein développement.
Pomme de terre. .	2 kil. nitrate de soude lors de la plantation et 2 ou 3 fois la même quantité pendant le développement.
Laitue et endive .	2.5 kil. en plantant et 2.5 un mois plus tard.
Radis	2 kil. en semant et 2 kil. après la levée complète.
Rhubarbe. . . .	2.5 kil. au printemps et 2.5 kil. pendant la cueillette des feuilles.

Pour produire toute son action fertilisante, le nitrate de soude doit être employé là où il y a assez d'acide phosphorique et de potasse dans le sol. Il faut aussi le répandre souvent et par petites doses et jamais sur des feuillages humides. De ce qui précède on peut conclure, que si on donne en hiver par are 5 kil. de potasse et 7 kil. superphosphate au printemps on obtiendra un résultat parfait avec les doses de nitrate de soude indiquées plus haut.

On doit bien tenir compte que la plupart des engrais chimiques exercent une action corrosive sur les graines, particulièrement le nitrate de soude, le chlorure de potasse et autres sels potassiques.

Ces matières doivent être introduites dans le sol un certain temps avant les semailles et être bien mêlées à la terre ou bien quelque temps après la germination. Répandre *en même temps* les graines et les sels fertilisants est une pratique nuisible.

Engrais du commerce.

Par suite de la grande extension que prend la culture et de la nécessité pour le cultivateur de produire plus de récoltes, les fumiers ordinaires sont devenus insuffisants. Les principales matières fertilisantes qu'on trouve dans le commerce sont :

1° Le *guano* qui produit des résultats merveilleux dans la culture potagère ; malheureusement, cette matière est l'objet de falsifications telles que beaucoup de cultivateurs hésitent à en faire encore usage.

2° Les *tourteaux* de graines oléagineuses sont employés par les jardiniers avec assez de succès tels que ceux de Colza, d'Arachide, de Ricin, etc. : ces derniers, employés, dilués ou en farine grossière constituent un engrais puissant qui en outre éloigne beaucoup d'insectes : il importe, quand on se sert de tourteaux, de les faire simplement tremper et délayer dans l'eau, sans donner au bouillon ainsi produit, le temps d'entrer en fermentation. Lorsque la masse de liquide commence à mousser, il est grand temps de l'employer.

3° Les germes du malt appelés encore *radicelles d'orge* ou *touraillons* sont très riches en azote et d'un emploi facile dans la culture maraîchère. Toutes les plantes foliacées s'en trouvent bien et les cultivateurs qui exploitent la pomme de terre précoce en usent avec grand succès. Il faut les éparpiller en épandage et non les mettre en pelottes épaisses ; pour mieux les diviser on peut y mêler de la terre ou des cendres.

4° Les *os pulvérisés* sont un engrais puissant, à effet durable. Comme ils se décomposent très lentement, on les réduit en poudre ou bien on les concasse pour en activer l'effet. Calcinés, ils produisent l'engrais connu sous le nom de *noir animal.* ·

5° Le commerce nous offre encore des déchets animaux, rognures de peaux, matières fécales et sang séchés, cornes, plumes etc., brûlés en vases clos, et qui se présentent sous forme d'une masse noire homogène renfermant beaucoup de matières fertilisantes. Ajoutons-y la poussière de laine des carderies, les enveloppes des chrysalides de vers-à-soie, les tourteaux provenant du marc de la fabrication de l'huile de poisson.

6° L'engrais de pigeons est devenu aussi un article de commerce. Cet engrais qui se vend à sec de 9 à 10 fr. les 100 k. est, à l'état dilué, une très puissante ressource en culture potagère ; il renferme 10 % de potasse. Les déjections de toutes les volailles de basse-cour sont d'un emploi très utile.

Engrais perdus.

Parmi les matières qui passent en pure perte pour la petite culture, signalons les os, les coquillages, les déchets de poisson, les chiffons de laine, les cendres, la suie, toutes matières très riches en principes nutritifs que les autres engrais ne ·renferment qu'en petite quantité, tels que le phosphate de chaux, dont les os sont constitués en grande partie.

Les vases ou boues d'étangs et de rivières exposées à l'air pendant· un certain temps et mêlés à la chaux vive, à raison d'un hectolitre par 5 m. cube de vase, constituent une matière précieuse pour les sols légers. Les herbes et plantes aquatiques en général sont riches en matière fertilisante.

Les dépôts abondants de limon dans les lits de l'Escaut et des affluents, contaminés par les déchets qu'on y envoie, ont rendu possible la culture des chou-fleurs dans les terrains sablonneux remblayés par ces boues de dragage, aux environs de Gand.

Près des grandes villes, on utilise sous forme d'irrigation pour la culture potagère, les eaux d'égoûts (eaux vannes). Lors de notre mission officielle à Paris en 1878, nous avons présenté un rapport étendu sur les installations des plaines d'Asnières et de Gennevilliers. Ces immenses territoires absorbent journellement 150 mille mètres cubes d'eau polluée, débitée par les collecteurs d'égoût de Paris. Nous avons visité une application sur une échelle plus réduite, aux environs de Londres, à Twickenham. Aux environs de la ville d'Edimbourg en Ecosse on arrose 300 hectares avec les eaux d'égoût.

A Haeren on utilise une minime partie des eaux vannes de Bruxelles.

Dans les derniers temps le service de l'hygiène publique s'est préoccupé de cette question et y a vu un danger pour la salubrité publique.

Assolement.

Cette partie du jardinage se rattache intimement à la question des engrais. Comme nous le disions à propos des ingrédients qui entrent dans la composition des engrais chimiques, chaque groupe de plantes absorbe plus spécialement une ou plusieurs matières (dominantes), qui entrent pour la plus grande partie dans son alimentation. Les fumiers ordinaires ne contiennent pas toujours tous les éléments nécessaires au développement d'une plante donnée. tandis qu'il peut y avoir surabondance de certaines autres substances, qui, momentanément ne seront pas absorbées ou exerceront un effet contraire à celui qu'on désire obtenir.

Cela étant, il est aisé de comprendre que. les végétaux prenant à la terre et en assez forte quantité, des éléments nutritifs que les fumiers y apportent en minime proportion chaque année, auraient de la peine à prospérer si on les cultivait à la même place pendant deux ou plusieurs années consécutives.

Par l'application rationnelle des engrais chimiques, conformément au grand principe de la restitution établi par Liebig : « Rendez à la terre ce que vous en avez retiré » on aurait moins à se préoccuper de ces changements de place.

Il y a d'autres plantes qui sont extrêmement voraces et effritantes, qui après la récolte laissent le terrain dans un état d'épuisement tel, qu'à moins de fumures abondantes, on ne le mettrait que difficilement en état de produire immédiatement le même légume, sans qu'on y constate un déclin sensible dans le volume et surtout dans la qualité ; ces plantes là non plus, ne peuvent être cultivées fréquemment au même endroit. Enfin, il est des plantes qui ont des racines traçantes, allant peu avant dans le sol, tandis que d'autres pivotent profondément ; on comprend que celles-ci puissent, presque sans nouvelle addition de nourriture, trouver leur subsistance là où ont vécu les premières. De ce qui précède, il est aisé de conclure qu'on ne peut pas, sans ordre ni méthode, disperser les diverses catégories de plantes qu'on cultive dans le potager. La succession, la rotation régulière des plantes cultivées dans le jardin, et la distribution proportionnelle des engrais, constituent les assolements.

Ce n'est qu'en première saison, qu'on peut se conformer à la théorie de l'assolement et encore d'une manière plutôt générale que ponctuelle ; les cultures de succession qui se font sur les terrains laissés vacants par d'autres plantes, varient à l'infini, et on peut tout au plus veiller à ne pas mettre des plantes dont la succession pendant deux années consécutives est très préjudiciable, comme par exemple les Choux et les Navets, dans le carré destiné aux grandes plantations de Choux de l'année à venir. Il en est de même pour les Fèves, Haricots, Pois, etc. Quoi qu'on fasse, on est encore parfois obligé de sortir du carré des Choux, avec les Choux-fleurs tardifs, les Brocolis et les derniers Choux pommés verts, mais l'exception n'infirme pas la règle et il est toujours bon, pour entretenir le jardin potager dans une fertilité bien proportionnée, de prendre chaque année la théorie de l'assolement comme point de départ, particulièrement en ce qui concerne la distribution des engrais.

Succession.

Tout ce que nous venons de dire à propos de l'assolement et de la distribution rationnelle des engrais, ne dispense pas des fumures auxiliaires, terreautages, paillages, arrosements d'engrais liquide, pas plus que des travaux d'entretien. Il en est de même des labours et des fumures qui
devront se faire après la récolte du produit principal et ce
en raison des besoins de la plante qui doit lui succéder. Au
moyen des *contre-plantations*, des *entre-plantations* et des
successions, on doit faire en sorte que pendant toute la belle
saison la terre ne repose pas. Pour cela il importe d'avoir
en tout temps du plant en pépinière à planter à demeure,
à la place des produits qui disparaissent ou entre ceux
(contre-plantation) qui n'ont plus que peu de temps à rester
en place. Celui qui veut retirer de son jardin le maximum de
production fera bien de consulter attentivement le calendrier
de culture que nous donnons plus loin. Il consultera aussi
les indications relatives aux semis en pépinière à l'entre- et
à la contre-plantation.

En ceci nous devrions nous inspirer de cette règle d'or
des maraîchers de Paris : « Jamais la terre ne peut reposer, et le cas échéant, pas plus de 24 heures. Sur un terrain
d'où une culture vient de disparaître d'autres plantes, ou le
jardinier, doivent se trouver. » C'est au moyen d'élevage
continuel de jeunes plants et par les entre- et contre-plantations qu'il arrivent à retirer des récoltes considérables
d'un terrain exigu. Les maraîchers de la banlieue de Paris
qui ont une exploitation dépassant l'hectare ne forment que
le petit nombre.

Graines.

Il serait superflu d'insister sur l'importance des soins
qu'on doit prendre pour l'obtention de bonnes graines. Toutes les plantes cultivées dans le jardin potager sont, ou des
variétés issues de graines ou des produits plus ou moins
modifiés par l'industrie humaine, à la suite d'un traitement
artificiel dans des conditions diverses.

Or, comme la nature lutte sans cesse pour ramener les plantes à leurs état primitif, tous nos efforts doivent tendre à conserver, même à améliorer nos races de légumes, en faisant un choix judicieux des reproducteurs, et une *sélection* sévère de ceux-ci.

Plusieurs variétés ont la réputation de dégénérer d'une manière inévitable ; cela n'est vrai que lorsqu'il s'agit de plantes qui ne peuvent atteindre tout leur développement dans une locilité donnée et encore, dans ce cas, on peut en atténuer les eifets pendant une longue série d'années, si on procède avec intelligence au choix des porte-graines.

C'est surtout dans la petite culture de graines qu'on sait plus facilement s'en tenir aux porte-graines irréprochables, qu'on peut conserver et améliorer les qualités des variétés potagères.

MM. Vilmorin-Andrieux et Cⁱᵉ, dans leur remarquable traité, *Les plantes potagères*, (1) en parlant de la modification que les plantes subissent par la culture et par les croisements, disent :

« ..... l'homme pétrit, pour ainsi dire, à son gré la matière vivante et façonne les plantes suivant ses besoins ou ses caprices, les pliant aux formes les plus imprévues et leur faisant subir les transformations les plus étonnantes. »

Cette façon de voir les choses n'a rien de paradoxal ; M. Vilmorin présentait à la société nationale d'Agriculture en 1833 des carottes provenant de graines récoltées à l'état sauvage qui à la 2e et la 3e génération de culture portaient déjà des caractères qui les rapprochaient des variétés cultivées. En poursuivant l'expérience, plusieurs variétés améliorées se sont produites successivement.

Beaucoup d'auteurs prétendent qu'il est plus avantageux de récolter soi-même les graines, que de s'adresser au commerce et mettent en suspicion la bonne foi des marchands grainetiers.

Commençons par établir ce fait, que le commerçant de graines, aussi bien que tout autre, est un homme soucieux de sa réputation, qui a intérêt à faire pour le mieux et

---

(1) *Les plantes potagères*, description etc., grand vol. de 650 pages et 1000 gravures 3ᵉ éd. 12 francs.

qu'il doit comme tout le monde, compter avec la concurren-
rence et la lutte pour la vie.

Nous ajouterons qu'il n'existe aucun négoce où la fraude
ou les erreurs involontaires, soient plus vite mise au jour.
On pourra, en dépit des laboratoires, débiter avec succès pendant des années toutes sortes de denrées sophistiquées ; en
est-il de même pour les graines ? Ne peut-on pas sans l'in-
tervention d'expertise en quelques jours juger de leur qualité germinative et ne s'aperçoit-on pas en quelques semaines de l'identité ou de la fausseté de la variété livrée ?

Quant aux méprises, aux erreurs, aux effets d'abâtardis-
sement, un jardinier qui récolte lui-même la plupart de ses
graines, peut-il y tenir bon ordre, et, dans un lieu souvent
peu approprié, les conserver comme le font ces établissements dans lesquels des employés spéciaux marquent, classent et conservent les graines dans les meilleures conditions?
De plus, quel est le jardinier capable de récolter dans le
même potager des graines de Chou rouge, de Choux à jets,
etc., etc., sans produire un gâchis de croisements et de
bâtards ?

Les graines qu'on récolte en gros pour le commerce, sont
toujours produites dans les localités les plus appropriées à
chaque genre, de sorte qu'elles sont plus parfaites. On ne
peut pas perdre de vue que pour la production de bonnes
et fortes graines, les terres doivent avoir des qualités spéciales et que le climat joue un rôle important dans cette
culture.

Ceci explique pourquoi les cultivateurs attachent une si
grande importance à *changer* de graines à semer. Il ne suffit
pas pour obtenir de bons résultats de cet échange, d'avoir
des semences d'une autre provenance, mais il faut qu'elles
soient récoltées dans de meilleures conditions de sol et de
climat, que celles où l'on se trouve.

Ce serait une grave erreur de se procurer des graines
provenant d'une localité moins bonne que celle où elles
doivent être semées.

Dans la généralité des cas, on doit s'adresser au marchand de graines, comme on passe par le pépiniériste ou
le fleuriste. On ne doit récolter chez soi que certaines variétés ou quelques races particulières qu'on pourrait craindre
de ne pas trouver dans le commerce, mais il serait impos-

sible de procéder ainsi sans grands inconvénients pour toutes les plantes.

Disons enfin à l'avantage des marchands-grainetiers, que ce sont ceux qui par leurs relations avec l'étranger, introduisent les nouveautés, les font connaître et les vulgarisent.

A ce propos, nous renouvelons ici un vœu tant de fois exprimé dans nos leçons et conférences, de voir les sociétés, les comices, les syndicats et même les jardiniers associés par groupes d'une même localité, prendre l'initiative d'essais en culture potagère, et en favoriser l'extension.

Les achats de paquets de graines divisés en très petits échantillons, entraîneraient peu de frais, et les cultures d'essai sont peu onéreuses pour les intéressés.

Age de la graine.

Dans ces derniers temps surtout, savants et praticiens se sont beaucoup occupés de l'influence de l'âge de la graine sur le produit à en obtenir. Des opinions assez divergentes et souvent contradictoires ont été émises.

Il est à remarquer que toute graine née sur un *porte-graine* ou *semenceau*, aussi parfait que possible et arrivée à sa conformation et à sa maturité complètes, abrite le germe qui pourra reproduire la plante dans toute la perfection dont elle est susceptible.

Dès que la graine est récoltée, elle entre dans la voie de déchéance vitale : l'air, la chaleur, surtout l'humidité ainsi que les transitions, la vieillissent en énervant l'embryon : les plus faibles perdent leur premières toute leur vitalité. Une température de + 8° c. convient le mieux à la conservation.

Ce sont là des faits établis dont on doit déduire les conclusions pratiques suivantes :

Il peut être utile de semer des graines un peu affaiblies par l'âge, quand il s'agit d'obtenir des plantes à fruits (Melons, Concombres, Potirons, Tomates, etc.) chez lesquelles une exubérance de végétation rend les plantes encombrantes et la fructification tardive. On se servira de préférence des graines dans la plénitude de leur force vitale, pour tous les produits feuillus grands et petits : Cardons, Choux, Céléris, Endives, Laitues, Epinards, etc.

Maint jardinier croit encore qu'il est bon de semer de la

vieille graine de Céléri, d'Endive, de Chou, de Laitue, etc., parce que, dit-il, les graines fraîches donnent souvent un grand nombre de plantes, qui montent en graines avant leur temps. Mais ce mécompte s'explique facilement : ce sont en réalité, les graines faibles, les moins viables, provenant des petites ramifications secondaires ou ayant mûri imparfaitement, qui donnent naissance aux plantes qui montent en graines. Cette proportion de plantes montant en graines s'accroît si des circonstances climatériques, froid, sécheresse ou le manque d'engrais contribuent à l'augmentation de l'affaiblissement des sujets nés débiles. Si la cause résidait dans la fraîcheur des graines, *toutes les plantes qui en proviennent* devraient monter en graines prématurément ; or, c'est ce qui n'a pas lieu. Il faut éliminer les graines imparfaites dès la récolte ou, plus tard, par un nettoyage soigné. En laissant vieillir les graines l'élimination des faibles s'opère naturellement, mais n'oublions pas que, dans l'intervalle, les graines fortes s'affaiblissent aussi.

De ce qui précède on peut encore conclure, qu'il importe de prendre tous les soins nécessaires pour obtenir de fortes graines : 1° en choisissant de bons semenceaux, 2° en favorisant leur vigueur par l'administration d'engrais minéraux, 3° en laissant autant que possible la maturité de la graine s'opérer sur pied et 4° en ne semant jamais des graines dont on n'a pas rigoureusement écarté celles qui sont avariées par l'âge ou par toute autre cause.

Dans un tableau général nous indiquons la durée de la faculté germinative des graines, non pas la durée jusqu'à extinction complète, mais le laps de temps pendant lequel la graine non seulement peut encore germer, mais produit un pour cent raisonnable de plantes *vigoureuses* et *robustes*. Les quelques plants qu'on obtient encore avec des graines arrivées au terme extrême de conservation ne sont que des avortons ne produisant jamais un bon résultat ou qui montent prématurément en graines, ce qui prouve à l'évidence qu'en vieillissant l'embryon dépérit. Les graines, pour être reconnues *bonnes*, doivent, dans des conditions favorables, donner un minimum de 70 % de levée.

Le triage des graines qui consiste à éliminer tous les grains petits ou mal formés, est une opération des plus utile, aussi l'usage du trieur est devenu général en agriculture.

Semailles.

Semis en lignes.

On peut semer *en lignes, à la volée* et en *touffes*. Comme nous l'avons fait de tout temps, nous appelons l'attention sur le premier procédé, que présente les avantages suivants :

1º Le semis en lignes peut être pratiqué par le premier ouvrier venu ; c'est une opération purement machinale, où l'habileté et l'habitude ont peu à voir.

2º Toutes les opérations ultérieures, couvrir la graine, éclaircir, sarcler, biner, serfouir, cueillir, se trouvent de beaucoup facilitées.

3º On fait économie de graines.

4º On donne au potager un aspect d'ordre et de coquetterie qui ne déplaît pas à l'œil.

5º Il se prête admirablement aux entre-semis ; en traçant des lignes en nombre double on sème alternativement une ligne du produit principal et une ligne de la plante qui fournira la récolte supplémentaire.

6º Les graines étant toutes couvertes de la même épaisseur de terre, la levée se fait régulièrement et simultanément ; jamais, comme dans le semis à la volée, la levée ne se fait en deux ou trois fois.

On hésite souvent à pratiquer le semis en lignes, parce qu'il exige plus de temps dans l'exécution, mais le temps qu'on y consacre est largement regagné plus tard. On est aussi parfois porté à croire, à la vue d'une planche semée en rayons, qu'il y a un nombre de plantes inférieur à celui que produirait sur la même surface un semis à la volée. C'est une erreur d'illusion causée par l'effet de l'ordre et de la régularité, car en réalité, on a sur la même étendue un plus grand nombre de plantes, sans qu'elles se gênent, sans qu'il y ait confusion.

Le semis par touffes ne se pratique plus que pour certaines plantes exigeant entre elles un grand écartement, mais pour celles-là aussi, il est recommandable d'adopter le semis en lignes.

Tracés de lignes.

Il y aurait lieu de s'effrayer de cette besogne, s'il fallait tracer les lignes une à une, mais il existe des traçoirs appropriés aux grandes et aux petites exploitations culturales, qui permettent de ligner un carré ou une planche en peu de temps.

Fig. 13. — Traçoir à dents en bois.

Dans les petites cultures et, en général, dans le potager bourgeois on se sert d'une espèce de rateau rayonneur en fer (fig. 15) dont les dents sont creusées en gouges et peu-

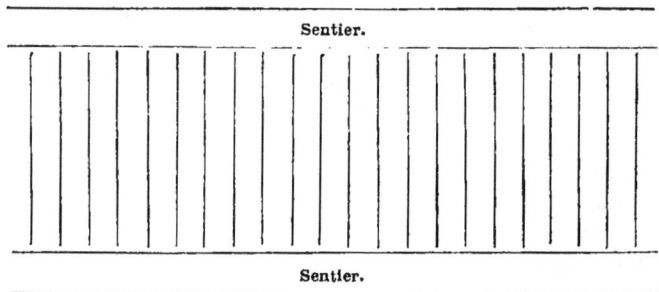

Fig. 14. — Planche lignée transversalement pour les semis.

vent glisser sur la traverse du rateau, où on les fixe par une vis de pression à oreillettes.

Pour les terres légères, on peut se servir du traçoir figuré ci-contre (fig. 13) dont les dents sont triangulaires, en bois dur et fixées sur une traverse en bois ; elles sont éloignées entr'elles de 15 c. environ, ou bien, elles peuvent être mobiles afin qu'on puisse les distancer ou les rapprocher.

Les lignes sont tracées transversament en se tenant dans le sentier (fig. 14).

La profondeur des rayons varie de 2 à 5 c. dans les terrains frais et au printemps, et de 3 à 8 dans les terrains sablonneux, ainsi que pour les semis d'été ; les graines s'enterrent en fermant les lignes avec le dos du rateau. Lorsque avec la profondeur des rayons on n'arrive pas à enterrer suffisamment certaines grosses graines, on peut donner un supplément de couverture en rejetant sur la planche, la terre prise dans les sentiers.

Pour tracer des sillons plus larges et plus profonds que

Fig. 15. — Traçoir en fer à dents mobiles.

de simples lignes, on peut aussi approfondir celles-ci au moyen d'une espèce de petite houe creusée en gouge.

Le tracé étant fait, il ne reste plus à l'opérateur qu'à bien répartir les graines dans le rayon, ce qui est d'exécution aisée. On n'est pas encore parvenu à inventer pour la petite culture, un appareil vraiment pratique pour répandre mécaniquement les graines.

Afin de faciliter autant que possible l'application du semis en lignes, nous donnons pour chaque culture les distances

Fig. 16. — Traçoir pour grandes cultures.

à observer dans les semis des différentes espèces et variétés.

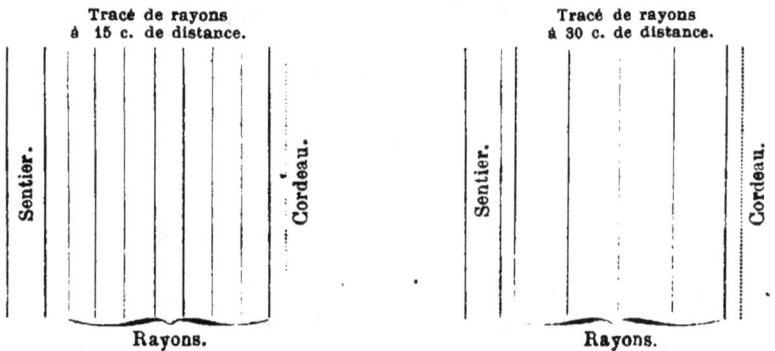

Fig. 17. — Tracé de rayons longitudinaux.

Dans des cultures potagères exploitées sur une vaste

échelle, même dans l'agriculture et les pépinières, on se sert
du traçoir représenté par la fig. 16.

Cette figure montre distinctement l'attitude que doit prendre celui qui trace. Il marche à reculons en saisissant le
traçoir par les deux poignées, tenant en vue la dent qui
doit longer le cordeau, tendu sur un des côtés, sans jamais
appuyer contre ce dernier, afin qu'il ne dévie pas. On ne

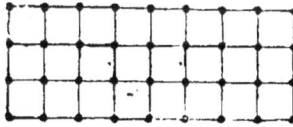

Fig. 18. — Lignes croisées.

se sert qu'une fois du cordeau ; la dent extrême longe dans
la suite de l'opération le dernier rayon marqué (fig. 17).

Pour les plantations en carré de Choux- Marins, de Rhubarbes et d'Artichauts on trace des lignes croisées dont
les intersections indiquent les places des plantes.

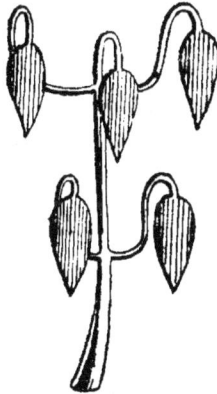

Fig. 19. — Traçoir à gouges en fer pour terres fortes.

Le grand traçoir (fig. 17), a des trous larges de 2 c.,
distants de 15 c. dans lesquels on introduit des dents res-
sortant de 15 c. La barre ou poutrelle, qui a 7 c. d'équar-
rissage, et une longueur de 1 m. 60 c. est en bois blanc,
permettant d'y fixer solidement et d'en retirer facilement
les dents qui sont en bois dur. Pour un semis à exécuter à
la distance de 10 c., on laisse alternativement un trou libre,

deux trous pour 15 c., trois pour 20 c., quatre pour 25 c.
et ainsi de suite. Pour tracer des planches, on laisse de
l'un ou de l'autre côté entre les dents une distance plus
grande, pour démarquer le sentier.

Après quelques exercices, le premier ouvrier venu exécute ces tracés à la perfection et avec grande rapidité.

L'instrument tel que nous le décrivons, ne peut manœu-
vrer parfaitement que dans les terres légères et un peu dé-
grossies par le hersage ; dans les sols plus compacts on
devrait substituer aux dents en bois des gouges en fer,
(fig. 19).

Semis à la volée.

Ce mode de semis n'est admissible à la rigueur, que
pour ceux qui par de longues années de pratique sont devenus très habiles, de même dans le cas de plants à repiquer, à condition de semer bien clair. Les plantes qui ont
été semées trop dru et qu'on n'éclaircit pas en temps
opportun, filent et ne résistent pas à la transplantation,
tout au moins elles languissent longtemps ou n'acquièrent
jamais leur vigueur normale. Le plus souvent, en cherchant
à produire un trop grand nombre de plantes sur un petit
espace, on n'obtient pas la quantité désirée de sujets vali-
des, et on ne trouve de bons plants qu'au bord des parcelles ensemencées trop drues, tandis que tous sont bons
dans un semis clair.

On peut encore semer à la volée sans inconvénients tous
les produits qui doivent se trouver très drus : Pourpier,
Cerfeuil, Claytone, Persil, Cresson, etc.

Le semis à la volée présente surtout des difficultés dans
la petite culture sur planche, parce que le semeur est trop
gêné dans les mouvements du bras, par suite de l'exiguité
de la surface à ensemencer.

On distingue encore parmi les semis celui qui se fait
directement en place ou *à demeure* et celui qu'on fait en
pépinière ou *carré d'attente* pour l'obtention de plants à
repiquer et à transplanter.

Travaux de culture et Outillage.

Nous ne préconisons pas un grand luxe d'ustensiles aratoires ; la bêche, le rateau et le cordeau ne suffisent cependant pas pour faire de la bonne culture potagère. C'est une économie très mal entendue que de se priver des instruments de jardinage appropriés au travail qu'on doit exécuter.

On a réalisé de grands progrès dans l'outillage. Les instruments grands et lourds dont se servaient nos pères, sont remplacés de nos jours par des outils légers, solides et même d'une certaine élégance tout en étant moins coûteux. La confection de l'outil de jardinier n'est plus du ressort du forgeron de village.

Nous examinerons par ordre alphabétique, les opérations générales de culture, et les instruments nécessaires pour leur bonne exécution.

Aligner.

Dans le potager, qui est nécessairement un jardin symétrique, tout doit être aligné. On se sert à cet effet d'un cordeau goudronné ou tanné, épais de 3 à 4 millim. et muni d'une fiche ou piquet. Il faut que le cordeau soit au moins

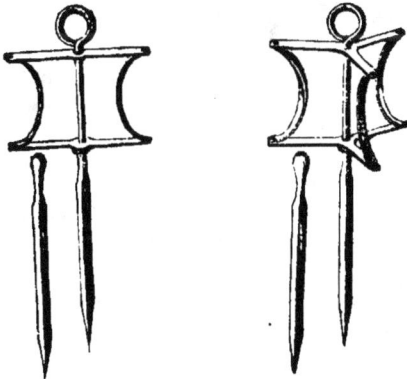

Fig. 20. — Dévidoirs pour cordeaux.

de la longueur des planches du potager. On l'enroule sur un dévidoir à 2 ou à 3 branches (fig. 20).

Arroser.

De tout temps la plupart des jardiniers ont ressenti une certaine aversion à l'endroit des arrosements au potager.

Tous admettent cependant qu'il faut arroser les Balsamines, les Reines Marguerites, les Giroflées ; mais arroser des Choux, des Endives, des Laitues, des Artichauts, y pense-t-on ! La tradition veut qu'on attende la pluie pour planter, et laisse périr les plantes déjà en place en murmurant contre le temps sec.

L'arrosement doit se pratiquer dans la culture potagère avec la même régularité et avec une plus grande abondance que dans la culture des plantes d'ornement.

Fig. 21. — Pompes américaines.

Fig. 22. — Moulin automatique.

Lorsqu'on ne peut pas bien mouiller toutes les cultures en temps de sécheresse, il est préférable d'arroser copieusement une partie de celles-ci, plutôt que de répandre un peu d'eau partout.

Dans tout potager de quelque importance, il faut se procurer de l'eau de pluie ou de rivière, et à défaut de celle-ci, de l'eau de puits ou de source qu'on recueille dans un bassin assez grand où elle s'aère et prend la température de l'atmosphère.

Les modèles de pompes sont très nombreux de nos jours, on a vraiment l'embarras du choix, depuis la simple pompe américaine (fig. 21) jusqu'aux engins les plus puissants pour les grandes exploitations et pour des puits profonds.

Dans plusieurs établissements horticoles de la banlieue de Gand, on fait usage du moulin à vent automatique (fig. 22) comme force motrice. D'autres se servent des pompes à

Fig. 23. — Manège vertical à chien.

volant à la main, ou mues par une machine à vapeur, à pétrole ou par l'air chaud.

On peut employer le chien comme force motrice d'après le système établi dans les fermes pour le barattage. Toute l'eau nécessaire aux arrosements dans nos cultures fut longtemps fournie par une installation de ce genre, la première application qui en ait été faite en horticulture (fig. 23).

Tous ces engins tendent à disparaître et à être remplacés par des petits moteurs à gaz ou à pétrole, mais surtout par l'électricité comme force motrice.

Fig. 24. — Porte-eau avec tonneau ovale en tôle.

L'eau est recueillie dans des réservoirs en ciment armé; elle est transportée dans les différents endroits du jardin, au moyen des porte-eau (Water-barrows) (fig. 24).

Cet engin est indispensable, non seulement dans chaque

Fig. 25 — Arrosoir perfectionné.

jardin, mais presque dans tout ménage à la campagne.

Le récipient est de forme ovale, on peut y introduire les grands arrosoirs, le train est plus étroit et le tonneau peut se vider complètement. Il cube 150 litres.

Dans le potager comme partout d'ailleurs, il est nécessaire

d'arroser à profusion, pour que les arrosements soient profitables aux plantes en pleine terre. Afin de satisfaire sans trop de peines à cette condition essentielle et de répandre l'eau avec célérité, il faut des arrosoirs donnant beaucoup d'eau, mais émettant un jet divisé toutefois, de manière à ne pas trop tasser la terre, ni à écraser les jeunes semis.

On ne se sert plus guère de l'arrosoir cylindrique muni d'une pomme ou gerbe. La figure 25 représente l'arrosoir le plus pratique ; il a le grand avantage de ne jamais s'obstruer, inconvénient inévitable avec les arrosoirs à pomme (B fig. 25), surtout quand l'eau tient en suspension certaines matières solides. Il diffère encore des arrosoirs ordinaires en ce qu'il est de forme ovale et à anse, ce qui permet de vider deux arrosoirs à la fois ; il est aussi muni d'un tube ou ajutage A, qu'on y adapte au lieu de la pomme ou aspergeoir ordinaire B. L'arrosoir fonctionne de deux façons bien distinctes selon qu'on tourne le tube A, dans le sens indiqué dans la figure 25 ; ou bien en sens inverse, c'est-à-dire la languette tournée vers le sol. Dans le premier cas, l'eau est projetée en largeur en jet très divisé ; tourné dans le sens opposé, le tube brise-jets déverse l'eau de manière à arroser une ligne à la fois.

Nous ne saurions assez recommander aux amateurs de faire ajuster sur leurs arrosoirs, même d'ancien modèle, le tube à jet, par où l'eau s'échappe en grande quantité, et se répand en ondée légère.

Les maraîchers de Paris doivent leurs beaux légumes et la production rapide de ceux-ci, à la masse d'eau distribuée deux fois par jour dans le potager. Les arrosements mettent les ouvriers parisiens sur pied dès les 3 heures du matin. D'après M. Courtois-Gérard, on y emploie par les chaudes journées d'été, 96 mètres cubes d'eau par demi-hectare et par jour. Pour produire vite de bons légumes, il faut fumer abondamment et le fumier ne produit tout son effet qu'à condition d'être tenu constamment humide dans le sol. En répandant beaucoup d'eau sur un terrain peu fumé, on l'épuise rapidement, parce que l'eau rend en peu de temps solubles les quelques éléments nutritifs qu'il renferme. Les arrosements sont surtout profitables lorsqu'on déverse l'eau sur un terrain paillé.

Les arrosements d'engrais liquides se font d'ordinaire au moyen d'une louche longuement emmanchée.

Bêcher.

C'est le labour ordinaire du potager, fait à la bêche, en retournant la terre soit à toute la longueur de la lame ou *à un fer de bêche*, soit à la moitié de cette profondeur seulement. Le bêchage partiel se pratique pour les terrains ayant reçu un labour de printemps et dont on ne doit guère que niveler et ameublir la surface, ou pour y introduire du fumier court. Les bêches (fig. 26) sont de formes variables selon les localités ; pour le potager, il faut une

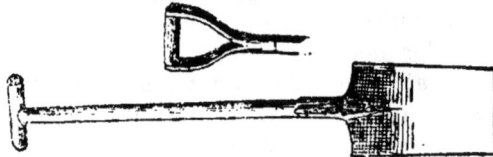

Fig. 26. — Bêche de jardinier.

bêche à labourer, appropriée au terrain ; elle doit être à lame longue de 50 c. et creusée en gouttière, pour les terres fortes où il faut l'enfoncer très obliquement ; elle sera presque plate, large et moins longue (40 c.) dans les sols sablonneux. Dans tous les cas, il faut encore une bêche plate et légère, qu'on appelle bêche à façonner et qui parfois sert à planter, à couper les bordures, à niveler la terre, à butter, en un mot à faire tous les travaux de bêche qui ne sont pas des labours. Les bêches sont à manche terminé en boule, à béquille ou à poignée. Le manche doit être plus long et plus solide dans les terres fortes parce que l'ouvrier se tient au niveau du sol et non pas dans la tranchée comme dans les terres sablonneuses.

Billonner.

Mettre un terrain en billon, c'est le diviser en planches et en sentiers, en vidant ceux-ci sur une largeur de 30 à 40 c. et sur une profondeur de 25 à 50 c., suivant la nature du terrain. Dans les sols sablonneux et peu exposés à l'humidité pendant l'hiver, les sillons qui séparent les planches exhaussées en billons, auront le minimum de

la mesure indiquée (fig. 27) et le maximum au contraire
dans les terrains compactes et humides (fig. 28).

Cette manière de disposer les terres inoccupées est recommandable à plus d'un titre : 1° on facilite l'écoulement

Fig. 27. — Billon en terrain sablonneux et sec.

des eaux ; 2° on expose le terrain sur toutes ses faces
aux influences bienfaisantes des agents atmosphériques et
surtout de la gelée qui ameublit les terres en désagrégeant
leurs parties adhérentes et compactes ; 3° on étouffe les

Fig. 28. — Billon dans un terrain compact.

mauvaises herbes ; 4° en répandant le fumier avant de vider
les sillons, on couvre celui-ci et on en favorise la décomposition ; le sol se sature ainsi des principes fertilisants
que les plantes absorberont immédiatement au printemps; 5°
on rend possible sur ces planches ou billons, certaines pe-

Fig. 29. — Billons en crête.

tites cultures hivernales : Epinards, Mâche, Blé pour fourrage ou pour engrais vert ; 6° par la mise en billon, on
donne au potager sa toilette d'hiver, qui lui donne un aspect moins négligé pendant la morte saison.

Pour ces nombreux motifs, on comprendra que nous in-
sistions sur la mise en billons des terrains qui deviennent
libres de Septembre à Décembre.

La mise en billons par petites crêtes, convient surtout aux terrains qu'on défriche ou qui sont d'une grande ténacité et se désagrègent difficilement. Les pièces de terre ainsi traitées, représentent l'aspect de la fig. 27.

Biner.

Opération très utile, indispensable même, pour détruire les mauvaises herbes et rendre plus meuble la surface du terrain durci par la sécheresse ou battue soit par les pluies violentes et prolongées, soit par les arrosements.

Fig. 30. — Binette à long manche.

Les instruments les plus employés pour le binage, sont la binette à poignée (fig. 31) et celle plus longuement emmanchée (fig. 30).

Dans les cultures étendues, si la distance entre les plantes le permet, on remplace la binette par la houe (fig. 32).

Fig. 31. — Petite binette.   Fig. 32. — Houe en col de cygne.

Dans les terres sujettes à durcir, à se fendiller et à s'encroûter au soleil, la végétation des légumes est impossible sans le secours de fréquents binages. Les terres binées se dessèchent moins vite, car la partie émiettée du sol détachée du fond du terrain, fait office de paillage, c'est ce qui fait dire aux jardiniers qui apprécient l'utilité de ce travail: « *binage vaut arrosage* ».

Butter.

Cette opération consiste à amonceler de la terre au pied des plantes : on fait des buttes isolées pour les plantes distancées et des buttes continues pour celles plantées en lignes et très rapprochées l'une de l'autre. L'utilité du buttage est incontestable, quand il s'agit de blanchir les plantes telles que l'Asperge, le Céléri, le Cardon, etc. Mais, lorsqu'on entoure de terre le pied des plantes, croyant leur faire prendre de nouvelles racines, on en détruit souvent un plus

Fig. 33. — Houe à serfouette (Crocs).

grand nombre que la plante n'en reforme après cette opération. C'est le cas pour les Choux, qu'on n'a pas plantés en sillons. Les Pois, les Haricots, les Fèves, les Pommes de terre mêmes, où le buttage sert surtout à éloigner l'humidité du pied des plantes, souffrent fréquemment de cette opération ; aussi ne reconnaissons-nous pas la grande importance que la plupart des jardiniers attribuent à cette opération. Souvent le buttage paraît être d'un effet bienfaisant sur les plantes, alors qu'en réalité il agit indirectement, comme binage.

Le buttage se fait au moyen de la houe (fig. 32), qui sert également aux gros binages, au tracé de rigoles, ainsi qu'au labour superficiel qui sert à enterrer le fumier. Les petits buttages peuvent se faire à la binette.

Dans les terres battues, dures ou compactes, on emploie très utilement la houe à serfouette (fig. 33), qui doit être construite très solidement et montée sur long manche.

Blanchir.

Procédé qui revient à étioler les plantes potagères, qui les empêche de se développer naturellement et d'acquérir leurs caractères particuliers de consistance, de goût, de couleur et d'aspect.

C'est sous l'influence de la lumière que les plantes acquièrent toutes leurs qualités et leur saveur naturelles qui sont souvent des défauts pour le consommateur.

Priver une plante de lumière c'est donc la forcer à produire des organes sans consistance (*tendres, succulents*), privés ainsi de leur saveur âcre, amère ou trop aromatique, ou même de leurs principes malfaisants, ainsi que de leur forme (*étioler*) et de leur couleur verte naturelle (*blanchir ou jaunir*).

On obtient le blanchîment soit par *ensablement* en couvrant de terre, de sable, de cendres, de tannée, etc., les parties à blanchir ; par *ligature* en liant les feuilles extérieures sur les feuilles intérieures ; par *étouffement* en les plaçant sous des cloches, des pots ou des cages.

Les cages pour abriter ou blanchir les plantes sont en lattes ou en rotins, joints à leur extrémité par un fil de fer. C'est aussi un moyen d'abriter certaines plantes sans qu'elles éprouvent les inconvénients du contact de la couverture, ce qui provoquerait plutôt la pourriture que l'étiolement.

Le blanchîment ou l'étiolement des plantes potagères offre une très grande ressource en hiver. MM. A. Pailleux et D. Bois, de Paris, ont résumé dans un petit traité intéressant et très original leurs expériences d'étiolement (1) pratiquées en chambre obscure. Ces savants praticiens ont opéré sur plus de 100 plantes bisannuelles ou vivaces, sauvages ou cultivées.

Fumer.

Dans un sens restreint se dit de l'épandage du fumier à la surface du sol. Un point des plus important à observer lorsqu'on enfouit le fumier destiné à la culture des légumes, c'est de s'y prendre de telle façon qu'il se trouve à peine enterré. Nous n'hésitons pas à dire que la fumure *peu profonde* est un immense progrès à réaliser dans la petite culture surtout. On enterre le fumier en bêchant ou bien à la houe après le labour.

On se sert de fourches à 3 et à 4 dents (fig. 34 et 35) pour distribuer les fumiers longs, et celle à 4 dents plates

(1) *Nouveaux Légumes d'hiver*, à la Librairie agricole, 26, rue Jacob, Paris, 1879.

pour étaler les terreaux et les fumiers à moitié réduits et pour les petits labours sur les plates-bandes plantées d'arbres fruitiers. La pelle anglaise (fig. 37), qu'on nomme en-

Fig. 34. — Fource américaine à 4 dents.

Fig. 35.—Fourche à 3 dents.

Fig. 36. — Fourche à dents plates à labourer.

core pelle de chauffeurs, est un instrument de bon usage pour manipuler et charger les terreaux, compost etc.

Fig. 37. — Pelle anglaise.

Pailler.

Le paillage, qui contribue pour une si large part à la production rapide de beaux légumes, dans les jardins maraîchers des environs de Paris, est peu connu chez les amateurs et, en général, peu appliqué en Belgique et en Hollande. Pourtant, c'est faire un excellent emploi d'une partie du fumier dont on dispose, que de le répandre à la surface du sol. Les plantes à produits feuillus et toutes celles qu'il faut arroser fréquemment, profitent beaucoup de cette fumure superficielle.

A la rigueur, le paillage peut se faire utilement avec des poussières de lin, de chanvre ou de coton, de la tannée et de la sciure de bois à moitié réduites, du houblon trempé des brasseries, du regain, des aiguilles de pins, des herbes aquatiques, surtout les *Lemna* ou Lentilles d'eau, les *Azola*, les *Hydrocharis*, les *Elodia*, etc.

Piocher.

Ce genre de labour est propre aux terrains durs, compactes ou pierreux ; dans maintes localités on est obligé, même pour les labours ordinaires, de se servir de la pioche, pour frayer la voie de la bêche. Dans le défoncement, l'emploi de la pioche est très fréquent, et aussi quand il s'agit d'entamer des terres battues, des chemins, des cours, etc., qu'on veut transformer en terres de culture. La pioche doit encore intervenir quand surpris par la gelée on doit déterrer, Poireaux, Chicorées, Scorsonères, etc., qui ne peuvent plus être récoltés par les moyens ordinaires.

Planter.

Dans les terres légères, beaucoup de plantations peuvent

Fig. 38.—Plantoir à piquet   Fig. 39. — Truelle à planter.   Fig. 40.—Plantoir en crochet.
avec poignée.

se faire dans une fente pratiquée, au moyen de la bêche, dans la terre. Mais il n'en est pas de même dans les terres compactes et pour les plantes qu'il convient de planter plutôt en motte qu'à racines nues. Dans ces deux cas le plantoir en crochet (fig. 40), et la truelle à transplanter (fig. 38), sont les instruments indispensables. On peut confectionner soi-même le plantoir à poignée avec la partie supérieure d'un manche de bêche cassé. En fixant vers la partie inférieure une petite traverse, on peut s'en servir pour forer des trous à une profondeur déterminée. La truelle est d'un emploi très commode et devrait se trouver même dans les plus petits jardins. Il en est de même du plantoir en crochet qui n'est guère connu que chez les horticulteurs et maraîchers gantois, lesquels s'en servent avec succès pour planter en pleine terre et pour enterrer dans le sol ou dans les cendres, des plantes cultivées en pots. Quand on plante des petites plantes dans une place provisoire, l'opération s'appelle *repiquer*.

Un point important dans la plantation, c'est de bien observer entre les plantes les distances renseignées afin de ne s'exposer ni à perdre de la place ni à gêner les plantes dans leur développement. Un jardinier intelligent doit mesurer les distances, sentiers, etc., au mètre.

Afin qu'il en ait toujours un sous la main, il lui suffira

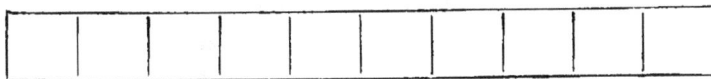

Fig. 41. — Décimètre.

de porter et marquer la mesure ci-dessus (fig. 41), qui représente un décimètre, dix fois sur le manche de ses râteaux ou autres outils.

Plomber.

Opération qui a pour but d'unir la surface des planches ensemencées et de la raffermir légèrement pour mieux faire adhérer les graines au sol et dans les terrains légers, empêcher le vent de les enlever. Hormis ces cas, le plombage n'est pas une opération utile ; elle devient même nuisible lorsqu'on l'exécute sur un terrain humide ou compacte.

Quelques jardiniers se contentent de plomber en terrain mouvant le bord des planches, uniquement pour les empêcher de s'ébouler. Cette pratique a du bon et contribue

4

à donner au potager un aspect de propreté et de coquetterie qui n'est pas à dédaigner.

Le plombage se fait avec le dos de la bêche ou avec
une planche carrée de 0,35 m., nommée *Batte*, montée par
son milieu sur un manche placé obliquement, ou bien au
rouleau.

Râteler.

Ce travail, appelé improprement *ratisser*, se pratique fréquemment dans le potager pour couvrir les graines, ra-

Fig. 42. — Râteau fin.　　　Fig. 43. — Râteau ordinaire.

masser les mauvaises herbes et nettoyer les chemins. On
donne quelquefois un coup de râteau dans de jeunes semis,

Fig. 44. — Râteau fort à dégrossir.

en guise de serfouissage et sur les terres labourées, pour
les dégrossir.

Les petits cultivateurs de la Flandre-Occidentale se servent à cet effet d'un râteau grossier à longues dents solides, qu'ils confectionnent eux-mêmes, en enfonçant de longs
clous dans un morceaux de bois équarri.

Il est utile d'avoir deux ou trois râteaux de dimensions

différentes et en outre d'en avoir un, fait en bois, pour dégrossir les terrains légers et ramasser les feuilles et les litières. Les figures 42, 43 et 44 représentent de bons modèles de râteaux en fer à dents ovales rivées, disposition qui les empêche de tourner, comme le font les dents rondes, après quelque temps d'usage.

Fig. 45. — Râteau en bois.

Ratisser.

C'est l'opération qui consiste à raser la surface du sol pour enlever les mauvaises herbes ou pour l'émietter avant le passage du râteau. Le ratissage se pratique avec le ratissoire ou la rasette à pousser (fig. 47), ou avec celle à tirer (fig. 46) ; il s'applique particulièrement aux sentiers et aux chemins et aux planches vides qu'on veut tenir propres en attendant qu'on les remette en culture. L'instrument (fig. 47) est d'un usage plus commode dans les terres légères, l'autre (fig. 46) mérite la préférence, dans les sols d'une certaine consistance et pour des légers binages.

Fig. 46.— Rasette à tirer, col de cygne

Fig. 47. — Râtissoire à pousser.

Sarcler.

Par sarclage proprement dit, on comprend l'arrachage des mauvaises herbes qui se mêlent aux cultures. Grâce aux semis en rayons, ce travail long et ennuyeux se trouve réduit de beaucoup : il est presqu'entièrement remplacé par le binage, le serfouissage et le ratissage qu'on fait en temps sec, entre les rangées de plantes.

Serfouir.

C'est soumettre la terre à un travail qui a beaucoup d'analogie avec le binage ; l'opération consiste à gratter le sol au moyen d'instruments à dents qu'on enfonce profondément. Lorsque les plantes sont semées drues ou qu'on craint de les couper en binant, on opère le serfouissage. On exécute encore ce travail immédiatement après une plantation, pour laquelle on a dû piétiner le sol ; on le pratique enfin pour émietter la surface des planches tassées et que l'humidité aurait fait verdir. On se sert de la serfouette à long manche à 3 ou 4 dents, ou de celle à poignée courte à 2 ou 3 dents (fig. 49). Celle que représente la fig. 48,

Fig. 48. — Main de fer.   Fig. 49. — Serfouette à trois dents.

est un modèle extrêmement commode pour les menus travaux ; c'est une véritable main de fer.

Transporter.

L'ustensile le plus en usage dans le potager pour les transports de terres, fumiers et légumes, est la brouette. La figure 49 montre un modèle de brouette de dimension

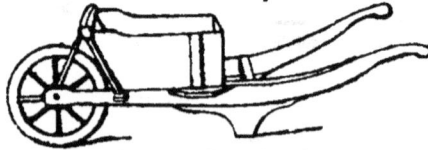

Fig. 50. – Brouette de jardin.

moyenne. On peut y adapter un encaissement en planches qui s'enlève à volonté.

Un autre engin de transport, qui ne devrait manquer dans aucun potager, c'est le *Bard*. Il se compose d'une caisse en bois à laquelle sont fixés extérieurement, vers le milieu, deux brancards ; il présente dans sa construction les proportions suivantes :

Fond de la caisse : 58 c. de longueur sur 38 c. de largeur ; profondeur : 35 c. ; largeur en haut : 38 c., longueur: 80 c. La longueur de la partie des brancards qui dépasse la caisse est de 60 c. Avec ces données, chacun peut se faire confectionner le bard, dont l'usage s'impose aux endroits où la circulation avec la brouette est difficile ou impossible, par exemple entre les couches, les planches, dans les serres, etc.

Plantes potagères utiles et recommandables.

Dans un potager bien tenu, on doit tâcher de réunir toutes les plantes réellement utiles. Aussi on doit regretter l'état d'abandon dans lequel on laisse certains végétaux qui y figureraient avec avantage. Il y a bien des jardins où *l'Arroche* et *la Tetragone*, ces précieux Epinards d'été, la *Claytone* qui est un véritable Pourpier d'hiver, le *Crambe*, ou Asperge de printemps, le *Brocoli*, ce délicieux Choufleur de Pâques et d'autres plantes précieuses encore, sont complètement absentes.

Nous ne disons rien des nombreuses variétés représentant des perfectionnements des anciens types, qui, malgré leurs grandes qualités ont tant de peine à se faire admettre.

Le tableau suivant indique quels sont les *genres* et les *espèces*, qui font partie des plantes potagères vraiment utiles, tandis que les *variétés* les plus méritantes sont renseignées à chaque culture.

Suit un 2e tableau qui fait mention des plantes condimentaires les plus nécessaires aux assaisonnements de divers mets.

Enfin, dans un 3e tableau, nous renseignons toutes les plantes d'un mérite douteux, ou très secondaire ou qui ne conviennent pas aux pays dont le climat est similaire à celui de la Belgique.

Tableau des plantes potagères, utiles et recommandables.

NOMS FRANÇAIS	Noms flamands	NOMS SCIENTIFIQUES	FAMILLES	USAGE	DURÉE GERMINATIVE DE LA GRAINE	NOMBRE DE GRAINES PAR GRAMME
Arroche	Hofmelde	Atriplex hortensis	Chénopodiacées	Feuilles en épinard ou en potage	2 ans	250
Artichaut	Artisjok	Cynara Scolymus	Composées	Inflorescence ou fruits	2 ans	25
Asperge	Asperzie	Asparagus officinalis	Asparaginées	Jets verts ou blanchis	2 à 3 ans	50
Bette	Waarmocs	Beta cycla	Chénopodiacées	Feuilles en épinard ou en potage	»	60
Bette à cardes	Zomerkarden	Beta cycla var.	»	Côtes et feuilles	.	60
Betterave	Beetwortel	» vulgaris	»	Racine en salade	»	50
Cardon	Kardoen	Cynara Cardunculus	Composés	Côtes et pétioles blanchis	3 ans	25
Carotte	Wortel (Pee)	Daucus Carota	Ombellifères	Racine	3 ans	900 à 1000
Céleri	Selder	Apium graveolens	»	Racine, côtes et feuill.	2 ans	2500
Champignon	Kampernoelie	Agaricus edulis	Hymenomiscédes	Toute la plante	Pas de graines	
Chicorée	Suikerijwortel (Bittere Pee)	Cichorium intybus	Composées	Racine, et feuilles en salade	4 à 5 ans	700
Chervis	Suikerwortel	Sium Sisarum	Ombellifères	Racine	2 à 3 ans	600
Chou brocoli	Brokelie	Brass. Botrytis cymosa	Crucifères	Inflorescence	3 ans	
Chou cabus	Kabuiskool	— oleracea capitata	»	Tête ou pomme	»	
Chou de Bruxelles	Spruitkool	— gemmifera	»	Jets ou pommes latérales	»	
Chou de Milan	Savooikool	— bullata	»	Tête ou pomme	»	300
Chou-fleur	Bloemkool	— Botrytis cauliflora	»	Inflorescences	»	graines en moyenne
Chou non pommé	Bladerkool	Brassica acephala	»	Feuilles et jets		
Chou-rave	Raapkool	— gongyloides	»	Tige renflée	3 ans	
Chou-navet	Steekraap	— napobrassica	»	Racine charnue	»	
Chou-marin	Zeekool	Crambe maritima	»	Jets blanchis	1 ans	
Ciboule	Pijplook	Allium fistulosum	Liliacées	Feuilles et bulbes	3 à 4 ans	250
Claytone	Doorvas	Claytonia perfoliata	Portulacées	En potage	2 ans	2200
Concombre	Komkommer	Cucumis sativus	Cucurbitacées	Fruits verts, frais ou confits	3 à 4 ans	35

Dent de Lion	Molsalaad	Taraxacum Dens leonis	Composées	Feuil. blanchies en sal^{de}	2 ans	1200 à 1500
Echalotte	Sjalot	Allium ascalonicum	Liliacées	Bulbes	Grain. rares	
Endive	Andijvie	Cichorium Endivia	Composées	Feuilles blanchies en salade et en légumes	4 ans	600
Crosnes (Epiaire à chapelet)	Japansche Andoorn	Stachys tuberifera	Labiées	Tubercules	Pas de grain.	
Epinard	Spinazie	Spinacea oleracea	Chénopodiacées	Feuilles en légumes	3 ans	110
Fève de Marais	Platte boon	Faba vulgaris	Légumineuses	Gousses vert. et graines	2 ans	Variable
Fraisier	Aardbezie	Fragaria vesca	Rosacées	Fruit mûr	Quelq. mois	2500
Haricot	Boon	Phaseolus vulgaris	Légumineuses	Jeunes gousses graines vert et secs	1 an	Variable
Helianthi	Amerikaansche schorsoneer	Helianthus doronicoïdes		Rhizomes	Pas de grain.	
Laitue	Latouw	Lactuca sativa	Composées	Feuilles ou pom. en salade	3 ans	800
Mâche	Koornsalaad	Valerianella olitoria	Valérianées	Feuilles en salade	3 ans	1000
Melon	Meloen	Cucumis Melo	Cucurbitacées	Fruit mûr	6 ans	35
Navet	Raap	Brassica Rapa	Crucifères	Racines	3 ans	450
Oignon	Ajuin (Uien)	Allium Cepa	Liliacées	Bulbes	2 ans	250
Oseille	Zuring	Rumex acetosa	Polygonées	Feuilles en potage et épinard	3 ans	1000
Panais	Pastenaak	Pastinaca sativa	Ombellifères	Racines	1 ans	220
Patience	Blijv. Spinazie	Rumex Patientia	Polygonées	Feuilles en épinard	3 ans	450
Persil	Peterselie	Apium Petroselinum	Ombellifères	Feuilles	2 ans	350
Poireau	Parei	Allium Porrum	Liliacées	Feuil. et bulbe en pot.	2 ans	400
Pois	Erwt	Pisum sativum	Légumineuses	Gousses, graines vertes et sèches	2 ans	Variable
Pomme de terre	Aardappel	Solanum tuberosum	Solanées	Tubercule	3 ans	2500
Pourpier	Porselein	Portulaca oleracea	Portulacées	Feuilles en épinard et en potage	6 ans	
Radis	Radijs	Raphanus sativus	Crucifères	Racine crue	3 ans	120
Rhubarbe	Rhabarber	Rheum palmatum	Polygonées	Pétioles pour tartes et confitures	3 ans	50
Salsifis	Haverwortel	Tragopogon porrifolium	Composées	Feuilles et épinard Racines	1 ans	100
Scorsonère	Schorsoneer	Scorsonera hispanica	Composées	Racines	1 ans	90
Tétragone	Nieuw Zeeland-sche Spinazie	Tetragonia expansa	Portulacées	Feuilles en épinard et en potage	2 ans	10 à 12
Tomate	Tomaat	Lycopersicum esculatum	Solanées	Fruits mûrs	3 à 4 ans	300 à 400

Plantes condimentaires ou servant d'assaisonnement.

(Les plus utiles sont marquées †)

NOMS FRANÇAIS	NOMS FLAMANDS	NOMS SCIENTIFIQUES	FAMILLE	DURÉE GERMINATIVE DE LA GRAINE	NOMBRE DE GRAINES PAR GRAMME
Ail	Look	Allium sativum	Liliacées	Graines rares	170
Angélique	Engelkruid	Archangelica officinalis	Ombellifères	2 ans	800
Basilic	Basilic	Ocymum Basilicum	Labiées	Quelques mois	450
† Cerfeuil	Kervel	Scandix Cerefolium	Ombellifères	»	40
Cerfeuil musqué	Spaansche kervel	Myrrhis odorata	»	Quelques mois	
† Ciboulette	Bieslook	Allium schœnoprasum	Liliacées	Pas de graines	2000
† Citronelle	Citroenkruid	Melissa officinalis	Labiées	3 à 4 ans	4500
† Cresson alénois	Hofkers	Lepidium sativum	Crucifères	3 ans	4000
— de fontaine	Waterkers	Nasturtium officinale	»	2 ans	950
— de terre	Wilde kers	Barbarea precox	»	»	
† Estragon	Dragonkruid	Artemisia Dracunculus	Composées	Graines rares	310
† Fenouil	Venkel	Fœniculum officinale	Ombellifères	I an	950
Lavande	Lavendel	Lavendula Spica	Labiées	»	300
Livêche	Lavesche	Livisticum officinalis	Ombellifères	»	4000
Marjolaine	Marjolein	Origanum majoranoides	Labiées	2 ans	
† Menthe verte	Engelsch Muntkruid	Mentha viridis	»	Graine rare	4000
† Origan	Orego	Origanum vulgare	»	2 ans	150
Piment	Spaansche peper	Capsicum annuum	Solanées	4 ans	
Raifort	Kapucienenmostaard	Cochlearia Armoracea	Crucifères	Pas de graines	900
Romarin	Rosmarijn	Rosmarinus officinalis	Labiées	2 ans	1500
† Sariette vivace	Boonenkruid	Satureia montana	»	»	1500
— annuelle	»	— hortensis	»	»	250
† Sauge	Salie	Salvia officinalis	»	»	
† Thym	Thymus	Thymus vulgaris	»	»	6000
		— Serpyllum			
		— citriodora			

Liste des plantes délaissées.

A. — *Légumes proprement dits* ; ceux qui présentent de l'intérêt sous les climats chauds, sont marquées *c*.

	Alkekenge douce	*(Physalis pubescens)*
	Amarante de Chine	*(Amarantus species)*
	Ansérine	*(Chenopodium Bonus Henricus)*
	Apios tubéreux	*(Apios tuberosa)*
	Aracacha	*(Aracacha esculenta)*
c	Arachide	*(Arachis hypogea)*
c	Aubergine	*(Solanum Melongena)*
	Aulnée	*(Inula Helenium)*
	Bardane	*(Lappa edulis)*
c	Baselle	*(Basella alba)*
	Benincasa	*(Benincasa cerifera)*
	Bunias d'Orient	*(Bunias orientalis)*
	Capucine tubéreuse	*(Tropœolum tuberosum)*
	Cirsium	*(Cirsium oleraceum)*
	Corette potagère	*(Corchorus olitorius)*
	Cornaret	*(Martynia lutea)*
	Corne de cerf	*(Plantago Coronopus)*
	Enothère	*(Œnothera biennis)*
	Epinard fraise	*(Blitum virgatum)*
c	Fenouil d'Italie	*(Fœniculum officinale)*
c	Glaciale	*(Mesembrianthemum cristallinum)*
	Gesse	*(Lathyrus sativus)*
c	Gombo	*(Hibiscus esculentus)*
c	Haricot dolique	*(Dolichos Lablab)*
	Houblon	*(Humulus Lupulus)*
	Igname	*(Dioscorea Batatas)*
	Laitue vivace	*(Lactuca perennis)*
c	Lentille	*(Ervum Lens)*
	Lotier	*(Lotus tetragonolobus)*
	Maceron	*(Smirnium Olusatrum)*
	Mâcre	*(Trapa natans)*
c	Maïs	*(Zea Maïs)*
	Morelle noire	*(Solanum nigrum)*
	Olluco	*(Ullucus tuberosus)*
c	Oxalis	*(Oxalis crenata)*
c	Pastèque	*(Cucurbita Citrullus)*
c	Patate douce	*(Convolvulus Batatas)*
	Picridie	*(Picridium vulgare)*
c	Pois chiche	*(Cicer arietinum)*
	Quinoa	*(Chenopodium Quinoa)*
	Radis serpent	*(Raphanus caudatus)*
	Raiponce	*(Campanula Rapunculus)*
	Scolyme	*(Scolymus hispanicus)*
c	Soja	*(Soja hispida)*
c	Souchet	*(Cyperus esculentus)*
	Topinambour	*(Helianthus tuberosus)*
	Valériane d'Alger	*(Fedia cornucopiœ)*

B. — Plantes d'assaisonnement de mérite secondaire. Celles qui ne servent que de garniture de salade sont marquées *gs*.

	Absinthe	*(Artemisia Absinthium)*
	Ache de montagne	*(Livisticum officinale)*
	Aneth	*(Anethum graveolens)*
	Anis	*(Pimpinella Anisum)*
	Armoise	*(Artemisia vulgaris)*
	Aspérule odorante	*(Asperula odorata)*
	Aurone	*(Artemisia Abrotanum)*
	Baume-Coq	*(Balsamita vulgaris) (Pyrethrum Tauacetum)*
gs	Bourrache	*(Borrago officinalis)*
gs	Câprier	*(Capparis spinosa)*
gs	Capucine grande	*(Tropæolum majus)*
	Carvi	*(Carum Carvi)*
gs	Chenille	*(Scorpiurus vermiculatus)*
	Coriandre	*(Coriandrum sativum)*
	Cresson des prés	*(Cardamine pratensis)*
	— de Para (Spilanthe)	*(Spilanthes oleracea)*
	Cumin	*(Cuminum Ciminum)*
gs	Hérisson	*(Onobrychis (Hedysasum) Crista galli)*
	Hyssope	*(Hyssopus officinalis)*
gs	Limaçon	*(Medicago scutellata)*
	Marrube	*(Marrubium vulgare)*
	Mauve frisée	*(Malva crispa)*
	Menthe poivrée	*(Mentha piperita)*
	— Pouillot	*(— Pulegium)*
	Moutarde blanche	*(Sinapis alba)*
	Nigelle	*(Nigella sativa)*
	Perce-pierre	*(Crithmum maritimun)*
gs	Pimprenelle	*(Poterium Sanguisorba)*
	Roquette	*(Eruca sativa)*
	Safran	*(Crocus sativa)*
	Tagète	*(Tagetes lucida)*
gs	Vers	*(Astragalus hamosus)*

CULTURES SPÉCIALES.

Arroche.

Origine.

Elle croit à l'état naturel en Tartarie et en Sibérie.

On cultive trois variétés de cette plante, mais *l'Arroche de Lee, verte à larges feuilles*, convient surtout pour le potager. C'est cette variété que dernièrement on a tenté de

Fig. 51. — Arroche verte de Lee.

faire passer comme haute nouveauté sous le nom d'*Epinard en arbre*, mais nous avons coupé les ailes à ce canard.

C'est une grande plante à produit foliacé, dont il faut retarder autant que possible la montée en graines, en la semant dans une terre richement fumée, mouillée à fond, la veille, d'engrais liquide.. Un emplacement frais et ombragé lui est favorable. Le semis se fait en lignes profondes de 5 c., éloignées l'une de l'autre de 15 c. ; on la sème très dru. Si la graine a conservé ses enveloppes, on plombe légèrement après le semis. Lorsque les plantes ont un développement de 5 à 6 feuilles, on les éclaircit pour la consommation ; plus tard on enlève totalement une ligne sur deux. Les récoltes sur les plantes restantes se font encore par éclaircissage, ensuite par le pincement des têtes et finalement en épluchant les feuilles latérales. Les feuilles des rameaux latéraux et de ceux qui poussent en graines, quoique comestibles, sont moins succulentes. Aussi faut-il renouveler le produit en semant en mai, juin et juillet.

L'Arroche est une plante précieuse comme succédant de l'Epinard pendant l'été ; elle produit beaucoup et elle est d'excellente qualité et d'une grande ressource pendant les mois de juin, juillet et août. La variété blonde s'emploie dans les potages. La variété rouge devient verte à la cuisson et peut aussi être utilisée.

Porte-graines.

On laisse monter quelques pieds (5 à 6) du premier semis. Dans ce but, on les isole à 40 c. de distance et on les laisse grandir sans y faire de cueillette de feuilles. Chaque plante donne une grande quantité de graines qu'on laisse mûrir sur pied, sans attendre la maturité de celles des ramifications secondaires ; à la maturité, on arrache les touffes, on les sèche à l'ombre. Il n'est pas nécessaire de retirer la graine de ses enveloppes ; cependant, la germination des graines nettes est plus prompte et plus régulière.

D'autres plantes de cette famille, surtout du genre *Chenopodium* (Ansérine, Quinoa), peuvent être jusqu'à un certain point utilisées comme l'Arroche, même le *Chenopodium album* qui abonde dans nos champs cultivés.

Artichaut.

Origine.

Europe méridionale, Afrique septentrionale, îles Canaries, Madère.

On rencontre dans les cultures plusieurs variétés d'Artichauts, mais dans le nord, on n'en doit cultiver qu'une seule, c'est l'*A. vert de Laon* (fig. 53), la plus répandue en Belgique et dans le nord de la France.

La culture de l'Artichaut réussit bien dans les sols riches

Fig. 52. — Artichaut en fruit.

et frais. Les œilletons que les souches charnues émettent chaque année en surabondance, servent aux nouvelles plantations ; on n'a recours au semis qu'en cas de disette d'œilletons, c'est-à-dire quand un hiver rigoureux ou très humide a détruit les vieilles plantes. Les plants de semis ne sont que rarement la reproduction exacte de la plante-mère. Cette particularité fait croire avec raison, que l'Artichaut cultivé, comme les autres légumes, n'est que la variété perfectionnée d'un type sauvage, le cardon. Ce retour au type primitif se présente à un degré moindre dans les semis d'*A. vert de Laon.*

Les jeunes plants provenus de graines promettent de bons résultats lorsqu'ils sont trapus et peu épineux. Dan ce cas, ils peuvent donner des pieds-mères en quelque sorte régénérés, qui surpasseront en vigueur et en qualité la race qui est parfois affaiblie par une multiplication factice trop souvent répétée. Le plant de semis, qui ne répond pas comme fruit à ce qu'on en attend, peut être utilisé comme Cardon en le faisant blanchir par les mêmes procédés. Les côtes ou *cardes* d'Artichaut blanchies, surpassent en qualité les meilleurs cardes ; aussi peut-on retirer par ce moyen un dernier produit des souches épuisées avant de les jeter.

Les maraîchers de Cannes, Nice et Antibes cultivent, sous le nom d'*A. perpétuel,* une variété qui a le mérite de produire des pommes de bonne heure au printemps et de continuer à en donner pendant presque tout l'été à condition que les plantes reçoivent de copieux arrosages. La dénomination d'*A. perpétuel* est donc pleinement justifiée.

Ses pommes, d'un gris violacé à écailles très charnues, doivent être de préférence consommées à l'état cru, lorsqu'elles sont encore petites et à peine formées. Si on leur laisse prendre plus de volume, on peut les faire cuire et les utiliser comme les autres variétés.

Semis.

Dans les premiers jours de mars, on sème l'Artichaut en pots ou en terrines qu'on place en serre, ou sous châssis, sur une couche à Melons. Lorsque les plants ont deux feuilles au-dessus des cotylédons, on les repique chacun dans un petit pot ; on les replace sous verre pendant quelques jours pour les remettre en végétation.

Par ce moyen, on peut placer les jeunes plantes en pleine terre fin avril et récolter les premiers fruits en septembre. Immédiatement après leur mise à demeure, il sera bon de les abriter encore la nuit.

On peut aussi semer en pépinière, dans la seconde quinzaine d'avril, sur un bout de plate-bande bien exposée; on

sème clair, les graines doivent se trouver à 7-8 c. l'une de
l'autre. Vers la fin de mai, les plantes sont mises en place ; on pince l'extrémité de la longue racine pivotante et
on ombrage pendant quelques jours au moyen d'une feuille
de Chou, ou de Rhubarbe. Il arrive rarement que ce dernier semis donne encore des Artichauts avant l'hiver. En
tous cas, les jeunes plants se mettent sur la ligne en nombre double afin de pouvoir éliminer plus tard les sujets
qui auraient mauvaise apparence.

Œilletons.

Le mode de multiplication le plus usité est celui par
œilletons ; voici comment on y procède :
Lorsque les gelées ne sont plus à craindre, on découvre
les touffes d'Artichauts. afin de permettre aux rejetons de
revenir de leur état d'étiolement. Une dizaine de jours plus
tard, quand ils ont verdi, on s'occupe de leur amputation.
On les déchausse jusqu'à leur point d'insertion sur la souche
mère et on les détache à la serpette avec une partie de
souche ou talon, ou même avec quelques racines qui y adhèrent. Les œilletons qui se détachent avec un simple talon
sans racines, sont de reprise moins certaine ; aussi quand
il faut s'en servir, est-il avantageux de bien parer la bles-
sure et de les faire enraciner dans de petits pots remplis
de terre légère très sableuse, qu'on arrose peu au début.
En tous cas, après la mise à demeure, il faut observer
les soins déjà prescrits pour les semis.
L'Artichaut se plante à 70 ou 80 c. en tous sens. Après
avoir bien bêché et fumé le terrain, on y pratique des trous
de 30 c. carrés et d'égale profondeur qu'on remplit de fumier à moitié décomposé. On enterre très peu les œilletons
en les plantant.
Après la plantation, on laisse autour du pied un petit
creux ou bassin pour faciliter les arrosements d'eau ou
d'engrais liquide qu'il faut donner en abondance, dès
que les plantes prennent bien leur élan. L'arrosoir inter-
vient pour une bonne part dans le succès de cette culture ;
pendant les temps de sécheresse chaque pied d'Artichaut
absorbe journellement en Provence 12 litres d'eau.
La première année, les plantes ne prennent pas encore

tout leur développement. Elles ne produisent que quelques fruits vers l'automne.

On peut utiliser les intervalles par des produits intercallés qu'on récolte avant qu'ils ne gênent les Artichauts.

Hivernage.

Lorsque les premières gelées se sont fait sentir, on coupe jusqu'au cœur les tiges qui ont porté les fruits, on raccourcit l'extrémité des feuilles et on butte la plante en ayant soin d'amonceler un peu de terre prise à une certaine distance de la plante ; puis on l'entoure de cendres de houille qui constituent un excellent préservatif contre la gelée et surtout contre la pourriture. Cette plante en hiver craint l'humidité excessive autant que le froid. Si les gelées sont intenses, on donne une couverture de feuilles ou de litière qu'on tient un peu à distance de la plante, en piquant autour de celle-ci quelques menues ramilles qui forment cage. Nous sommes, en général, peu partisan de l'emploi du fumier long comme couverture ; il ne chauffe pas plus que des feuilles sèches ou de la litière et il occasionne souvent la décomposition.

Il est bon de découvrir les plantes à deux ou trois reprises pendant l'hiver, lorsqu'il ne gêle pas. Au printemps, on les débarrasse de leur couverture ; 8 jours après, on nivelle les buttes et quand la plante a repris sa végétation, on œilletonne, c'est-à-dire qu'on enlève tous les œilletons sauf trois des plus beaux et des mieux placés vers le centre de la touffe. Les pieds faibles ne doivent conserver qu'un rejeton.

Lorsque l'hiver a détruit les œilletons sans entamer la souche, celle-ci repousse des rejetons faibles, d'une végétation plus tardive, mais qui peuvent fructifier en septembre.

Si l'on désire régulièrement des fruits à cette saison, il faut planter tous les ans quelques nouveaux œilletons bien formés ; leurs fruits succéderont à ceux des plantes restées en place, qui donnent leur produit en juin, juillet et même jusqu'en août. Il va de soi que si dans cette culture la plante était traitée comme annuelle (puisqu'on peut l'abandonner après la récolte), en faisant usage d'œilletons préparées en pots, comme nous l'avons déjà dit, on arriverait à un résultat plus parfait et plus certain.

Certains jardiniers relèvent les plantes à l'arrivée des gelées, les hivernent avec mottes en cave, dans du sable ou dans des cendres, ou en les plantant en pots. Ce moyen est plus sûr, mais nuisible à la beauté et au nombre des fruits.

Une plantation d'Artichauts bien soignée et largement fumée peut durer 6 ans, mais il est préférable de ne pas lui laisser excéder les 4 années. On fait une nouvelle plantation une année avant de détruire les lignes qui sont épuisées.

L'Artichaut est peu recherché dans les provinces flamandes. On lui attribue cependant des qualités nutritives très grandes. On en mange les fruits, ou pour parler plus cor-

Fig. 53. — Artichaut vert de Laon.

rectement, les réceptacles floraux cuits à l'eau et relevés d'une sauce *ad hoc*, ou froids à l'huile et au vinaigre. En France, où l'Artichaut est en haute estime, on mange les petits fruits crus « à la croque-au-sel », mais pour cet usage on préfère l'*A. perpétuel* qui en produit abondamment.

On conserve les Artichauts plus longtemps tendres, on les rend même plus charnus en les coiffant, dès qu'ils ont atteint la moitié de leur volume, d'une double enveloppe de papier de journaux, qu'on recouvre d'un papier plus consistant. C'est en quelque sorte un étiolement. Dans quel-

5

ques régions en France, les jardiniers fendent la tige sous le fruit et introduisent un morceau de bois dans la fente. Ils prétendent que cette opération augmente le volume du fruit ; elle ne nous a jamais donné de résultats appréciables.

La tige florale et les fleurs fournissent de la présure pour la fabrication des fromages.

Les mulots sont friands des racines d'Artichaut qu'ils respectent pourtant quand ils trouvent à leur portée la Bette blonde, ou Poirée, qu'ils lui préfèrent.

Grande culture.

La culture, au point de vue du rapport commercial s'étendra difficilement en Belgique à cause de nos hivers trop humides et de la température trop variable. De plus, les provinces flamandes surtout ne consomment guère ce légume. La France en produit des quantités considérables et nous fournit en partie notre petit contingent de consommation.

Il se vend annuellement aux halles de Paris environ 6,330,640 kil. d'Artichauts. On peut évaluer au bas mot l'étendue de la culture de l'Artichaut en France à 4.000 hectares ou 30 millions de pieds, sans tenir compte des petites cultures bourgeoises.

Dans le département de l'Oise on en cultive 300 hect. et autant dans celui de l'Aisne. Nous avons vu dans celui de la Gironde d'immenses plantations qui, pour ce département, s'élèvent à 700 hect. ; dans le Médoc, on les plante parmi les Vignes. Dans le système de culture généralement suivi, un quart des plantes, c'est-à-dire 7 millions 500 mille, sont annuellement renouvelées et passent au fumier ou au feu. Abstraction faite des entre-cultures et du produit accessoires des *cardes* d'Artichaut, on peut établir comme suit la production : On plante au minimum 7.500 pieds d'Artichaut par hectare ; chaque pied peut produire 5 têtes ; le prix moyen de vente aux revendeurs, est 1 fr. les douze têtes.

L'Artichaut est un produit qui se conserve et qu'on peut transporter au loin sans qu'il subisse de grandes avaries. Quand il est un peu fané, on le fait revenir facilement par un séjour plus ou moins prolongé dans de l'eau froide.

Asperge.

Origine.

L'Asperge est originaire des régions centrales de l'Europe. On a même trouvé le type sauvage en Picardie, en Angleterre, en Allemagne le long du Rhin.

La race améliorée de ce type a emprunté le nom de plusieurs localités où elle est cultivée avec succès et où elle se modifie toujours plus ou moins : c'est ainsi qu'on a les *Asperges de Hollande, de Gand, de Marchiennes, d'Argenteuil, de Besançon, de Bazas, d'Ulm, d'Erfurt, de Malines,* etc.

Fig. 54. — Asperge améliorée de Gand.

L'Asperge a cependant produit par sélection, comme toutes les autres plantes qu'on multiplie de graines, des races améliorées.

L'*Asperge hâtive d'Argenteuil,* et la *grosse blanche ordinaire* ou *Asperge de Hollande,* très répandue dans le commerce sous le nom d'*Asperge de Gand,* sont les deux variétés que nous recommandons ; toutes les autres s'en rapprochent de bien près d'ailleurs.

Semis.

Le semis à demeure est très rarement usité : on ne perdrait guère de temps cependant, si au lieu de planter des griffes, on semait deux ou trois graines dans des trous préparés comme pour la plantation.

Pour l'obtention du plant, on prépare une planche par un bon labour et une dose copieuse de fumier enterré à la houe ; ensuite on y trace des lignes à 30 c. de distance et on y répand la graine très clair-semée ; on referme les petits sillons et on plombe la terre. Le semis se fait de préférence en novembre, immédiatement après la récolte de la graine.

La levée a lieu au printemps et les plantes se développent tout l'été suivant. Si on sème en mars, la levée n'a lieu qu'en mai et on n'obtient la première année que des griffes faibles, surtout si en juin-juillet, le *Criocère* les atteint. On doit élever le plant d'Asperges sur un emplacement bien aéré, loin de toute plantation arborescente, et on doit le soigner minutieusement sous le rapport du sarclage et des fumures supplémentaires afin de parvenir à résoudre cette importante question : *obtenir des griffes jeunes, mais fortes*, capables d'être mises à demeure la première ou tout au plus la seconde année. La figure 55 représente une bonne

Fig. 55. — Griffe d'asperge.

plante de 2 ans : *a* figure les chaumes morts de la 1re année de végétation, *b*, les turions qui vont se développer. Là, où le *Criocère* apparaît régulièrement, il vaut mieux semer en juin, afin que le jeune semis ne lève qu'à l'époque où cet insecte a terminé ses ravages.

Plantation.

Le mode de culture que nous allons exposer commence à avoir raison des manipulations inutiles et onéreuses, des préparations de terres, des grands travaux de creusement en tranchées, de drainage, des apports de sable dans les

Fig. 56. — Criocère (larves et insectes parfaits).

terres fortes, etc., sans compter un mode de plantation contraire à la végétation naturelle de la plante qui étaient en vogue jadis.

L'Asperge est vivace, presqu'indestructible ; elle *ne saurait mourir*, en dépit même des mauvaises conditions où elle se trouve souvent. Ni la gelée, ni la sécheresse ne la font souffrir. Son principal ennemi, le *Criocère* (fig. 56), peu redoutable dans le nord, l'atteint parfois dans une mesure inquiétante en des climats plus chauds. Dans les terres froides, la mouche de l'Asperge « Platyparia pœciloptera, (fig. 57) dépose des œufs, et les larves qui en proviennent nuisent beaucoup aux tiges vertes où elles creusent des galeries à l'instar du scolyte.

Cette larve sévit tellement dans les aspergeries des environs de Paris et notamment dans celles d'Argenteuil, que le préfet de police a dû prendre un arrêté ordonnant la destruction des tiges et des débris d'asperges par le feu,

Fig. 57. — Mouche de l'asperge et ses dégâts.

dans le Département de la Seine, en vue d'exterminer l'insecte dont les aspergeries sont sérieusement menacées. Les opérations doivent être terminées avant la fin d'avril. En Belgique nous ignorons encore semblables dégâts causés par la larve de cette petite mouche qui détruit les jets blancs et les tiges vertes. Mais, tout arrive et il est bon de se tenir en éveil.

L'Asperge s'accomode de tous les engrais ; mieux vaut lui en donner trop que trop peu. Elle entre de bonne heure en végétation. Elle ne craint que l'humidité stagnante, un air renfermé et le voisinage des arbres ; l'homme qui la plante dans des tranchées profondes, chargée constamment d'un épais lit de terre, peut compter aussi parmi ses plus redoutables ennemis. Le froid aux racines la rend tardive et lente à sortir et fait rouiller les jets. Cette rouille est due au développement d'un champignon particulier à l'Asperge, *Puccinia Asparagi*. En Amérique, les grandes aspergeries de New Jersey, Massachusetts, Maryland et Caroline sont fortement éprouvées par la rouille. L'Asperge réussit dans tous les terrains sauf dans ceux à sous-sol formé de tuf ferrugineux.

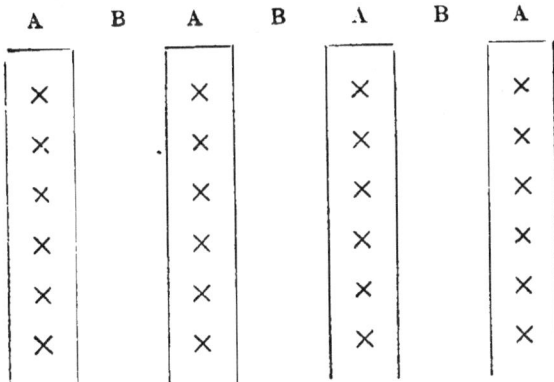

Fig. 58. — Plan d'une aspergerie.

Comme tout autre végétal, l'Asperge respire et a besoin d'air même aux parties souterraines, c'est pour ce motif que sa culture rationnelle consiste principalement dans la plantation *peu profonde*. Si on observe ce point capital, on peut modifier les autres détails de la culture suivant le but qu'on veut atteindre.

Le carré destiné à recevoir la plantation doit subir un bon labour à la bêche avec riche fumure ordinaire de fumier consommé.

Première année. Vers la fin de mars, on divise le terrain en bandes A (fig. 58), de 40 c. de largeur sur 20 c. de profondeur ; elles sont séparées entr'elles par des espaces

B de 80 c. sur lesquelles on dépose la terre extraite des tranchées A .

Au fond de ces sillons on dépose 8 à 10 c. de terreau ou de bon fumier décomposé, qu'on recouvre d'une mince couche de terre ; on marque ensuite au moyen de fiches en bois la place qu'occupera chaque plante. A Argenteuil, où l'on obtient ces Asperges gigantesques qui chaque année marquent un événement par leur précoce apparition aux halles de Paris, les plantes sont espacées d'un mètre dans le rang, mais on peut obtenir de beaux résultats par une plantation plus rapprochée sur la ligne. D'ailleurs beaucoup d'amateurs n'aiment pas les Asperges très volumineuses ; il faut bien, dans ce cas, mettre les plantes plus rapprochées. Nous concluons donc en disant que la distance peut varier de 60 c. à un mètre, suivant qu'on désire obtenir un grand nombre, ou de grosses Asperges. On pose les plantes à côté du petit jalon en étendant les racines horizontalement en avant et en arrière dans la direction de la ligne, se gardant bien de les mettre à cheval sur une petite butte de terre. Il faut que les plantes aient été arrachées sans meurtrissure, qu'elles aient séjourné en lieu sec pendant 3 ou 4 jours et n'aient subi aucune suppression au moment de la plantation. Les griffes d'Asperges peuvent rester longtemps hors de terre sans en souffrir, si on les étale en couche mince à sec sur un plancher ou sur la paille. Lorsque toutes les plantes sont installées, on remet le carré entièrement de niveau.

Dans les terrains, sablonneux et secs, presque mouvants, on pourra planter à une profondeur de 10 à 12 c. Quant aux autres prescriptions, on fera bien de suivre la méthode que nous indiquons plus loin pour la grande culture.

Dans les jardins bourgeois il est infiniment préférable de ne planter qu'une seule rangée d'Asperges quand on peut lui donner assez d'étendue, dans le sens de la longueur du jardin.

La mise en place terminée, on pourra immédiatement faire de petits semis de produits qui ne nuisent pas aux Asperges, à la condition de laisser libre le voisinage des griffes. Ces produits seront les Oignons, Echalottes, Laitues, Radis, Epinards, etc. Les soins de culture et les engrais auxiliaires qu'on donne à ces cultures dérobées, profiteront également à la jeune aspergerie.

Si des plantes manquent de pousser, on les remplace à l'automne ou bien en juin par des griffes cultivées en pots en cette prévision. En novembre, on coupe les tiges sèches à 15 c. au-dessus du sol ; les chaumes qu'on y laisse servent de points de repère et permettent de donner à chacune des plantes, en hiver, un supplément de fumier court ou d'engrais liquide, et un peu de superphosphate.

Deuxième année. Au printemps on donne un léger labour à toute la surface de l'aspergerie et on la mouille à fond

Fig. 59. — Asperge tuteurée.

d'engrais liquide. On peut encore cette année-là, faire des cultures accessoires, qui ne sont guère nuisibles, quand on s'y prend bien. Pendant l'été on fera la chasse au Criocères en les prenant à l'état d'insecte parfait ou de larve. Pour cela il suffit de secouer fortement les tiges au-dessus d'un vase rempli d'eau, dans lequel les insectes tombent facilement. Pour les jeunes semis il suffit de passer deux jours de suite un balais léger sur les tiges : les larves tombent et finissent par ne plus pouvoir remonter. On fait un travail utile en fixant la verdure par quelques ramilles ou par un tuteur placé obliquement (fig. 59), ou d'attacher entr'elles les tiges pour les empêcher d'être abattues par le vent.

Troisième année. La récolte va commencer et dès ce moment toute culture intercalaire finit.

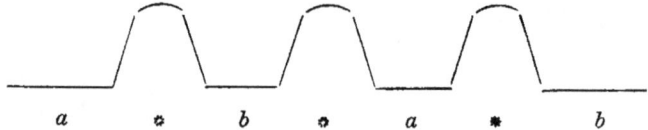

Fig. 60. — Coupe d'une aspergerie après le premier buttage. *a, b* sentiers, ✿ asperges.

A la fin de mars, alors que la végétation est sur le point de commencer, on arrache les bouts des tiges sèches, et l'on opère le buttage, c'est-à-dire, qu'on amoncèle la terre prise entre les rangs. Les buttes auront 40 c. de largeur et 25 c. de hauteur et seront à peu près de la forme indiquée par la fig. 60.

La 1re année de l'exploitation, il ne faut récolter que jusqu'au 1er juin et cesser même plus tôt la coupe si les touffes ne montrent qu'une vigueur médiocre.

Lorsqu'on cesse la récolte, on doit immédiatement apporter du fumier dans les parties creuses, *a, b* et rabattre les buttes, de manière à mettre l'Aspergerie de niveau. On peut très avantageusement répandre à la surface à ce moment 50 grammes de nitrate de soude par mètre carré. On cueille les Asperges en voie de développement, qu'on rencontre pendant le débuttage.

Quatrième année. On construit les buttes un peu plus larges à la base et on fait une pleine récolte jusque vers le 20 juin après quoi, l'aspergerie est soignée de la même façon que la 3e année.

A chaque printemps, avant le buttage, on donne à chaque touffe un copieux arrosement d'engrais liquide ou la dose indiquée d'engrais chimique.

Le sel de cuisine brut ou raffiné favorise beaucoup la végétation de l'Asperge. Il faut en répandre *sur toute la surface* de l'Aspergerie, l'équivalent d'une poignée par plante.

Culture en butte isolée.

Au lieu de planter les Asperges relativement serrées sur les lignes, de manière à former sur toute la ligne une butte continue, on peut les planter à 1 m. de distance en tous sens en quinconce dans des trous carrés, et ramener de la terre sur chaque touffe en particulier, au printemps de l'année de la récolte.

Cette culture fournit des produits plus précoces et plus gros ; le buttage et la cueillette sont plus faciles à exécuter.

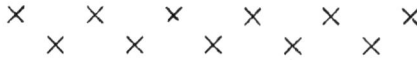

Fig. 61. — Asperges en plantes isolées.

Tous les soins généraux sont les mêmes, mais le tuteurage de la verdure est plus nécessaire que dans les plantations en lignes, où les tiges se soutiennent mutuellement.

Pour faire la cueillette des asperges on dégage les jets jusqu'à la moitié de leur longueur, puis on les coupe avec un couteau *ad hoc*. Les modèles représentés par la fig. 62 sont du dernier perfectionnement.

On peut aussi découvrir l'Asperge à cueillir jusqu'à la base et la casser à son point d'insertion.

Fig. 62. — Couteaux à asperges.

On renouvelle l'aspergerie quand sa production décline sensiblement. Le terme de sa durée varie suivant les soins et la qualité du sol ; mais c'est toujours une mauvaise spéculation de la conserver au-delà d'une douzaine d'années de rendement.

S'il arrive qu'un carré d'Asperges tombe en déchéance avant ce terme, on le laisse reprendre vigueur en fumant copieusement et en passant une année sans récolter. On

Les Asperges sont bottelées en paquets d'un et de 2 kg. La mise en bottes se fait au moyen de botteleurs, qui imitent en petit les chevalets à fagots. Le botteleur gantois (fig. 63), est une petite caisse en bois dont le fond porte une rainure dans laquelle on met le lien ; elle correspond à une fente dans les parois latérales. En voici les dimensions : fond largeur devant, 22 c., largeur derrière 14 c., longueur 22 c., hauteur des parois latérales 9 c. Cette espèce de caissette est ouverte devant et au-dessus. Les Asperges de Gand sont expédiées dans tout le pays et même à l'étranger, où elles sont réputées comme étant les plus blanches et les procède par moitié à la fois, pour ne pas se priver du produit pendant une année entière.
plus longues, sinon les plus savoureuses. Les Asperges an-

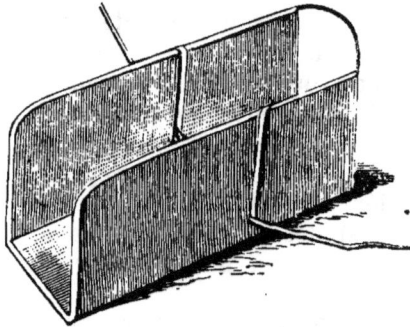

Fig. 63. — Botteleur gantois.

glaises ont la tête bien verte ; les toutes blanches sont moins estimées. En Angleterre on cultive beaucoup l'*A. géante d'Erfurt* et la *Connover's Colossal*. L'Asperge blanche est celle préférée pour la conserve. En Belgique on rebute celles qui sont légèrement teintées de violet ou de rose, tandis que partout en France, on recherche les Asperges colorées; ces dernières ont, en vérité, plus de saveur et l'amateur qui n'a pas à compter avec les exigences du commerce, devrait toujours les laisser se colorer un peu. Dans les terres plus ou moins consistantes il est difficile d'ailleurs de les obtenir autrement ; les petites crevasses qui se forment dans le sol, surtout autour des grosses Asperges qui poussent, les mettent en contact avec la lumière avant leur entière apparition à la surface du sol et fait bientôt prendre aux pointes une nuance pourprée.

Pour le commerce on classe les Asperges en :

1º *extra* de 16 à 20 au kil. ; 2º *grosses* de 22 à 25 au kil. ; 3º *forcées* de 32 à 35 au kil. ; 4º *ordinaires* de 40 à 45 au kil.

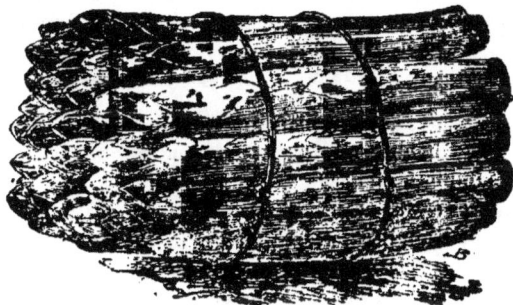

Fig. 64. — Asperges bottelées.

Ce sont surtout les acheteurs pour les usines de conserves alimentaires qui tiennent à ce classement.

Asperges vertes.

Rien n'est plus facile que cette culture, trop peu appliquée en Belgique et dans le Nord de la France. On sème clair sur une planche ordinaire du potager trois rangs d'Asperges qu'on laisse à demeure et dont on récolte les jets printaniers. A l'aide d'un léger buttage on peut les blanchir à moitié et les casser au pied quand elles sortent de 5 c. de terre.

Porte-graines.

Il faut veiller soigneusement au choix des porte-graines. A la pousse des Asperges on marquera dans une aspergerie en pleine production un certain nombre de touffes qui poussent les premières et qui fournissent pendant la récolte le plus grand nombre de jets. On coupe les tiges lorsqu'elles sont sèches et on écrase les baies rouges ; on les lave à grande eau pour les débarrasser de leur pulpe, et on les sèche promptement, pour éviter qu'elles gonflent et germent.

Culture d'Argenteuil.

La haute réputation dont jouissent les cultivateurs d'Argenteuil et environs, nous engage à reproduire ici, à la lettre, le mode de culture préconisé par M. Lanson, un des *Aspergistes* le plus en renom de cette localité :

Choix et préparation du terrain.

Choisir une terre franche, bien meuble ; si elle a subi, quelques mois auparavant, une bonne fumure, elle n'en est que meilleure ; ameublir la terre par un simple béchage.

Quelque temps avant la plantation, ouvrir avec la bêche ou la houe des rigoles ayant environ 35 c. de large et 15 c. de profondeur ; la terre qu'on en extrait est déposée à droite et à gauche. On ouvre ainsi plusieurs rigoles distantes de 45 c. d'un bord à l'autre. Laisser le sol dans cet état jusqu'au moment de la plantation.

Plantation.

La plantation se fait au printemps et peut être commencée dès que les gelées ne se font plus sentir, même en janvier, s'il y a un peu de beau temps ; elle se continue jusqu'à fin mars pour le midi de la France et au 15 mai pour le centre et le nord. Le plus tôt est le meilleur, car les griffes sont enracinées et profitent des premiers beaux jours. On ne plante jamais d'asperges dans une ancienne aspergerie.

On choisit de jeunes griffes bien saines et on les plante à 70 c. environ les unes des autres, bien au milieu de la rigole. On recouvre les griffes avec 3 c. de terre très divisée, prise sur le côté. On emploie ainsi environ 180 griffes par are.

On tasse la terre avec la main et l'on indique l'emplacement de la griffe avec une baguette afin d'en bien connaître la place, pour ne pas risquer d'endommager les jeunes tiges pendant les travaux ultérieurs.

Lorsque le terrain dont on dispose est peu étendu, il est préférable de planter à 60 c. sur 60 c. afin d'avoir assez d'asperges pour la consommation.

De cette manière, on plante environ 275 griffes par are.

Entretien. — 1re année.

Tout se borne à détruire les mauvaises herbes par des sarclages superficiels, des binages faits avec précaution et à peu de profondeur. On peut utiliser les intervalles en y semant ou plantant des légumes à développement resteint et à récolte prompte. En cas de grande sécheresse, on arrose les griffes pour faciliter la reprise.

Travaux d'automne. — Vers le mois d'octobre ou de novembre, lorsque des tiges sont à peu près desséchées, on les coupe à 15 c. du sol; on enlève la terre qui s'est amassée dans les rigoles par suite des travaux de l'année, et on n'en laisse sur les griffes que 3 à 4 c.

Deuxième année de plantation.

Au printemps, on remplace les griffes qui ont manqué en les plantant comme nous avons dit. Continuer les travaux de propretè et d'entretien par des sarclages, des binages et la chasse aux insectes. Lorsque les tiges atteignent environ 60 c. de hauteur, mettre en face de chaque pied un tuteur qu'on enfonce obliquement, et y attacher les tiges pour que le vent ne les brise pas.

3ᵐᵉ Année de plantation. — 1ʳᵉ Année de cueillette.

Avant la pousse, enlever à la main les tiges mortes et les tuteurs devenus inutiles, à moins que ce n'ait été fait en automne, puis former sur chaque griffe des buttes de 12 à 20 c. de haut proportionnées à la force des pieds, les plants faibles ne devant avoir que de petites buttes ; la grosseur du chaume des tiges sert de guide. Les ados ayant fourni ce buttage, ont disparu et sont remplacés par des sentiers servant de passage pour la cueillette.

Cette 1ʳᵉ année on pourra, sur les plants les plus forts, cueillir 2 ou 3 asperges, 4 au plus. On cueille des plus grosses dès qu'elles dépassent les buttes de 4 c.: on glisse le doigt le long de l'asperge jusqu'à son insertion sur la griffe, et, par une secousse ou un léger mouvement de torsion, on la détache de la souche. Ce procédé est bien préférable à l'emploi de couteaux qui endommagent les racines ou mutilent les pousses voisines.

Ne rien cueillir sur les sujets faibles.

Travaux d'automne. — Quand les tiges sont desséchées, on les coupe à 25 c. et l'on reforme les ados entre les rangs de griffes.

Donner une forte fumure ; à cet effet, enlever quelques centimètres de la terre qui recouvre les plants, la jeter sur le côté et la remplacer par une bonne couche d'engrais bien consommé de 3 à 5 c. d'épaisseur.

Ne jamais employer de fumier de vache qui attire les vers blancs.

Quatrième et cinquième années et suivantes.

Les travaux à exécuter sont les mêmes que ceux de la troisième année, mais les buttes doivent avoir de 25 à 30 c. Ne jamais cueillir après le 10 juin.

Tous les ans, on engraisse le sol ou on l'amende, on détruit les herbes, les insectes ; on tuteure ou on écime les tiges susceptibles de se briser, et on évitera les cueillettes à outrance sur les touffes faibles ; le développement libre des turions contribue à les fortifier.

L'asperge en hiver, doit être plutôt dégagée que chargée de terre.

On a des asperges blanches en les cueillant lorsqu'elles sortent à peine de terre ; on les obtient rougeâtres ou violacées lorsque, diminuant la hauteur en buttage, on les laisse dépasser le sol de 4 à 5 c., et l'on a des asperges vertes en les laissant monter à 15 c.

Par suite des dispositions que nous avons indiquées dans la plantation, chaque griffe a presque 60 c. carrés à sa disposition, ce qui donne 15 à 18 mille griffes à l'hectare. Chaque touffe peut rapporter, bon an mal an, 50 centimes environ ; soit, pour un hectare, 8 à 9000 fr., alors que l'entretien s'élève à peine, par an, à 1,000 fr.

Les asperges disséminées dans les vignes ou avec les groseillers seront traitées de la même manière.

Comme on le voit, cette culture ne diffère pas essentiellement de celle que nous avons décrite et que nous avons préconisée et pratiquée depuis plus de 40 années.

Grande culture.

La culture de l'Asperge au point de vue commercial, est une ressource importante dans les sols légers. Les terrains les plus sablonneux des environs de Gand et de Malines en produisent des quantités énormes et cela malgré la culture peu raisonnée à laquelle on soumet ces plantes. On pourrait encore réaliser de grandes améliorations en introduisant cette culture dans plusieurs localités peu fertiles comme les environs d'Eecloo, de Maldegem, de Ruisselede, de Wynghene, etc., où l'Asperge réussirait certes mieux que les récoltes relativement maigres de Seigle, de Pommes de terre, de Sarrasin et autres produits agricoles moins rémunérateurs, à condition que le sol ne soit pas ferrugineux.

Les communes d'Argenteuil et de Sannois dont nous avons visité les cultures, ont vu l'aisance s'asseoir au foyer de tous les cultivateurs par la culture rationnelle de l'Asperge.

A Brunswick et ses environs cette culture constitue une véritable industrie.

En Belgique nous avons quelques exploitations importantes dans les provinces de Brabant, de la Flandre orientale, d'Anvers et de Limbourg.

A Bockryck (Province de Limbourg) on a établi les aspergeries d'après la méthode spéciale pour les terrains très légers, quasi mouvants ; au lieu de planter en simples lignes, on a planté deux rangées à 40 c. de distance et entre chaque série de deux lignes on a laissé la bande de 1.20 m. à 1.30 m. (fig. 65). La plantation peut aussi s'y faire sans inconvénient à 7 ou 10 c. plus profondément, de telle sorte que les buttes seront moins élevées au-dessus du niveau général de l'aspergerie, ce qui empêche leur éboulement.

On doit s'attendre, et cela arrive pour toutes les industries rémunératrices, à une pléthore de production et par conséquent à une dépréciation de valeur, mais la production ne pourra de longtemps encore dépasser la demande. Si l'Asperge n'est pas encore un mets très répandu dans les masses l'industrie des conserves alimentaires qui utilise une grande partie de la récolte, tend à maintenir son prix élevé. De tous les produits que l'industrie des conserves exploite, l'asperge est celui que garde toutes les qualités qu'elle possède à l'état frais.

Fig. 65. — Aspergerie à double rangée.

La mise en culture d'un hectare de terre occasionne en règle générale les frais suivants :

Première année.

Location du terrain	fr.	110
Préparation du sol	»	300
12,000 plants à fr. 0.20 le mille	»	240
Plantation	»	50
Engrais	»	600
Entretien des asperges et des cultures intercalaires	»	300
	fr.	1,500

Deuxième année.

Location du terrain	fr.	110
Engrais	»	200
Soins d'entretien des Asperges et des cultures intercalaires	»	300
	fr.	610

6

Troisième année.

Location du terrain	fr.	110
Engrais	»	300
Soins d'entretien, buttage, nivellement et cueillette. . . .	»	700
	fr.	1,110
Fait en dépenses	fr.	3,220
A déduire produit des cultures intercalaires	»	300
Débours net. . . .	fr.	2,920

RECETTES.

5,000 kilogr. à 1 fr.	fr.	5,000
Graines et chaumes	»	50
	fr.	5,050
	fr.	2,130
Dont il faut déduire l'intérêt et l'amortissement annuel, soit .	»	200
Bénéfice net par an. . .	fr.	1,930

Dans ces sortes d'estimations on est trop souvent enclin à exagérer le chiffre des bénéfices. Nous nous sommes prémuni contre cet entraînement à tel point que nos lecteurs pourront constater que nous restons en effet bien en dessous d'autres évaluations sur le même objet, établies par des spécialistes.

Bette.

Origine.

La Bette se trouve dans toute la région Méditerranéenne, en Perse et aux îles Canaries.

On en cultive deux races distinctes : *la Bette à carde* et la *Bette blonde* ou *Poirée*.

Comme légume, on ne cultive qu'une seule variété de la première, c'est la *Bette blonde frisée à carde blanche* (fig. 66), dont les côtes et les pétioles des feuilles sont très développés, aplatis et d'un blanc ivoire.

La feuille est blonde, très tendre, très succulente et s'emploie en potages ou en légume comme l'Epinard, dont elle est un bon succédané pendant l'été.

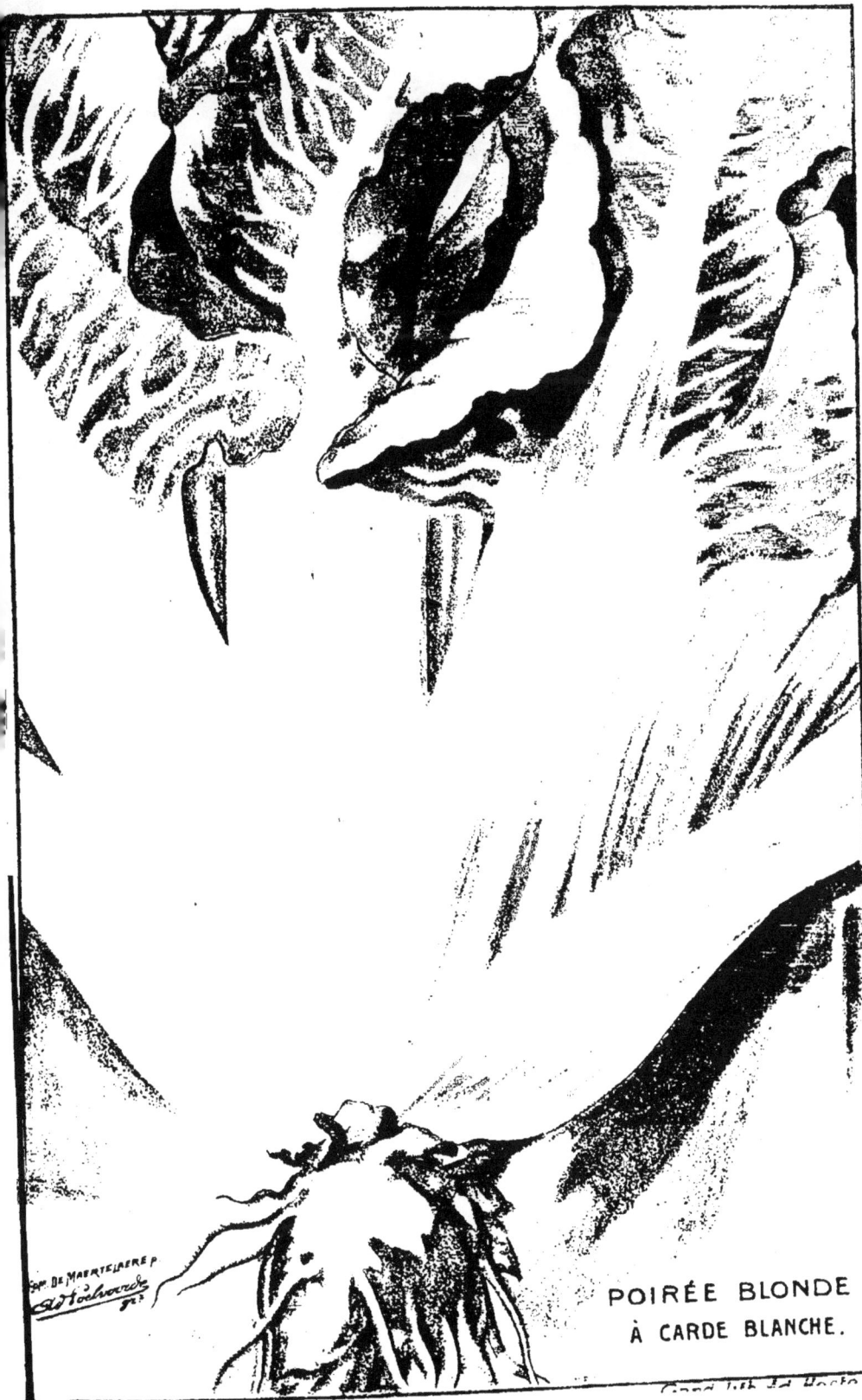

POIRÉE BLONDE
À CARDE BLANCHE.

Le semis se fait en touffe ou en rayons au mois de mars; la graine a la même forme que celle de la Betterave ; on peut la semer à demeure ou repiquer les jeunes plantes. On en fait un semis en avril et fin mai, si on tient à avoir ce produit tout l'été, jusqu'à l'arrivée des vraies cardes de Cardon. Cette plante, trop peu cultivée, demande beaucoup

Fig. 66. — Bette blonde frisée à carde blanche.

d'engrais. Quoique d'une blancheur parfaite, les pétioles gagnent beaucoup à être liés et buttés ou enveloppés, ce qui les rend tendres et leur enlève le goût doucereux, peu agréable, qui rappelle celui de la Betterave. Les variétés de Bettes à carde du Chili, à côtes rouges, oranges et roses sont parfois cultivées comme plantes d'ornement.

Porte-graines.

On hiverne les plus beaux pieds avec soin, car la plante gèle et pourrit facilement ; ils se replantent au printemps, et donnent une grande quantité de graines.

Bette blonde ou Poirée.

Cette plante, dont on ne connaît qu'une bonne variété, se sème en place au mois de juillet dans un terrain frais, fertile et ombragé, ou, mieux encore en pépinière afin de pouvoir la replanter. Elle est absolument rustique ; elle produit en automne, pendant tout l'hiver et le printemps suivant, une récolte, continuelle de feuilles blondes, charnues et succulentes, qu'on prépare en guise d'Epinard, ou qu'on emploie dans les potages. Elle est d'une bonne ressource

Fig. 67. — Bette blonde ordinaire.

pendant l'hiver et au premier printemps, quand les légumes frais sont rares.

Betterave.

Origine.

Originaire de l'Europe méridionale, de la Sicile et de la Syrie.

La race potagère en compte deux formes distinctes et plusieurs sous-variétés. La plus cultivée est la *B. rouge longue naine de Dell* (fig. 70) et la *B. rouge de Whyte* (fig. 68). La *B.* rouge *plate d'Egypte* (fig. 69) a aussi ses mérites particuliers, ainsi que la *B. ronde de Trévise* (fig. 71).

La *B. à feuille de Dracœna,* présente le double avantage, d'être à la fois plante comestible et d'ornement. Notre confrère M. Gentil, Chef du jardin botanique de l'état de Bruxelles et Directeur de « la Tribune horticole », en a tiré bon parti en ornant de façon ravissante les platesbandes, où figuraient aussi les autres variétés et les Bettes à carde du Chili à larges pétioles rouges, roses et oranges.

REINE DES DELL

BETTERAVE ROUGE NAINE DE DELL.

Gand. Lith. Ad. Hoste.

Les betteraves exigent un terrain fertile bien labouré et ameubli ; ce produit effrite beaucoup le sol. On les sème très clair, en rayons distancés de 30 c., profonds de 4 à 5 c. et on nivelle la terre au râteau après l'avoir un peu raf-

Fig. 68. — Betterave rouge foncé de Whyte.

Fig. 69. — Betterave plate d'Egypte.

Fig. 70. — Betterave rouge naine de Dell.

fermie dans les sols légers. Lorsque la plante a 3 ou 4 feuilles, on éclaircit de manière à ce que les plantes restantes soient placées à 25 c. ; les vides qui pourraient se pro-

Fig. 71. — Betterave ronde de Trévise.

duire sont comblés en y repiquant des plants arrachés avec précaution et qu'on a bien soin de mouiller après ce repiquage. On donne de fréquents binages pendant le développement des plantes.

On peut aussi semer en pépinière pour repiquer; en vue
d'obtenir des récoltes en succession, pratique généralement
suivie quand on ne cultive la betterave qu'en petite quantité. Vers la fin d'avril, on sème très clair, chaque graine
(fruit) pouvant donner naissance à deux ou trois plantes, et
on serfouit quand le plant a bien levé. Lorsque les jeunes
betteraves ont à peu près la grosseur d'un crayon, on les
repique en les enterrant jusqu'à la naissance des feuilles
qu'on raccourcit un peu. On doit bien serrer la terre autour
de la racine et, s'il fait sec, arroser jusqu'au moment où la
reprise est complète. Ces betteraves se plantent souvent en
bordures autour des planches d'Artichauts, de Cardons, ou
autres.

Fig. 72. — Betterave à feuille de Dracœna.

La betterave supporte la plantation même lorsqu'elle a
déjà acquis le développement d'une petite carotte de
Hollande. Ce repiquage se fait au moyen du plantoir, ou
d'un bâton pointu, avec lequel on pratique dans le sol un
trou assez profond pour y placer la racine, sans que celle-
ci se trouve recourbée dans la terre. La betterave longue
repiquée se fourche souvent, si on ne fait l'opération avec
grand soin.

· Les B. rondes supportent mieux la transplantation

parce qu'elles ne sont pas sujettes à fourcher. Mais il est bon de les planter en sillons de 8 à 10 c. de profondeur. Faute de prendre cette précaution, comme' elles viennent moitié au-dessus de terre, la partie de la racine à nu, est sujette à devenir filandreuse. On ferme ces sillons quand la racine a atteint la moitié de son développement.

On les fait suivre comme deuxième produit après la récolte des premiers Pois, Choux-fleurs, Carottes etc., ou bien encore on en forme dans le jardin d'agrément, des bordures ornementales.

Les Betteraves les moins développées se conservent le plus facilement pendant l'hiver. On les place en jauge ou en silos ou encore dans du sable à l'abri de la gelée ; on les effeuille préalablement en tordant à la main la verdure ; on ne coupe toute la touffe avec la couronne de la racine qu'à celles qu'on désire conserver très tard.

Porte-graines.

Pour obtenir les graines, on plante à l'automne sous couverture quelques racines bien nettes, à peau rouge pourpre, à feuillage petit et fortement coloré. La *B. d'Egypte*

Fig. 73. — Ornement de salade.

doit avoir une racine très plate, bien détachée de la queue; son feuillage est plus abondant et moins foncé.

Ce légume est trop peu apprécié ; il n'est pas seulement un excellent adjuvant aux salades d'hiver, mais les tranches de Betterave bouillies à l'eau et marinées ou confites au vinaigre, constituent encore un condiment agréable qu'on sert avec le bœuf bouilli.

Les B. rondes se tranchent en larges rondelles, qui se prêtent à être découpées en ornements de salade : croix, fleurons, rosaces, etc. (Fig. 73). En Allemagne et dans quelques localités de la Belgique, on fabrique un sirop de Betterave qui n'est pas à dédaigner. En France ce sirop se prépare au vin doux.

Outre les larves du hanneton et de la chenille de la noctuelle des moissons, qui attaquent tous les produits herbacés du potager, la Casside nébuleuse nuit particulièrement à cette plante en perforant les feuilles au point d'en ralentir la végétation.

Cardon.

Origine.

Cette plante vivace est originaire de l'Europe méridionale ; elle est indigène aux îles Madère, aux Canaries et

Fig. 74. — Cardon d'Espagne inerme.

autres contrées chaudes où elle est même devenue un fléau.
On cultive une des variétés suivantes : *C. d'Espagne*

sans épines à côtes blanches et *C. de Tours épineux*. On
en fait un semis en février-mars en pots remplis de terreau
qu'on place sur couche ou en serre. Pendant que les plantules sont encore en cotylédons, on place chacune d'elles
dans un petit godet de 7 c. de largeur pour les remettre
sous châssis pendant 3-4 jours jusqu'au moment de leur
reprise, avant de les exposer au froid et de leur donner de
l'air. Si on les plante dans les premiers jours du mois de
mai, on les conserve en petits pots jusqu'à cette date ; si
au contraire on désire les planter plus tard, après d'autres

Fig. 75. — Cardon de Tours épineux.

produits, on les rempote dans des pots de 10 c. pour que
leur croissance continue en attendant que leur place au
potager soit disponible.

Les Cardons se plantent à 70 ou 80 c. en tous sens les
uns des autres et sont disposés en échiquier, dans des
petites fosses de 25 c. de largeur et autant de profondeur,
qu'on remplit de terreau ou d'autre bonne terre mouillée
d'engrais liquide. On laisse autour des plantes un petit
creux ou bassin pour les arrosements ; on les abrite contre
les gelées blanches et le soleil trop ardent et on paille.

Il est bon de garder quelques plantes de réserve pour remplacer celles qui périssent. On entresème des petits produits : Radis, Epinards, Laitues, plant de Choux à repiquer. Quand on n'en plante qu'un rang, on peut border la planche de *Bette blonde à cardes* ou de *Betterave rouge à salade*. On arrose les Cardons avec de l'engrais liquide ou du nitrate de soude quand ils sont en pleine végétation et on leur donne fréquemment de l'eau : c'est une plante vorace qui doit se développer rapidement.

On sème encore des Cardons en pleine terre au commencement de mai, dans des trous préparés à 70 c. de distance comme il est expliqué plus haut en y mettant trois graines réunies ; après la levée on fait le *démariage*, c'est-à-dire, qu'on ne laisse qu'une plante à chaque place. Cette deuxième culture fournit les produits d'hiver, toutefois les plantes acquièrent moins d'ampleur, mais elle est suffisante pour ceux qui ne désirent utiliser le cardon qu'en hiver.

Blanchîment.

Fin août ou septembre, par un temps sec, on commence à blanchir les plantes les plus développées. On relève toutes les feuilles dont on rogne un peu les extrémités et on les réunit en faisceau au moyen de trois liens de paille, puis on encapuchonne le tout d'une enveloppe de paille qui dépasse un peu la hauteur totale de la plante, enfin on butte les plantes le plus haut possible. Lorsqu'il fait chaud, on ne blanchit qu'une ou deux plantes à la fois afin d'échelonner la récolte ; les plantes blanchies pourrissent promptement, mais à mesure que le temps devient plus froid, ce mécompte n'est plus autant à craindre. Les Cardons enveloppés quand il fait chaud, sont ordinairement blancs après 10 à 12 jours ; les autres blanchissent quelquefois après trois semaines. Pour les récolter on les déshabille avec précaution, on les débarrasse des parties pourries et on coupe toute la plante un peu sous terre (voir fig. 75). Après la récolte, on dépose à la cave les Cardons coupés, sans les laver, en attendant qu'on les emploie. Il faut priver de lumière les produits récoltés, appelés *cardes*, en les couvrant d'un linge mouillé.

Les *C. épineux* sont désagréables à manipuler, mais ils sont de très bonne qualité.

Les Cardons du dernier semis ne peuvent pas être blanchis au jardin. Lorsque les gelées approchent, on les lie et on les rentre en motte dans une cave ou autre lieu à l'abri de la gelée et de l'humidité. On les blanchit successivement en les couvrant de sable sec ou de cendres. Ils peuvent se conserver en bon état jusqu'à la fin de décembre, si on les plante en terre sous abri et qu'on les remet dans leur position naturelle en défaisant les liens et en soutenant les feuilles des rangs extérieurs au moyen d'une ficelle tendue autour du groupe.

La graine se récolte dans le midi ; on se la procure facilement dans le commerce. Dans le nord, on ne pourrait en obtenir qu'en hivernant avec soin une plante non blanchie, plantée au printemps. Le porte-graine peut atteindre 2 m. de hauteur.

Le Cardon est un légume de luxe et en même temps une plante très décorative. Les mulots, les vers blancs et gris et les larves de la Casside, exercent souvent de grands ravages dans les plantations de Cardon.

Carotte.

Origine.

Plante bisannuelle indigène, cultivée depuis plus de deux mille ans.

Il existe un grand nombre de variétés de cette plante, nous recommandons les suivantes :

La *C. toupie* ou *Grelot*, rouge presque ronde, ne convient qu'au premier semis et pour primeurs ; comme elle tourne vite, elle est comestible très jeune.

La *L. courte hâtive* (fig. 76), appelée selon les localités *C. de Hollande*, *de Bruges*, *d'Utrecht*, *de Horn*, *de Duwick*, etc., est la plus répandue comme variété précoce et de bon rendement ; elle mérite la préférence pour tous les semis qu'on fait depuis le 1ᵉʳ mars et successivement. On ne peut laisser prendre aux Carottes hâtives tout leur développement, parce qu'elles sont très sujettes à durcir, à contracter un goût amer et à se fendre en vieillissant. Il faut les récolter très jeunes et par éclaircissage.

La *C. demi-courte nantaise*, (fig. 77) est une variété intermédiaire entre la précédente et la *demi-longue* (fig. 80).
Elle est plus grosse, plus longue que la *courte de Hollande*, d'une belle couleur rouge et de bonne qualité. On l'a
surnommée *C. sans cœur*, parce que la partie centrale est
peu développé.

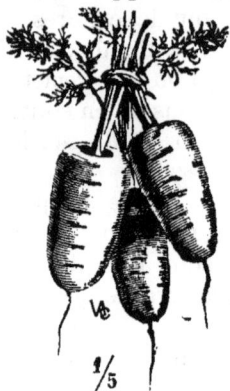

Fig. 76. — Carotte courte hâtive.

Fig. 77. — Carotte 1/2 courte nantaise.

La *C. demi-longue de Chantenay* (fig. 79) succède à la
précédente et convient pour la consommation automnale ;

Fig. 78. — Carotte grosse courte de Guérande.

aussi aux provisions d'hiver. Elle est à bout obtus, d'une
belle nuance rouge foncé.

La *C. de Guérande* (fig. 78), est courte, très grosse, de
demie-saison et convient aux terres compactes et plastiques
où les longues racines ne pourraient s'enfoncer.

La *C. demi-longue de Luc* et *de St. Valéry*, sont les Carottes de garde par excellence.

On peut aussi cultiver avantageusement la *C. longue d'Altringham*, d'origine anglaise. Dans les sols sablonneux et secs elle est bien recommandable, elle est très tardive et se garde longtemps ; elle est de plus très tendre, d'une saveur très sucrée, d'une chair fine et cassante, presque sans cœur.

Le premier semis de *C. Grelot* se fait sur côtière en février ; on entre-sème à la volée, un peu de *Radis hâtifs* et et de *Laitue pommée hâtive*. On enterre très peu les graines, parce que la terre est encore froide et humide ; de préfé-

Fig. 79. — Carotte demi-longue de Chantenay.

Fig. 80. — Carotte rouge demi-longue obtuse.

rence on la couvre en y épandant un peu de terreau fin et sec.

Le deuxième semis avec le même entre-semis se fait au commencement de mars avec la *C. courte de Hollande*.

On sème une troisième fois les Carottes au commencement d'avril avec la variété employée pour le précédent semis ou de préférence avec la *C. nantaise*.

Un dernier semis se pratique à la fin du même mois ; on choisit à cet effet les variétés, mi-tardives et tardives.

Ce semis se fait en partie sur planches libres et en partie entre les Pois, les Fèves de Marais ou les Haricots nains. Ce dernier semis est récolté tard et fournit en grande partie les provisions d'hiver. Les Carottes tardives peuvent encore sans inconvénient se semer en mai.

Un semis se fait parfois vers le 15 août, de la variété *C. courte hâtive*, qui donne son produit au printemps, lorsqu'on a soin de couvrir les planches avec du fumier long ou de la litière. Ces Carottes hivernées sur place sont toutefois bien loin d'être tendres et savoureuses comme celles provenant de semis faits dans la bonne saison.

Les semis de juillet et août sur vieilles couches à melons ou autres, ou même sur côtières fournissent de jeunes carottes au mois d'octobre.

Les carottes semées dans les vieilles couches peuvent se conserver plus longtemps, à cet effet on replace les châssis sur les coffres qu'on entourne de fumier ou de feuilles jusqu'au châssis ; ceux-ci à leur tour sont couverts de paillassons lorsque les gelées prennent de l'intensité.

Il faut donner de l'air lorsque la douceur du temps le permettra.

Les soins de culture sont identiques dans toutes les saisons et pour toutes les variétés. Il faut un terrain en bon état de fertilité, sans fumure récente, à moins que ce ne soit du terreau ou du fumier décomposé et finement divisé. On bêche profondément en ayant soin de bien briser les mottes. Avant de semer, on dégrossit le terrain avec la grande serfouette, dont les dents s'enfoncent profondément. Pour faciliter l'épandage de la graine, si elle est encore en barbes, il faut la *persiller*, c'est-à-dire la frotter dans les mains avec un peu de sable ou des cendres pour enlever les arêtes ou poils qui les font se pelotonner ensemble.

La graine doit être peu enterrée, par un coup de râteau. On plombe légèrement la terre, quand elle n'est pas humide.

Dès que les plantes montrent leur première feuille caractérisée, il faut faire un léger serfouissage ; cette façon doit se donner au sol déjà avant la levée même, si des pluies prolongées ou battantes ont tassé les planches. De tous les soins de culture, le serfouissage est le plus utile.

On éclaircit les plantes quand elles ont trois à quatre feuilles : lors de ce premier éclaircissage, on laisse 5 c. de distance entre les C. précoces et 7 à 10 c. entre les autres. Les éclaircissages ultérieurs se font en récoltant successivement.

Après les premiers éclaircissages, on donne un peu d'engrais chimique ou un arrosement d'engrais liquide, si le sol n'est pas trop humide et si le temps n'est pas trop chaud, car arrivées à un certain degré de développement, les plantes fondent et brûlent facilement.

Pendant les saisons sèches les Carottes sont souvent atteintes par un puceron grisâtre qui grouille au collet des plantes et entrave beaucoup leur végétation. Dans les mêmes circonstances on voit aussi apparaître la mouche de la carotte (*Psylomye*), hyménoptère d'un noir verdâtre (fig. 81), qui pond ses œufs autour de la plante à la surface du

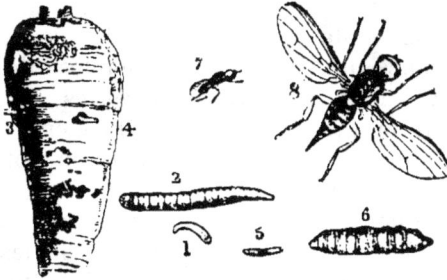

Fig. 81. — Mouche de la carotte.

1. Larve grandeur naturelle.
2. » agrandie.
3-4. Carotte rongée par les larves.
5. Chrysalide grandeur naturelle.
6. Chrysalide agrandie.
7. Mouche grandeur naturelle.
8. » agrandie.

sol. Les jeunes larves qui naissent pénètrent dans le sol, s'introduisent dans les racines et y produisent ces sillons de couleur de rouille, qui font dépérir les plantes et rendent les carottes sèches et amères. Des arrosements copieux ont raison de ces insectes. La suie administrée avec un arrosement, immédiatement après l'éclaircissage, arrête sa propagation.

Les jeunes semis sont parfois détruits par de petites araignées noires (Théridion). Des arrosages fréquents avec des décoctions amères de feuilles de sureau, de tomate ou de noyer les éloignent.

Il est recommandable aussi de mouiller après l'éclaircissage et le sarclage pour fixer les plantes qui ont été ébranlées par l'opération.

Porte-graines.

Pour récolter de la bonne graine des variétés précoces, on en fait un semis dans les premiers jours de mai, afin de pouvoir les récolter à l'automne en même temps que celles des variétés plus tardives. On met à part les racines les plus conformes au type de chaque race ; on rejette impitoyablement celles qui sont fourchues, sillonnées ou chargées de chevelu. Une terminaison brusque, obtuse, une queue fine, une peau rouge-orange foncé, des fanes relativement petites et implantées dans une cavité, tels sont les caractères qui distinguent une bonne plante mère.

Dans les localités où l'on n'a pas à redouter les rongeurs, il est bon de planter ces racines à l'automne, à 40 c. en tous sens et de les abriter de feuilles pendant l'hiver. Au printemps, on entourne les plantes de ramilles pour soutenir les tiges et leurs nombreuses ramifications ; on laisse mûrir la graine sur pied. On coupe les ombelles mûres avec un bout de tige, on les lie en botillons et on les suspend sous abri.

Pour récolter les graines en gros, on a l'habitude de semer les Carottes en juillet-août et de les laisser monter au printemps après l'éclaircissage. Par ce procédé, on obtient beaucoup de fortes graines ; seulement, le choix des mères n'ayant pu se faire, on comprendra facilement que le produit laisse à désirer sous le rapport de la pureté du type, surtout si on n'a pas la garantie que la graine qu'on sème est provenue de bonne race.

Conservation.

A l'automne, en novembre, on arrache les Carottes par un temps sec et on les laisse ressuyer à l'air pendant un jour, puis on les dépose dans leur quartier d'hiver. On peut les empiler régulièrement dans les caves ou dans des silos, en coupant ou en tordant les feuilles jusque contre les racines. On interpose du sable sec entre les lits. Pour les grandes provisions, on coupe les feuilles avec la rondelle supérieure ou couronne de la racine et on amoncèle sans ordre dans quelque lieu sec, à l'abri de la gelée.

Les Carottes destinées à être consommées en novembre, décembre et janvier, sont enjaugées dans des tranchées,

après qu'on a coupé la moitié de la longueur des feuilles.
On les couvre de litière en temps de gelée, en n'oubliant
pas de découvrir et d'aérer ces réserves de Carottes quand
le temps est beau, car ce produit s'échauffe et se tache
facilement. Il faut.pour le même motif, des planches creuses dont les accotements ou bords soient formés avec de la
terre prise *hors* de la tranchée, dont le fond A, fig. 82,
doit garder le niveau ordinaire.

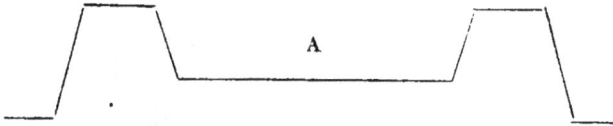

Fig. 82. — Tranchée pour conserver les racines.

Dans ces divers modes de conservation, il faut pouvoir
empêcher tout accès à la gelée, qui chez tous les produits
végétaux assouplit les tissus et enlève le goût particulier,
propre à chaque plante.

Au printemps quand elles se mettent en végétation on
les déplace, pour les arrêter encore pendant quelque temps.

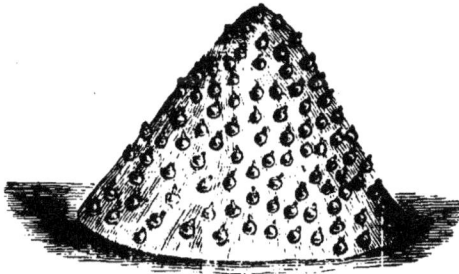

Fig. 83. — Carottes conservées en piles.

On peut avec avantage disposer les racines en tas contre
un mur de cave ou en piles coniques isolées (figure 83),
avec interposition de sable ou de terre légère. En coupant
les fanes en novembre et en couvrant les carottes avec de
la terre et des feuilles ou de la litière on peut en hiverner
une partie sur place et les récolter successivement.

7

Grande culture.

La Carotte fait partie des plantes qui se prêtent à la grande production, c'est-à-dire que sa culture n'est ni difficile ni onéreuse, que le produit supporte sans avarie des voyages assez longs et que le placement en est courant. Enfin, citons parmi d'autres avantages de cette plante potagère, qu'on peut l'obtenir comme produit secondaire en culture dérobée, qu'elle réussit même dans des terres sa-

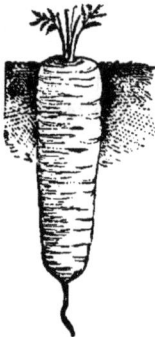

Fig. 84. — Carotte demi-longue obtuse.   Fig. 85. — Carotte longue obtuse de Meaux.

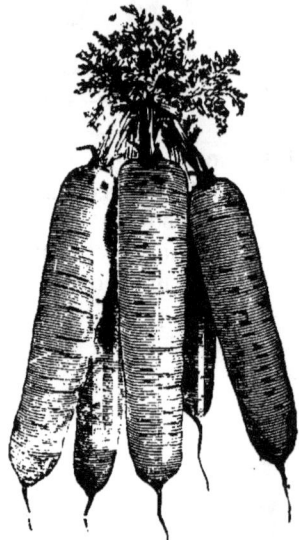

blonneuses, peu fertiles de leur nature et qu'elle peut s'obtenir à différentes époques. La culture n'en est pas lucrative dans les terres compactes et plastiques.

Les variétés recommandables pour la grande culture sont la *C. courte hâtive*, la *C. demi longue obtuse* (fig. 84), de *St. Valéry* et la *C. rouge longue obtuse de Meaux* (fig. 85).

Les soins de culture sont les mêmes que dans le potager. Sur de grands espaces on pourrait se servir du semoir à Chicorée modifié, pour faire l'épandage de la graine bien persillée. Les Carottes hâtives peuvent être semées entre les Oignons et même entre les variétés tardives, bien enten-

CÉLERI PLEIN
BLANC FRISÉ.

EDM. DE MAERTELAERE. P.

Gand. lith. Ad. Host

din, l...
nombr...
Carottes
Les pr...
au produ...
ry se ...
Pavot blan...
on sarcle, ...
beau déve...
sur le fait ...
de a ...
récolte ...
soit a...

Se ...

du, lorsqu'on procède par semis en ligne. On trace un nombre double des lignes et on sème alternativement Carottes et Oignons ou Carottes hâtives et tardives. Les premières se récoltent avant qu'elles aient pu nuire au produit restant en place. La *C. rouge longue de St Valéry* se sème avec succès entre le Lin, l'Orge, le Seigle, le Pavot blanc. Lorsque ces plantes disparaissent, on herse et on sarcle, et la plante a encore tout le temps de prendre un beau développement. Lorsqu'on sème seule la *C. de Luc* on le fait fin avril et, outre les soins ordinaires, on procède à un éclaircissage au mois d'août, consistant dans la récolte de la moitié (une ligne sur deux) des Carottes qui sont assez développées pour être vendues.

Céleri.

Origine.

Se trouve à l'état sauvage dans tous les lieux humides

Fig. 86. — Céleri plein blanc.

de la Suède, de l'Algérie, de l'Egypte, du Caucase et même en France.

Il y a des variétés qu'on cultive pour leurs feuilles vertes, à couper comme le Persil et le Cerfeuil, *C. à cou-*
per ; d'autres pour leurs côtes blanchies, *C. à côtes*, ou
pour leur cœur ou pomme *C. court*, ou pour la racine
charnue *C. rave* ou *C. navet*. Le premier est peu cultivé :
on le sème au premier printemps, on éclaircit de manière
à ce que les plantes se trouvent à 10 c. de distance et on
les coupe pour assaisonnement. On peut aussi le semer dru,

Fig. 87. — Céleri violet de Tours.

ne pas l'éclaircir et le tondre comme les autres herbes potagères.

Le *C. à côtes* compte plusieurs variétés : on ne doit cultiver que celles à grosses côtes pleines. Le *C. plein blanc*
à côtes longues (fig. 86), le *C. rouge de Wright*, le *C.*
violet gros de Tours (fig. 87), le *C. Pascal* (fig. 88), à
côtes vertes et à côtes roses(fig. 89), le *C. doré* ou *Che-*
min (fig. 90) et la belle et bonne sous-variété à *feuilles*
frisées (fig. 91) et le *C. blanc d'Amérique* (fig. 92).

Tous ces Céleris diffèrent des variétés anciennes à côtes creuses ; les côtes ont de fortes dimensions, elles sont dressées, rigides, serrées les unes contre les autres, ce qui les fait blanchir facilement et les rend bien propres au buttage.

Le C. doré n'est pas rustique, il pourrit et gèle facilement, mais comme il est naturellement jaune, tendre et doux, il n'a pas son pareil comme variété d'été et d'automne. Au moyen d'une plantation très rapprochée, en plein carré a

Fig. 88. — Céleri court Pascal.

15 c. de distance on obtient très tôt de petits céléris jaunes et tendres qu'on récolte successivement en éclaircissant ; ils sont exquis et très recherchés sur les marchés.

Aux halles de Paris et sur nos marchés, on n'en voit presque plus d'autres en été et en automne.

On ne peut pas semer avec succès le C. à côtes, au mois d'août ou de septembre ; presque toujours les plants montent en graines au printemps. Mieux vaut semer, dès le commencement de février, sous châssis, très près du vitrage. On couvre la graine d'une très légère couche de ter-

reau fin et on entretient la fraîcheur ; dès que les plantes
lèvent, on donne de l'air, afin qu'elles ne filent pas. Aussitôt que les petits plants ont trois ou quatre feuilles caractérisées, on les repique à 7-8 c. sous châssis froid ou
sur plate-bande couverte de nattes en roseau ou de paillassons. Les plantes semées sous châssis fonderaient si on les
plantait à demeure sans les avoir repiquées au préalable,
précaution d'ailleurs recommandable en toute saison et pour

Fig. 89. — Céleri Pascal doré à côtes roses.

toutes les plantes à transplanter, afin de fortifier les sujets
avant de faire la plantation définitive.

Cette plantation se fait de différentes façons, suivant
qu'on la cultive en terrain sec ou en sol frais.

Plantation.

Dans les sols légers et secs, à moins de trouver un endroit ombragé, situé près d'un égoût, d'un passage d'eau
d'évier ou autre, on doit cultiver *C. à côtes*, en tranchées.

On creuse en talus des petites fosses larges de 35 à

Fig. 90. — Céleri doré à côtes pleines.

Fig. 91. — Céleri plein blanc frisé.

40 c. à la base et profondes de 15 c. ; la terre extraite est déposée sur les bords, de sorte qu'on obtient un creux ou contre-bas de 25 à 30 c. Si on fait plusieurs rangées, il faut laisser 60 c. entre les petits fossés.

On répand dans les tranchées une couche de fumier court de 7 c. d'épaisseur qu'on enterre à peine par un léger la-

Fig. 92. — Céleri blanc d'Amérique.

bour, puis, on y verse de l'engrais liquide ; car par suite du creusement, les tranchées sont un peu dessolées, c'est-à-dire qu'elles ont perdu une partie de leur couche arable.

On plante trois rangs de Céleri à 20 c. de distance ; on

Fig. 93. — Fossé à Céleri.

met quelques plantes en double pour remplacer celles qui meurent éventuellement. Si on a soin de *bouer* les plants, c'est-à-dire de tremper les racines dans une eau boueuse, on facilité la reprise. Sur les buttes qui séparent les fossés à Céleri, on plante deux rangs de Laitues ou d'Endives, selon la saison.

Dans les sols très secs, malgré la position favorable où se trouvent les plantes dans ces tranchées, on doit pailler et arroser. On doit aussi enlever les rejetons qui pourraient se montrer au pied des plantes.

On peut planter alternativement, en double, un Céleri à côtes à blanchir et un Céleri doré. Les plantes de ce dernier sont récoltées au tiers de leur développement, avant le buttage, et livrées à la consommation. On peut aussi creuser une suite de petits sillons et placer dans chacun une rangée de Céleri. Dans les terrains ayant peu de fraîcheur on peut creuser légèrement une planche entière et la garnir de plusieurs rangées de Céleri.

Aussitôt que les plantes dépassent un peu les talus des tranchées, on commence à les lier. Après, on les butte en remplissant successivement à deux ou à trois reprises les tranchées, jusqu'un peu au-dessus du niveau ordinaire du sol. Il ne faut jamais trop se hâter de faire le buttage, car cette opération entrave le développement des plantes.

Outre les avantages qu'offre la culture en tranchées dans les terrains secs, elle facilite le buttage, opération difficile et presque impossible à faire dans les terrains légers, quand toute la butte doit être élevée au-dessus du niveau du sol.

Dans les terrains frais et consistants, la plantation peut se faire à plat sur deux ou trois lignes, où les plantes se trouvent distancées à 15 ou 20 c. sur le rang et à 25 c. entre les rangs ; entre chaque double rangée, on réserve une bande libre de 70 c., qu'on utilise en y plantant une ou deux rangées de Laitues qui seront récoltées avant le moment du buttage.

Il faut se garder de faire le buttage quand les plantes sont mouillées ; on ne les enterre que jusqu'à la moitié de leur hauteur et on achève l'opération deux semaines plus tard, en émiettant bien la terre qu'on glisse soigneusement entre les plantes. Enfin, surtout en été, il ne faut pas butter plus de plantes qu'on ne peut en consommer régulièrement, les Céleris blanchis étant à cette époque, sujets à pourrir après quinze jours à trois semaines de buttage. Par le blanchiment, les *C. rouge et violet* deviennent d'un beau teint rose tendre.

Le *C. blanc d'Amérique* à côtes blanc d'ivoire et à feuilles panachées se conserve bien en hiver et s'améliore beaucoup si on le lie et qu'on le couche en terre sous litière.

On peut blanchir les Céléris à la mode anglaise (1) en les emmaillotant dans des feuilles de papier. Ceux qui n'ont pas été buttés peuvent être blanchis l'hiver successivement sous des grands pots à fleurs ou sous des pots à choux-marins ou autres vases. A cette fin on les plante par groupes de trois, en cave ou en serre dans des cendres humides et on les couvre d'un pot. Nous obtenons ainsi des produits superbes et délicieux, avec le *C. Pascal* et sa sous-variété à côtes roses.

Dans les premiers jours de mars, on fait un 2e semis en pleine terre sur plate-bande ou côtière. On repiquera le plant à 7 ou 8 c. de distance, pour le planter successive-ment pendant toute la saison.

Céleri court.

Le *C. court Pascal* à grosses côtes trapues et rigides se sème au commencement d'avril. Il se plante en plein carré en succession à d'autres produits et à 30 à 35 c. de dis-tance. On paille le sol après la plantation et on arrose régulièrement. Ces Céleris peuvent encore être plantés avec succès sur deux rangs dans les sentiers qui séparent les planches d'Oignons. Après la récolte de ceux-ci, qui a lieu en juillet-août, on plante des Scaroles qui à leur tour, dis-paraissent à l'automne. Alors on peut prendre la terre dans ces planches devenues libres, pour butter les doubles rangs de Céleri qu'on y récoltera tout l'hiver et même au-delà. Comme ce Céleri est resté en place, il résiste bien mieux aux intempéries que celui qu'on a dû arracher, pour le mettre en jauge côte à côte, couvert de feuilles ou de litières.

Céleri-rave.

Cette précieuse race est trop peu cultivée en Belgique, surtout dans les bons sols à terre franche. Les meilleures variétés connues, jusqu'ici, sont le *C. rave Pomme* (fig. 95) et le *C. rave d'Erfurt*, mais pour les sols légers on doit

---

(1) En Angleterre on fabrique des manchettes en papier, munies d'une agrafe en cuivre (Celery-Collars), pour lier et blanchir les grands Céleris à côtes.

donner la préférence au *C. rave géant de Prague* (fig. 98).
Nous avons obtenu des C. raves gigantesques de la variété

Fig. 94. — Céleri-rave gros d'Erfurt.

C. rave géant d'Othée, obtenue par M. Henri Monville, chef
de culture à Othée (Liége).

On le sème en pleine terre dans la 2e quinzaine de mars.

Fig. 95. — Céleri rave pomme.

Tous les soins à donner au jeune plant sont les mêmes que
ceux indiqués précédemment. On plante à 35 c. en tous
sens, dans une terre richement fumée et copieusement ar-
rosée d'engrais liquide. En ayant soin de pailler, surtout

dans les terrains sablonneux ou bien en le plantant dans des planches creusées à 12 c. de profondeur ou en sillons sur lignes séparées, on .peut récolter ce délicieux légume dans tous les jardins.

Quand les plantes ont atteint une certaine taille, que les

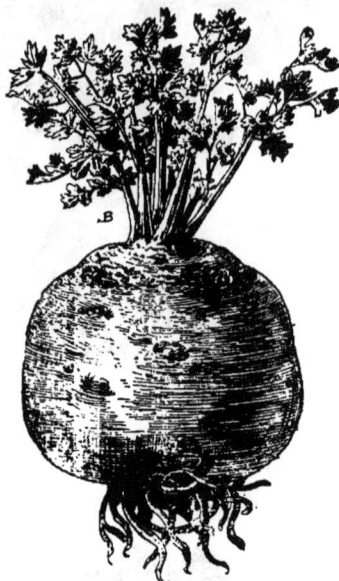

Fig. 96. — Céleri-rave géant d'Othée.

feuilles commencent à s'étaler, on enlève les rejetons, et on effeuille la base pour obtenir la rave bien nette comme le représente la fig. 95.

La rentrée se fait en novembre ; on coupe les feuilles et on dépose les raves, dépouillées de leurs petites racines,

Fig. 97. — Sillons pour la plantation du Céleri-rave en terrain sec.

en cave dans du sable où elles se conservent jusque bien avant au printemps.

On peut aussi les conserver au jardin sous litière comme le *C. court*, mais les mulots et les campagnols s'en montrent très friands.

On peut tirer un bon produit accessoire de ce *C. rave*

au cas où l'on perd en hiver le C. à côtes, en l'effeuillant
et en le plantant dans du terreau en cave ou en serre.
Sous l'influence de la chaleur et de l'obscurité, il produira
des pétioles blancs excellents en branches pour salade, pour
la cuisson et pour les potages.

Fig. 98. — Céleri-rave géant de Prague.

La *Rouille* causée par un champignon du genre *Uredo*
atteint parfois le Céleri ainsi qu'une espèce de teigne (*Te-
phritis onopordinis*) qui ronge les feuilles entre les deux
épidermes. On combat les deux malaises, le premier par
les aspersions de bouillie bordelaise (1) et la teigne
par l'eau de lessive.

Porte-graines.

En automne on fait choix de tous les pieds nécessaires à
la reproduction et on les plante immédiatement à 40 c. en
tous sens ; on les entoure d'une poignée de cendres de
houille et on finit en les couvrant de feuilles ou de litière
sèche. Au printemps on les débarrasse de la litière, mais
on y laisse les cendres. On serfouit la surface du sol et
on entoure les plantes de rames, dès que montent les tiges.
Lorsque les graines des principales ramifications sont

(1) Pour la composition, voir plus loin *Culture des Tomates.*

mûres, on coupe toute la plante sans s'inquiéter des graines vertes ou des fleurs restantes ; les premières graines mûres étant les meilleures, il faut leur sacrifier toutes les autres. On sèche les tiges à l'ombre, on détache les graines par un léger battage et on nettoye minutieusement.

Grande culture.

Dans les sols frais et fertiles la culture en grand du Céleri pourrait être lucrative. Du moins elle l'est en Angleterre à tel point que la production des environs de Londres est loin de suffire aux besoins de ce gouffre de consommation, composé de 6 millions de bouches environ. Le prix moyen des C. blancs est de fr. 12.50 par 12 bottes au marché de Londres. C'est une culture à recommander dans les terrains irrigués et en particulier là où les eaux d'égoûts ou les boues de dragage sont à portée et surtout si on dispose de beaucoup d'engrais de ferme qu'on renforce par l'addition d'engrais chimique.

Les variétés à cultiver sont le C. à côtes blanches bien pleines et le C. rave. Ce dernier offre l'immense avantage de pouvoir s'expédier l'hiver à l'état sec comme les Pommes de terre, tels que nous les recevons d'Alsace. Il est bien entendu qu'en grande culture on plante les lignes isolément de 50 c. dans des sillons de 15 c. de profondeur tracés au moyen d'une charrue *ad hoc* qu'on emploie aussi pour le buttage des pommes de terre ; on y place les plantes à 25 c.

Les soins de culture, les buttages successifs et l'hivernage doivent être observés comme au potager.

Nous appelons l'attention des cultivateurs marchands sur le *C. plein blanc doré* et le *C. pascal à côtes roses* que nous avons recommandés pour le potager.

Pour le *C. rave*, on procède absolument comme dans la culture ordinaire.

En Angleterre on fait une grande consommation de Céleris en légume et en salade. Crus, en branches, les Céleris bien blancs, sont le condiment indispensable du fromage de

Chester. C'est en effet un repas aussi appétissant que frugal. (1).

On y utilise même la graine ; moulue en farine elle sert d'assaisonnement comme le poivre et autres ingrédients dans les potages. Mêlée avec du sel Cerebos, cette poudre, qui entre aussi dans la fabrication des *Celery biscuits* qu'on mange avec le fromage, est un excellent condiment.

Cerfeuil.

Origine.

Originaire du Sud-Est de la Russie et de l'Asie occidentale tempérée.

On connaît deux variétés de cette petite herbe potagère d'assaisonnement, le *C. ordinaire* et le *C. frisé* ou *en rosettes*. Cette dernière est peu constante ; elle n'offre d'ailleurs aucune particularité, ni comme goût, ni comme rusticité, et son aspect ornemental ne lui donne guère plus de valeur. Le premier semis se fait en février sur côtière au pied d'un abri au midi en rayon, ou à la volée mais très dru, surtout à cette saison. On sème sur une planche revêtue d'une mince couche de terreau qu'on plombe, afin de bien faire adhérer la graine qu'on couvre peu. Le terrain où l'on sèmera du Cerfeuil plus tard à l'ombre et en terrain frais (mars, mai, juin et juillet) doit être arrosé, la veille, d'engrais liquide : cette petite plante aime à trouver une abondante nourriture à la surface, sinon, elle ne produit pas un gazon fourni et monte vite en graines. Après la première coupe, vient un regain, beaucoup moins parfumé. Pour ces derniers semis, il ne faut plus d'exposition privilégiée.

A la fin des grandes chaleurs, au mois d'août, on fait un semis plus considérable pour tout l'automne et une partie de l'hiver. En septembre on sème le Cerfeuil à cueillir pendant l'hiver et le printemps, dans un endroit abrité ; quelques menus branchages le garantissent assez pour lui permettre de résister au froid et de pousser même quelques feuilles fraîches qui ont toutefois peu de parfum à cette saison.

_____

(1) L'usage du Céleri est un moyen curatif contre le rhumatisme et la goutte.

Le Cerfeuil d'automne dont on a ménagé une partie sans y faire de coupe, donne la meilleure graine. Au printemps, on nettoye et on éclaircit, puis on laisse monter ; quand la graine est noire, on coupe le tout et on sèche à l'ombre. Il est bon de ne jamais récolter la graine de Cerfeuil qui monte pendant l'été et de ne semer que de la graine âgée d'un an.

Le Cerfeuil tubéreux. (*Chœrophyllum bulbosum*).

Produit des racines courtes et grosses, à chair fine farineuse, d'un blanc de lait. La graine se récolte en juin-juillet ; on doit la semer immédiatement ou la conserver dans du sable humide jusqu'au printemps, sinon la germination est très tardive et irrégulière. En juillet de l'an-

Fig. 99. — Cerfeuil tubéreux.

née suivante, les feuilles jaunissent ; c'est le moment de récolter les racines et de les conserver en lieu sec et à l'abri de la gelée. On commence à les consommer 15 jours après la récolte et pendant tout l'hiver. Elles ont un goût très fin, rappelant un peu celui du Céleri-rave. Ce légume n'a qu'une importance secondaire.

Champignons.

(Voir 2e partie *Culture forcée* ou *artificielle*).

Chervis.

Ce végétal curieux connu depuis plus de trois siècles, originaire de Chine, n'a pas été accueilli comme une véritable plante alimentaire. Elle ne présente en effet pas une grande utilité, mais elle mérite une petite place dans les potagers d'amateurs.

Les racines charnues sont réunies autour du collet de la plante. Elle sont d'un blanc grisâtre, charnues, féculentes et d'un goût très sucré ; au centre se trouve un petit axe ligneux ou mèche, qui nuit à ses qualités.

Comme chez beaucoup d'autres plantes de la famille des

Fig. 100. — Chervis (racines réduites au 8ᵉ de leur volume normal).

ombellifères, la germination des graines est excessivement lente il importe donc de semer à l'automne ou de très bonne heure au printemps. Les plants sont repiqués avec précaution à 20 c. de distance, dès qu'elles ont 4 à 5 feuilles. Etant vivace, on peut aussi la multiplier par division des pieds, mais les racines obtenues de semis sont de meilleure qualité.

Comme le Chervis résiste bien à nos hivers, on peut le laisser sur place et faire la récolte au fur et à mesure qu'on désire en faire usage en guise de salsifis.

8

Chicorée à grosse racine de Bruxelles.

On cultive abondamment en Belgique une variété de chicorée obtenue en Brabant il y a environ 60 ans. D'après le mode de culture, elle fournit un délicieux légume ou une excellente salade d'hiver. Les maraîchers des environs de Bruxelles, les premiers, en ont perfectionné la culture ; de là la dénomination *C. bruxelloise* ou *Witloof* (feuillage blanc), généralement admise. Cette distinction vise en même temps une forme particulière du produit, et une variété spéciale.

Fig. 101. — Chicorée de Brunswick.

Depuis quelque temps on cherche en France à débaptiser notre *Witloof* national en l'affublant de la sotte dénomination d'*Endive*. En horticulture, il est d'usage de respecter le premier nom donné à une plante. Les débaptiseurs ne peuvent pas même invoquer l'excuse que le nom de *Witloof* ou *Chicorée de Bruxelles* soit difficile à prononcer.

Et d'ailleurs, le nom d'*Endive* appartient à un tout autre genre de Chicorée (Cichorium Endivia L).

L'usage des feuilles en salade, de la Chicorée sauvage,

CHICORÉE À GROSSE RACINE DE BRUXELLES.
" WITLOOF ..

EDM. DE MAERTELAERE P.

Gand, lith. Ad. Hoste.

plus ou moins modifiée (*Cichorium intybus*) est assez connu.
La production de la chicorée en pommes ou en chicons, était
autrefois la spécialité exclusive des maraîchers de la banlieue de Bruxelles, qui en pourvoyaient les marchés du pays

Fig. 102. — Chicorée de Magdebourg.

Fig. 103. — Chicorée de Bruxelles
(*Witloof*).

et de l'étranger. Aujourd'hui elle est pratiquée un peu partout en Belgique (1). Les environs de Namur et surtout
de Mons, St-Symphorien et Havré entre autres, en expor-

---

(1) « Pour le Crambe et le *Witloof* nous sommes encore tributaires de l'Angleterre et de
la Belgique. » (Traité des nouveaux légumes d'hiver, par M. A. Pailleux et D. Bois.)

« Les produits obtenus en France sont moins beaux que ceux qui nous viennent de
Belgique. » (Traité de culture potagere, par Dybowski.)

tent des quantités vers Avesnes, Valenciennes, Maubeuge
et à Paris même.

Ces pommes de Chicorée blanchie, qu'à Bruxelles on
nomme *Witloof* ou *chicons de chicorée*, sont un excellent
légume, très hygiénique, peuvent être consommées cuites, assaisonnées d'une sauce blanche ou au jus et même en salade lorsqu'on les effeuille.

Il a également l'avantage de ne pas coûter fort cher et
de fournir son produit au moment où presque tous les
autres légumes sont assez rares.

Si la culture bruxelloise commence à se répandre à
l'étranger, c'est grâce à la maison Vilmorin-Andrieux et
Cᵉ de Paris qui a beaucoup contribué, par l'immense pu-
blicité dont elle dispose, à faire connaître dans le monde
entier notre précieux légume national.

En Belgique on mange parfois les racines pendant l'hiver,
mais, à vrai dire, elles constituent autant une médecine qu'un
aliment. Pour qu'elles ne soient pas trop amères, il faut
choisir les racines moyennes, les laisser tremper dans l'eau
pendant 12 heures, les bouillir à grande eau et les servir
avec une sauce blanche vinaigrée.

La race potagère belge se rapproche beaucoup de la
Chicorée de Magdebourg à feuilles dressées, larges, entières, tandis que la vraie race industrielle des Flandres pour
la fabrication de la chicorée à café répond à la *Chicorée
de Brunswick* (fig. 101). Elle a les feuilles étalées et profondément dentelées, produit des racines plus denses, moins
aqueuses et donne, à volume égal, plus de poids par hectare et en perd moins par la dessication des *Cossettes*.

Pour obtenir les chicons, il importe de posséder la variété bruxelloise bien franche, sinon les méthodes de culture
les plus parfaites ne sauraient produire de bons résultats.

On sème vers le 15 mai en terrain profondément bêché,
sans fumure récente, on fait un éclaircissage et un serfouissage quelques temps après la levée, puis on donne un
arrosement d'engrais liquide, ou une dose d'engrais chimique. On se gardera, pendant la végétation, de couper les
feuilles sous prétexte de favoriser le développement des
racines, car c'est le contraire qui a lieu, puisque les nouvelles feuilles qui repoussent se nourrissent en grande partie au détriment des matières assimilées qui se trouvent
dans la racine.

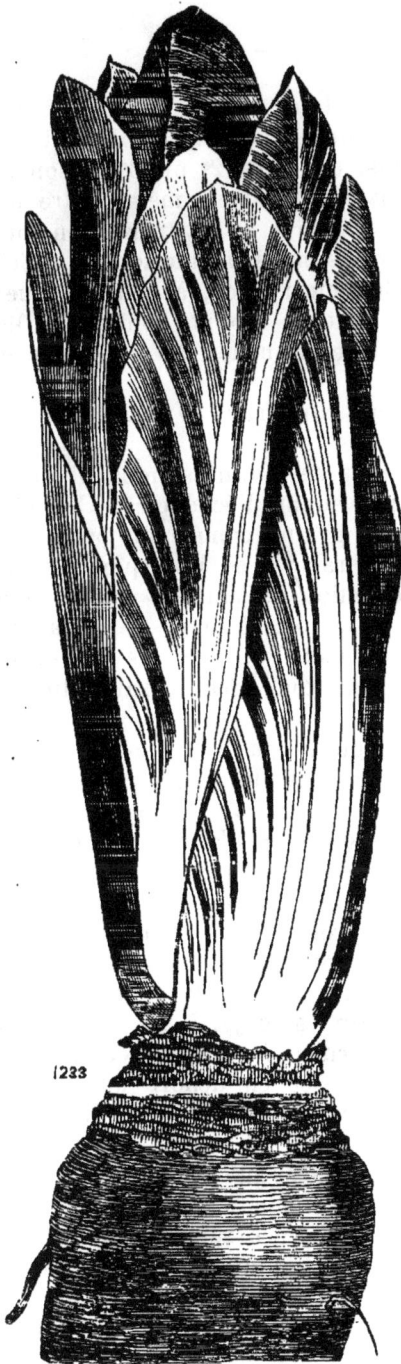

1233

Fig. 104. — Chicon de Witloof.
(Grandeur naturelle moyenne).

Le semis peut se faire sur un terrain libre ; on obtient ainsi des racines plus lisses, mais il peut se faire aussi, sans inconvénients, dans les 2e ou 3e saison de Pois, entre les Haricots nains ou à rames, même entre les Pommes de terre hâtives. La Chicorée y prospère bien, puisque ce n'est que dans les derniers mois de l'automne, qu'elle prend son plus grand développement : or, à cette époque les Haricots sont récoltés, ou tout au moins, sont dépouillés de leurs feuilles et les Pois et Pommes de terre de première saison on disparu.

La chicorée peut rapporter 30 à 35 mille kil. de racines par hectare.

Depuis une vingtaine d'années nous plantons la chicorée en jeune plant provenant d'éclaircies. Ces plants repiqués ne montent pas en graine comme on pourrait le craindre ; il est vrai que les racines se bifurquent, mais cela ne nuit en rien à la production du chicon, pourvu que la couronne ait au moins 2 c. de diamètre et ne dépasse guère 3 c. Cette plantation permet d'utiliser des places vides dans les pépinières ainsi que tous les terrains libres jusque fin juillet.

Les racines ne gèlent pas facilement, mais par les froids rigoureux les couronnes de feuilles se détériorent parfois et le cœur pourrit.

Pour faire une couche à *Witloof*, on ouvre au commencement de novembre une tranchée qui, avec la bordure qu'on construit au moyen de la terre extraite, forme un creux de 40 c. de profondeur. On peut lui donner la largeur d'une planche ordinaire de potager, mais mieux vaut ne lui laisser qu'un mètre de largeur.

Lorsque le terrain est sujet à un excès d'humidité, il est préférable de construire les deux accôtements de la tranchée avec la terre prise en dehors du lit à Chicorée, de sorte que le fond reste au niveau ordinaire du sol (voir fig. 82, page 97).

Au fond de la tranchée, qu'on façonne proprement, on répand une mince couche de terreau usé, fût-il même un peu grossier. On fait choix des racines qui ont 2 à 3 c. de diamètre au collet ; on élimine celles qui sont plus minces, ainsi que les très grosses chez lesquelles la couronne se divise en plusieurs jets au lieu de présenter un simple

bourgeon central ; on coupe le bouquet de feuilles à 5 c.
au-dessus du collet. On dresse les racines debout en éla-
guant préalablement leurs extrémités trop longues ou fourchues, afin de faciliter leur placement. Elles se disposent
presque *à tout touche* et de façon à ce que les couronnes
présentent un plan bien de niveau. On verse du terreau
usé, fin, tamisé au besoin, ou de la terre légère entre les racines et on les recouvre aussi à une épaisseur de 25 c. ;
on peut également les planter au plantoir à piquet.
Durant l'hiver, on blanchit les plantes au fur et à mesure
des besoins. Le procédé de forçage consiste à couvrir toute la
couche d'un lit de fumier chaud de 50 à 60 c., recouvert lui-
même d'une *chemise* de litières ou de paillassons. Il faut
peu de chaleur pour faire pousser la Chicorée ; aussi n'est-
il pas rare de récolter du beau *Witloof* un mois après le
commencement du forçage, avec une température de
15° (1).

Il va de soi, que les personnes qui disposent de bâches
et de couches ordinaires à primeurs ou autres locaux abrités, peuvent les consacrer avec avantage à la production
du *Witloof* ; une légère chaleur de fond leur est très favorable. Plus loin, à la culture forcée nous donnons tous les
détails relatifs à l'usage du thermosiphon dans la production du Witloof. On peut aussi le produire en caisses ou
en cuves à Lauriers (fig. 105) assez profondes pour contenir les racines et la couche de terreau qui doit les recouvrir ; ces caisses sont placées en lieu chaud .C'est ce qu'on
pourrait appeler la culture familiale.

A partir du mois de mars et jusqu'en avril, il suffit de
couvrir les Chicorées restées en place ou enjaugées, de
15 c. de terre légère. La chaleur est généralement suffisante
à cette époque pour qu'on obtienne de beaux *Chicons* sans
l'aide du fumier.

Dans cette culture, les feuilles, en se développant, ont un
obstacle à traverser et restent par cela même réunies
comme le cœur d'une Laitue romaine (Chicon) ; on cueille
ces faisceaux de feuilles en les cassant avec l'empâtement
qui les porte.

Sur de belles racines moyennes, nous en avons récolté des chicons qui mesurèrent
15 c. de circonférence, 15 c. de longueur et pesant chacun 140 grammes.

A la séance de la Société nationale d'Horticulture de France du 23 janvier 1879, M. Poiret-Delan, jardinier de M. Leduc à Puteaux, a présenté 14 pieds de *chicorée belge* ou *Witloof* assez beaux pour que le Comité de Culture potagère propose de lui accorder une prime de 2ᵉ classe. Cette proposition est adoptée par la Compagnie.

M. le Président de ce Comité rappelle que la Chicorée nommée *Witloof* en Belgique a été mise pour la première fois sous les yeux de la Société centrale par MM. Vilmorin-Andrieux, à qui on en doit l'introduction en France et la propagation. Cette excellente plante alimentaire, a depuis cette époque peu éloignée, pris place dans nos jardins

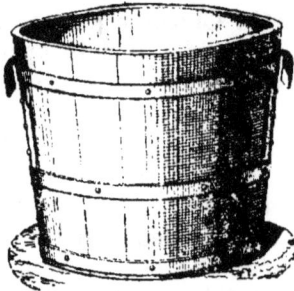

Fig. 105. — Cuve ou baquet pour Witloof.

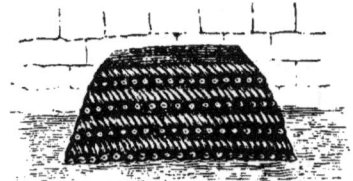

Fig. 106. — Meule adosée de chicorées empilées.

potagers, sans qu'elle y soit toutefois cultivée aussi abondamment qu'elle mérite de l'être.

Plus tard la société voulant encourager cette culture organisa un concours pour les plus beaux Chicons de Witloof.

Voici un passage très suggestif du rapport sur cette exposition publié dans « Le Jardin» nᵒ du 5 décembre 1887, par M. Dibowsky :

« Depuis quelques années, on voit se répandre dans le commerce parisien un nouveau légume sur le compte duquel les avis sont unanimes : c'est un produit des plus recommandable. Il est fourni par une variété spéciale de chicorée à laquelle on donne en Belgique le nom de Witloof ».

« Bien que, dès l'apparition de cette plante nouvelle, les horticulteurs se soient préoccupé de sa culture, il faut

l'avouer, jusqu'à ce jour on ne sait pas chez nous le produire industriellement, avec toutes les qualités requises,
comme on le fait en Belgique. Et nous sommes, pour ce
produit, tributaires de nos voisins ; jusqu'à ce jour, tout
ce qui s'en consomme à Paris, et il s'en fait un grand
usage, ne vient pas de nos cultures ».

« La Société nationale d'horticulture s'était émue de cet
état de choses et avait, cette année même, institué un concours avec primes destiné à encourager nos producteurs
nationaux à se livrer à cette culture. Sait-on quel en a été

Fig. 107. — Chicorée Barbe de capucin.

le résultat ? Un seul lot rivalisait dignement avec les produits belges. C'est presque un succès, nous direz-vous;
malheureusement les racines qui avaient fourni ces produits si remarquables semblaient précisément venir de
Belgique. Non, décidément nous n'y sommes pas encore,
nous ne possédons pas de type sur lequel on puisse compter pour obtenir de beaux produits ».

Ceci rappelle, jusqu'à un certain point, le concours pour
la production de la truffe que nous avons vu à l'île de
Billancourt en 1867, où le Jury fit la curieuse constatation

que les truffes présentées comme provenant de la culture sur place, portaient encore des vestiges de la terre du Périgord. Elles avaient été plantées là toutes venues !

Le mode le plus connu de produire la *Barbe de capucin* (on appelle de ce nom les feuilles longues de la Chicorée venues dans un espace libre), consiste à coucher dans un lieu obscur des racines de Chicorée qu'on empile en talus les unes sur les autres fig. 106 ; elles donnent ainsi des feuilles longues, parfois duveteuses, si le local est sec et si l'on ne bassine pas régulièrement les tas ou piles. Pour ce mode de culture on utilise les racines de rebut et les races ordinaires. Les feuilles blanchies se cueillent une à une

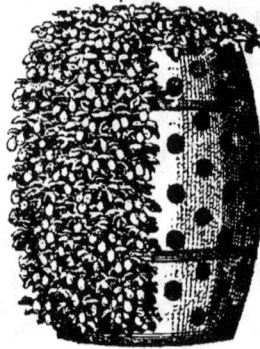

Fig. 108. — Tonneau perforé pour la salade de chicorée.

en ménageant le cœur et les racines peuvent produire assez longtemps une abondante récolte, jusqu'à épuisement complet.

La culture ordinaire se prête à une foule de petites combinaisons.

On peut semer dru et éclaircir peu, afin d'obtenir des racines nombreuses, mais petites ; on les lie en paquets semblables à des bottes de Scorsonères, puis on les met blanchir en tas, ou bien on les plante dans les cendres d'une tablette de serre et on les couvre de pots à fleurs bouchés. Ces paquets donnent de beaux bouquets de feuilles longues et fines (fig. 107).

On peut aussi placer les racines dans des caisses ou tonneaux à parois perforées (fig. 108). Les racines se placent à l'intérieur, la couronne devant les ouvertures. Les feuilles se développent et garnissent extérieurement le vase. Ce procédé ancien, qui rappelle la persillère hollandaise et les petits vases en *terra cotta* pour Crocos, Tulipes, etc., a été remis à la mode comme procédé américain, sous le nom de *culture en tonneau rotatif.*

En Belgique où la culture du Witloof est devenue si importante on fait des concours pour arriver à plus de perfection encore et pour encourager nos producteurs à s'unir commercialement afin de maintenir la situation qu'ils se sont acquise autant comme exportateurs, que comme producteurs nationaux.

Actuellement la fédération des cultivateurs de Witloof comporte 12 syndicats affiliés et il y en a encore de très importants qui n'adhèrent pas à la fédération (1). L'exportation vers Paris (100 mille kil.) a pris les proportions étonnantes, grâce à une bonne organisation et à une entente parfaite. On expédie déjà en quantité très respectable en Amérique. Un syndicat a le monopole de l'envoi des Witloof à Amsterdam. Il expédie dans cette grande cité hollandaise annuellement douze mille paniers de 10 kil. (2).

Jusqu'ici l'Angleterre ne consomme guère notre excellent Witloof, faute de bonne organisation pour le transport et les transbordements.

Depuis quelque temps on tire un parti avantageux des racines qui ont produit du Witloof. Au lieu de les jeter, on parvient à les vendre à 4 fr. les % kil. aux fabricants de Chicorée à café. Le Moka n'a qu'à bien se tenir !

Porte-graines.

On plante à l'automne, à 40 c. de distance en tous sens, les plus belles racines portant un gros bouquet de feuilles longues, non dentées à large côte blanche. Dès que la tige florale atteint 25 c. de longueur, on en pince l'extrémité afin que les rameaux latéraux se développent plus unifor-

---

(1) A Melsbroeck, petit village du Brabant où on a fondé un syndicat en décembre 1910, il a été vendu cette année 100.000 kilogrammes de Witloof.

(2) Dans la banlieue de Bruxelles cette culture occupe plus de 250 hectares réparties sur les villages d'Evere, Woluwe-St-Etienne, Haeren, Schaarbeek, Dieghem, Forest, Craenhem, Laeken, Anderlecht, Molenbeek St-Jean, Melsbroeck, Percq, etc.

Le village de Meirelbeke-lez-Gand produit une grande quantité de Witloof.

mément, et que la graine soit moins échelonnée dans sa maturation.

Pour être plus certain encore de la reproduction d'une bonne race, on doit planter les racines portant les plus beaux chicons blanchis, en les laissant préalablement verdir, c'est la sélection la plus parfaite.

C'est avec raison que nos cultivateurs de *Witloof* se montrent très défiants pour leurs achats de graines car il circule dans le commerce beaucoup de produits dégénérés.

La chicorée a pour ennemi la courtillère, les larves du hanneton et du taupin.

Chicorée-Endive.

(Voir *Endive*).

Choux.

Origine.

Croît spontanément sur le littoral en Angleterre aux îles de Jersey et de Guernesey, en Danemark et en France sur les côtes de la Méditerranée.

Le Chou remplit un rôle considérable dans l'alimentation du riche et du pauvre et ses nombreuses races et variétés, en font le légume le plus important du potager.

Il est très effritant, aussi est-ce dans la culture de ce genre de plantes surtout que l'assolement doit être pris en sérieuse considération. Outre les substances azotées, les sels de potasse et le calcaire constituent, pour les Choux, des éléments nutritifs prédominants. Tous les Choux ne sont pas exigeants au même titre : voici comment on pourrait les classer sous ce rapport, en commençant par les races les moins difficiles : *C. non pommé, C. de Bruxelles, C. de Milan, C. rave, C. cabus rouge, C. cabus blanc tardif, C. cabus hâtif, C. navet, C. brocoli, C. fleur*. Le Chou exige aussi une humidité continuelle et abondante. Lorsque ces plantes, comme toutes celles à ample développement foliacé, ne rencontrent pas l'eau en grande quantité, elles languissent et attirent certains ennemis, qui ne s'attaquent pas aux Choux cultivés dans une terre favorable à leur croissance. Il n'est donc pas surprenant, d'entendre les jardiniers préconiser la chaux vive, les arrosements copieux à l'eau froide, les cendres de bois, la suie, comme autant de remèdes excellents contre les vers, les tubercules et les autres affections nuisibles aux Choux, vu que toutes ces matières procurent à la plante des éléments indispensables à sa nutrition.

Dans une culture expérimentale, les choux ont donné d'après le mode de fumure suivi, les résultats suivants :

ESPÈCES DE CHOUX	Sans fumier de ferme.					Avec 60 kil. fumier par 10 m.				
	Engrais chimique complet.	Engrais sans nitrate de soude.	Engrais sans super-phosphate.	Engrais sans potasse.	Sans fumure.	Engrais chimique complet.	Engrais sans nitrate de soude.	Engrais sans super-phosphate.	Engrais sans potasse.	Sans engrais chimique.
	kil.	kil.	kil.	kil.	kil.	kil.	kil.	kil.	kil.	kil.
Chou de Milan . .	91	56	73	91	60	108	99	105	106	95
Chou-cabus rouge. .	63	57	53	53	48	79	68	59	62	63

La maladie qui atteint si fréquemment les racines des Choux et des Navets et dont nous reproduisons l'aspect par

Fig. 109. — Centhorynchus sulcicollis (agrandi).   Fig. 110. — Larve grossie.

la fig. 111, est appelée *Hernie du Chou* ou *Tette* ou *Bourlotte* dans le pays Wallon. L'état maladif des plantes croissant dans des conditions contraires appellent deux agents de cet état morbide : Tantôt c'est le coléoptère des Choux (*Centhorynchus sulcicollis*) (fig. 109) qui pond ses œufs au collet de la plante ; de petites galles se produisent, grandissent et abritent à l'intérieur les larves de l'insecte. Un champignon microscopique mixomycète (Plasmiodophora brassicœ) produit sur les racines des nodosités presque identiques.

Le plâtre ou sulfate de chaux est d'un emploi très efficace dans ce cas ; il fournit non seulement la chaux nécessaire aux Choux, mais il favorise leur vigueur en rendant assimilable la potasse du sol et en provoquant les microbes nitriques qui agissent sur l'azote des matières organiques.

L'arrosement, quelques jours après la plantation avec de

Fig. 111. — Nodosités aux racines de choux.

l'eau tenant en dissolution ½ kil. sulfate de fer par 10 litres d'eau, est un excellent remède préventif contre la hernie des choux.

On peut administrer aussi avec succès, 6 litres de pétrole mêlé, jusqu'à émulsion avec 300 litres d'engrais de vidange répandus sur 20 ares de terrain occupé par les choux.

Il est recommandable aussi de laisser passer un long intervalle avant de ramener les choux à la même place.

La chenille du papillon blanc commun (Piéride du Chou) fig. 112 est celle de la Noctuelle du Chou (Hadina brassicœ), opèrent parfois de grands ravages; les aspersions avec une

dissolution de sel de soude ou de potasse en ont le plus
souvent raison (5 gr. par litre d'eau).

Les femelles déposent leurs œufs sur toutes les plantes
du genre chou et à la page inférieure des feuilles de Ca-
pucines. Les chenilles éclosent au bout de 2 semaines. Après
avoir rongé tout le parenchyme des feuilles en ne laissant
que les nervures, elles se retirent sous un abri quelconque pour se transformer en chrysalide (fig. 113).

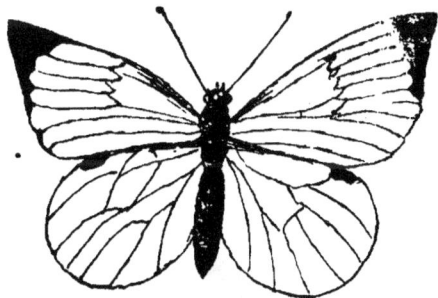

Fig. 112. — Papillon Piéride du chou.   Fig. 113. — Chrysalide de la Piéride.

Les Choux sont très enclins à dégénérer ; il faut donc
apporter grand soin à la sélection des pieds-mères ; ils
s'abâtardissent par croisement lorsque la floraison de plusieurs races est simultanée, même à une distance assez
grande. Comme la graine se conserve longtemps, sans s'altérer sensiblement, on peut récolter tous les ans une ou
plusieurs races pour les conserver pures. Par une plantation échelonnée, on peut faire en sorte que la floraison de
diverses races n'ait pas lieu en même temps.

Semis.

On doit semer les Choux, très clair ; théoriquement, un
gramme (300 graines) par mètre carré suffirait, mais en
pratique on emp'oie 2 grammes. Dans ce cas les plantes
peuvent se développer librement et on pourrait leur laisser
atteindre un plus grand développement avant de les placer
à demeure, de sorte qu'elles résisteraient mieux à la transplantation et aux mandibules du *vers gris*, qui, en réalité,
est la chenille d'un papillon nocturne, (*Agrotis clavis*) qui
coupe à rez de terre tous les plants quand ils sont ten-

dres. Par les semis drus, on n'obtient de bonnes plantes
(fig. 115), que sur les bords du carré, celles du centre sont
étiolées et faibles (fig. 114).

Tous les semis de Choux ont pour ennemi commun
l'*Altise* ou puce de terre (*Altica oleracea*), un petit
coléoptère noir, qui sautille vivement. Les arrosements fréquents empêchent en grande partie ses ravages. Lorsque
cet ennemi s'y rencontre en grand nombre, on promène
juste au-dessus des semis, en frôlant légèrement ceux-ci,

Fig. 114. — Mauvaise plante de Chou.   Fig. 115. — Bonne plante de Chou.

une planche enduite, sur une de ses faces, de glue ou de
goudron. Les petits insectes mis en mouvement par ce manège viennent, en se levant, s'y coller en masse. Cet
insecte est aussi contrarié, par toutes sortes de matières
sèches, cendres, ou sable, qu'on répand sur les plantes
où on le rencontre.

Plantation.

On ne devrait planter toutes les races et variétés de Choux qu'en *sillons* ou *rigoles* et ce en toute saison et dans tout terrain, mais surtout en terre légère.

Pour les plantations d'été, cette manière de procéder est surtout avantageuse. Il en est de même pour les plantations d'automne, les sillons et les buttes abritant parfaitement les plants, qui passent l'hiver sur place, comme le *C. brocoli*, le *C. cabus rouge*, le *C. de Milan hâtif*.

Au printemps, les buttes sont encore bien utiles en ser-

Fig. 116. — Sillons pour la plantation des Choux.

vant d'abris contre les vents arides d'Est et le Nord-Est. Elles présentent encore une grande facilité pour la distribution des engrais auxiliaires, liquides ou autres, qu'on répand pendant la végétation dans les rigoles ; ils s'infiltrent ainsi directement au pied des plantes.

Un autre avantage qui résulte de la plantation en rigoles, réside dans la modification qu'elle amène dans les travaux de buttage. On sait que cette opération faite à des Choux plantés à plat, est difficile à exécuter et nuisible aux racines, qui sont très superficielles et qu'on coupe en partie ; en outre la terre n'est jamais bien amoncelée près du pied des plantes. Le buttage, par contre, s'opère facilement aux plantes en sillons, puisqu'il suffit de rabattre les petites crêtes pour mettre le carré de niveau et bien enterrer les pieds des choux.

Chou de Milan.

Cette race est la plus importante de toutes. Il existe de nombreuses variétés de *C. de Milan* ou *de Savoie*, propres à être cultivées à toutes les saisons de l'année.

Comme il est très sujet à varier, on doit entourer de précautions la récolte des graines, afin de conserver à peu près franches les variétés qu'on cultive.

Les plus recommandables sont :

9

C. de Milan vert, gros, d'hiver. C'est le plus répandu de

Fig. 117. — Chou de Milan Victoria.

tous ; il a reçu divers noms d'après les sous-variétés qui

Fig. 118. — Chou de Milan d'Aubervilliers.

en sont issues et les localités où il est cultivé en grand :

Fig. 119. — Chou de Milan gros d'hiver de Hollande.

de Verrières, de Pontoise, d'Aubervilliers (fig. 118) *de*

Gand etc. Il est d'un beau vert foncé ; les feuilles sont nombreuses et grossièrement cloquées, la pomme est ronde et grosse. On en fait un semis au 15 mars et un autre en mai. Le premier produit en septembre, l'autre en hiver ; les pommes se conservent jusqu'au printemps. Le *C.*

Fig. 120. — Chou de Milan des Vertus.

de Milan Victoria (fig. 117), est sous tous les rapports, la variété la plus fine de cette catégorie, mais elle n'est pas aussi rustique que les autres.

Le *C. de Milan des Vertus* (fig. 120) est une variété très volumineuse et rustique, mais plus grossière et ne conve-

Fig. 121. — Chou de Milan de Norvège.

nant qu'aux provisions d'hiver des fermes et des communautés.

C. de Milan de Norvège (fig. 121) est la variété la plus tardive et la plus résistante aux froids rigoureux.

C'est un chou de grand mérite, mais qui doit encore être perfectionné. Sa pomme qui se teinte de rouge en hiver est relativement petite. On pourra par une bonne sélection en former une excellente variété d'hiver.

Le *C. de Milan court hâtif* (fig. 124). On en possède encore d'autres variétés, également bonnes, promptes à pommer, entr'autres, l'excellente variété (fig. 122) *C. de*

Fig. 122. — Chou de Milan trapu de Roblet.

Milan trapu de Roblet ; on les sème en mars et elles commencent à produire au mois de juillet-août.

Le *C. de Milan de mai* (*Chou tordu.* — Draaiers) se sème au mois d'août et se plante avant, pendant ou après

Fig 123. — Chou de Milan de Mai (Chou tordu).

Fig. 124. — Chou de Milan court hâtif.

l'hiver ; il donne son produit en mai : c'est ce qui lui a valu le nom qu'on lui donne en Belgique ('C. *de mai*). Lorsqu'on coupe la pomme, la tige repousse et produit 2 ou 3 petites pommes secondaires ; à cette particularité, il doit son autre nom populaire de *C. à trois têtes* (Driekrop-

per). Si au lieu de couper la pomme on en épluche une à
une les feuilles, qui sont peu serrées, en ne laissant que le
cœur qu'on abrite d'une feuille, la pomme se refait au bout
d'un certain temps. Cette variété se cultive ici dans tous les
jardins et est essentiellement propre à notre pays (fig. 123).

Fig. 125. – Chou de Milan hâtif d'Ulm.   Fig. 126. Chou de Milan hâtif de la St-Jean.

C. de Milan hâtif d'Ulm (fig. 125) et le *C. de Milan
hâtif de la St-Jean* (fig. 126). Ces variétés sont d'un petit
volume ; nous en recommandons toutefois la culture. Le
semis de printemps produit fin juin et juillet et succède
donc parfaitement au *C. de mai*. Le semis tardif fait en
juin, fournit ces petits choux à rosaces vertes, à moitié fermées ou pommées qui résistent aux gelées et qu'on retrou-
ve dans le potager au printemps, quand les autres pommes
bien fermées et jaunes sont gelées ou consommées. On peut
planter ces deux variétés (•) entre les gros Choux cabus
rouges (×) ; leur récolte se fait longtemps avant que ces
derniers aient besoin de toute la place qui leur est destinée.

Les *C. de Milan Kitzingen et Trapu de Roblet* sont éga-

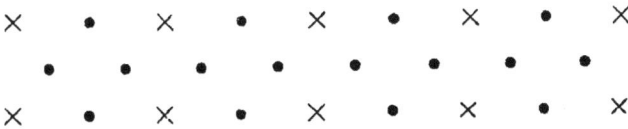

```
×    •    ×    •    ×    •    ×    •    ×

   •    •    •    •    •    •    •    •

×    •    ×    •    ×    •    ×    •    ×
```

Fig. 127. — Contre-plantation de Choux de Milan hâtifs.

lement très recommandables pour la contre-plantation. Le
petit nombre de leurs feuilles libres ainsi·que leur petite
taille permettent de les planter très serrés ou de les contreplanter aux variétés de grand développement.

Le *C. de Milan doré de Blumenthall* (fig. 129), est très
estimé et généralement cultivé en Hollande et en Allemagne;

malgré sa belle teinte jaune doré, il est des plus résistant
à la gelée.

Les *C. de Milan* dits Pancaliers (fig. 128) ainsi nommés
d'après leur lieu d'origine dans le Piémont, sont une race
spéciale d'un vert très foncé à feuilles fortement bullées et
étalées sur terre et d'une contexture très charnue, se con-
sommant comme la pomme.

La belle et bonne variété qu'on cultive en grand dans
les environs de Louvain, appartient aux C. de Milan Pancaliers.

Comme nous l'avons dit, le *C. de Milan* se contente de
tout terrain, sa culture réussit toujours. On peut entreplan-

Fig. 128. — Chou de Milan Pancalier   Fig. 129. — Chou de Milan doré de Blumenthall.
de Tourraine.

ter les *C. de Milan d'hiver* entre les Pommes de terre
hâtives car ils occupent utilement le terrain après ce produit. Nous voyons d'ailleurs obtenir par nos maraîchers de
belles récoltes de *C. de Milan* dans les plantations qu'ils
font sur les chaumes retournés de l'Orge et du Seigle.

Les arrosements d'engrais liquides leur sont surtout profitables. Leur qualité s'améliore notablement celle des
Pancaliers surtout, quand ils ont été exposés à la gelée,
qui en attendrit les tissus et leur enlève leur âcreté caractéristique.

Dans les environs de Pontoise et de Cery, 250 hect.
sont consacrés à la culture du *C. de Milan*. On évalue
à 3 millions 500 mille, les choux produits annuellement.

On peut considérer le *Chou à jets, de Bruxelles*, comme appartenant aux Choux de Milan.

Ce précieux légume national est recherché dans tous les pays. La Belgique en exporte chaque année une quantité considérable de graines. Le *C. de Bruxelles* s'accommode

Fig. 130. — Chou de Bruxelles nain.   Fig. 131. Chou à jets demi-nain de la Halle.

Porte graines.

de tout terrain ; il se plaît toutefois mieux dans les sols sablonneux que dans les terres riches où il devient souvent trop feuillu et produit des jets peu serrés. Il en existe actuellement plusieurs variétés, *Aigburth, d'Erfurt, Matchless, Non plus ultra, Scrymger's giant*, etc., mais les plus recommandables sont le *C. à jets nain* (fig. 130), la variété française *C. à jets de Halle* (fig. 131) et la variété allemande *C. de jets Hercule* (fig. 133) à très gros jets. Il lui faut beaucoup d'air ; en pleine campagne, il donne des jets plus abondants et plus serrés que dans les jardins clos. Plantés en rangs isolés en bordure, ou à de grandes distances dans des produits plus nains, Chicorées, Carottes, Haricots nains, etc., il réussit admirablement. La meilleure culture consiste à semer en mars et à entreplanter dans les Pommes de terre hâtives. On peut en refaire un deuxième semis en avril.

Lorsque les *C. à jets* prennent trop d'ampleur, on arrête un peu ce développement excessif, en coupant le limbe des feuilles latérales. Il est mauvais d'arracher les feuilles à ras de la tige, les jets en souffrent ; d'ailleurs il vaut mieux ne pas en enlever du tout quand les Choux ont une végétation normale.

Fig. 132. — Chou de Bruxelles ordinaire. Fig. 133. — Chou de Bruxelles Hercule.

Porte graines.

Nous avons essayé la suppression de la tête au mois d'août, recommandée pour favoriser le développement des jets, mais sans résultat appréciable.

Pour récolter de bonnes graines, on choisit les plantes les mieux conformées, celles dont les jets sont durs, serrés les uns contre les autres et qui forment depuis le sol jusqu'à la naissance du bouquet de feuilles une *spirale régulière*. On replante à l'automne avec motte les pieds de Choux munis de leurs jets et de leur tête, dans des trous

CHOUX DE BRUXELLES
DEMI NAIN DE LA HALLE

ter dans les Pommes de terre hâtives. On peut en refaire un deuxième semis en avril.

Lorsque les *C. à jets* prennent trop d'ampleur, on arrête un peu ce développement excessif, en coupant le limbe des feuilles latérales. Il est mauvais d'arracher les feuilles à ras de la tige, les jets en souffrent ; d'ailleurs il vaut mieux ne pas en enlever du tout quand les Choux ont une végétation normale.

Fig. 132. — Chou de Bruxelles ordinaire.   Fig. 133 — Chou de bruxelles Hercule.

Porte graines.

Nous avons essayé la suppression de la tête au mois d'août, recommandée pour favoriser le développement des jets, mais sans résultat appréciable.

Pour récolter de bonnes graines, on choisit les plantes les mieux conformées, celles dont les jets sont durs, serrés les uns contre les autres et qui forment depuis le sol jusqu'à la naissance du bouquet de feuilles une *spirale régulière*. On replante à l'automne avec mottes les pieds de Choux munis de leurs jets et de leur tête dans des trous

CHOUX DE BRUXELLES
DEMI-NAIN DE LA HALLE

EDM. DE MAERTELAERE P.

A. Vanhoorde
gr.

Gand. lith. Ad. Hoste.

carrés garnis de terreau et de cendres. Lorsque l'hiver est
rude, on les abrite et au printemps on laisse monter le
tout sans couper les têtes ; celles-ci donnent les graines
les plus fortes tandis que les jets latéraux trop serrés, ne
repoussent souvent pas, même quand ils sont aidés dans
leur évolution par une incision cruciale. C'est donc
une grave erreur de décapiter les porte-graines. Si les pucerons gris se mettent sur les tiges florales, on pince les
extrémités qui en sont attaquées. En s'y prenant de la sorte, on peut récolter de la bonne graine de *C. de
Bruxelles* en tous pays.

Grande culture.

Le *C. de Bruxelles Hercule* (fig. 133) à tête formant
pomme, est cultivé en grand en Allemagne.

Les cultivateurs maraîchers des environs de Gand, qui
cultivent sur une vaste échelle cet excellent légume d'hiver
s'en tiennent toujours à la variété à tige élevée et à jets
isolés (fig. 132). Cette ancienne variété est beaucoup plus
exposée à souffrir de la gelée et la distance qui existe entre
les jets, fait que ces tiges élevées n'en portent pas plus
que les variétés naines où les jets sont très rapprochés.
Il est vrai que la taille de l'ancienne variété l'approprie
mieux au genre de contre-plantation qu'ils lui appliquent.
Ils le font entrer de la manière suivante dans leur assolement agricole : Les lignes longitudinales de *Pommes de terre jaunes rondes hâtives*, se buttent en mai, et c'est dans
les sillons du buttage qu'ils plantent le *C. de Bruxelles*.
A la fin de juin commence la récolte des Pommes de terre
qui, très recherchées au marché, disparaissent en peu de
jours ; les Choux occupent alors seuls le terrain et sont buttés
par l'arrachage des pommes de terre. On leur donne un copieux arrosement d'engrais liquide ou un peu de nitrate de
soude et bientôt après, un binage et les plantes croissent
rapidement. A la fin de novembre, on répand du fumier entre
les Choux, on sème du Seigle ou de l'Orge, puis, de 2.50 m.
en 2.50 m. on vide un sillon pour couvrir le fumier et le
grain. On piétine le seigle (opération utile dans les sols
légers) par le fait même de la récolte des jets ; au prin-

temps, on coupe les tiges sous terre et les céréales occupent seules le terrain. C'est un exemple de culture combinée, intensive, que nous recommandons à l'attention de ceux qui cultivent dans les terrains légers à proximité des grandes villes.

Choux cabus.

1. Choux cabus rouge.

Plante potagère des plus précieuse pour la provision d'hiver.

On en cultive deux races, une à pomme petite et fine, l'autre de gros volume.

Fig. 134. — Chou cabus rouge foncé d'Utrecht.   Fig. 135. — Chou cabus rouge hâtif d'Erfurt.

Le *C. rouge foncé petit d'Utrecht* (fig. 134), a la pomme petite, fine et très serrée. C'est la variété dont le produit

Fig. 136. — Chou cabus rouge gros.

se conserve le plus longtemps pendant l'hiver et la plus recherchée à cause de sa finesse, pour salade, etc. Le *C. rouge gros* (fig. 136), est une variété méritante à raison

de son rendement prodigieux, la plus avantageuse par conséquent, pour la grande culture commerciale. Le *C. rouge
de Pologne* (fig. 137) est une variété recommandable et
d'un aspect particulier. Sa pomme est grande et dure d'une
teinte rouge foncé et à nervures fines.

Les *C. rouges* se sèment vers le 15 août et le plant se
met en place avant, pendant ou immédiatement après l'hiver. Il est bon de faire la plantation à deux de ces époques. Si le plant hiverné venait à manquer, ce qui arrive
rarement, à raison de la grande rusticité de cette plante,
il faudrait semer de bonne heure au printemps, même sous
châssis, si on peut disposer de pareil abri. Les plants printaniers donnent généralement des produits moins beaux et
plus tardifs, tandis que les plantes hivernées donnent déjà
quelques pommes toutes formées, à la fin de septembre.

Lorsque les pommes du *C. cabus rouge* sont formées
longtemps avant l'hiver, il arrive que leur accroissement
intérieur continuant, elles s'ouvrent et se crevassent. On

Fig. 137. — Chou rouge de Pologne.

pare à ce contretemps en soulevant les plantes à la bêche,
afin de briser quelques racines et de modérer ainsi une
végétation excessive.

Le *C. rouge*, quoique de tous les Choux cabus le moins
difficile sur la qualité du sol, exige cependant deux bons
arrosements d'engrais supplémentaire pendant la période
de son développement, l'un après la reprise, l'autre avant
de combler les sillons.

Nous recommandons aussi le *C. cabus rouge hâtif d'Er-*

furt (fig. 135), à cause de son développement facile et prompt, dans tous les terrains. On ne doit le semer qu'au printemps, pour lui donner tout le temps de se former. Il est à pied court, d'un rouge noir extérieurement, notable-

Fig. 138. — Chou cabus rouge de Hollande.

ment plus clair à l'intérieur. Il produit à l'aisselle de ses feuilles libres des jets ronds gros comme une petite poire, qui sont excellents en *Pickles*.

Conservation.

Les Choux rouges sont faciles à conserver pour provisions d'hiver. Il suffit de les arracher vers le mois de novembre, d'enlever la plupart des feuilles libres, et de placer les plantes, sans qu'elles se touchent, dans une tranchée qu'on couvrira au besoin de ramilles et de litière ou d'une petite toiture en chaume improvisée. Dans les maisons où l'on dispose d'un serre-légume, c'est-à-dire d'un souterrain ou cellier destiné à l'hivernage des produits du potager, on peut les emmagasiner et les conserver en les plaçant en piles contre le mur, le pied couvert de terre.

Les maraîchers des environs de Gand, les placent en plein air, en petites meules coniques, les racines dirigées en dedans et couvertes de terre ; ils revêtent ces meules d'une chemise de paille.

Pour conserver ces Choux, on recommande aussi de les suspendre la tête en bas dans les combles.

On peut conserver les derniers C. rouges de la manière suivante : dans un endroit sec du jardin, qu'on entoure d'une rigole, ou même dans une cave, on enterre les pommes de premier choix, dégarnies de leurs feuilles libres, les disposant la tête en bas. La conservation sera encore plus parfaite, si au préalable, on les emballe dans une tontine de paille qui préserve du contact direct de la terre.

Les C. cabus rouges, peuvent encore se conserver sans subir d'avarie en les suspendant dans des tranchées assez profondes, les têtes en bas, pour que celles-ci ne touchent

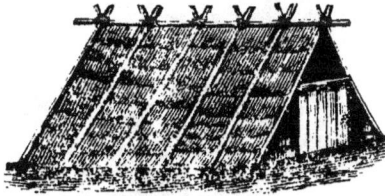

Fig. 139. — Abri pour l'hivernage des choux cabus.

pas le fond et puissent se balancer dans le vide. Ces tranchées sont couvertes de traverses en forme d'un gitage, auquel se suspendent les Choux. Cette charpente sert en même temps à supporter la couverture de litière et de feuilles mortes, qui doit abriter ces sortes de fosses.

2. Choux cabus blancs tardifs.

On en cultive plusieurs variétés, mais à notre avis on peut se contenter du *C. cabus de Brunswick* (fig. 140), et du *C. cabus Quintal* ou *de Strasbourg* (fig. 141). A la

Fig. 140. — Chou cabus de Brunswick.

rigueur même, une seule variété suffirait et dans ce cas, nous donnerions la préférence au *C. de Brunswick*, surtout pour préparer les conserves de Choux, que les Français appellent *Choucroûte*, corruption du nom de *Sauer Kraut* (Conserve aigre), donné par les Allemands à leur mets de prédilection, très recherché en leur pays par toutes les classes de la société et faisant l'objet d'une grande exportation. On sème les *C. cabus tardifs* vers le 15 mars et on les plante dans un terrain richement fumé et bien impré-

Fig. 141. — Chou cabus quintal.

gné d'engrais liquide, donné la veille de la plantation. Cette dernière fumure doit être réitérée deux fois dans le courant de la végétation. Un premier arrosement a lieu lorsque les plantes entrent en pleine végétation, le dernier à l'époque où l'on ferme définitivement les sillons dans lesquels les choux sont plantés.

Conservation.

Les *C. cabus blancs tardifs* peuvent se conserver assez longtemps pendant l'hiver. Dans ce but on réserve les pommes les mieux formées, et les plus dures ; on les place, après avoir arraché une partie des feuilles extérieures, le long d'un abri au nord, la racine enterrée. Lorsque les gelées sévissent, il faut les couvrir de litière longue et légère qui ne soit pas en contact direct avec les choux et qu'on enlève quand le temps devient beau.

Il va de soi qu'on peut prolonger leur durée avec infiniment plus de facilité, si l'on dispose d'un cellier ou d'une grande *cave à légumes*. Disons en passant, que pareil local est bien utile dans une grande propriété, partout où l'on tient à se ménager des légumes en abondance pendant l'hiver.

On devrait construire un de ces celliers soit sous une orangerie, soit sous d'autres dépendances. Dans beaucoup de jardins d'agrément on établit des glacières, constructions assez coûteuses et qui souvent ne fournissent de la glace qu'en hiver ; il est vrai qu'elles sont parfois des motifs d'ornementation. Pourquoi ne les remplacerait-on pas par de simples caves plus ou moins enfoncées dans le sol suivant l'altitude des lieux ? Couvertes d'une épaisse couche de terre disposée en glacis, garni de gazon et planté de cerisiers touffes greffés sur bois de Sᵉ Lucie, elles serviraient à produire un agréable accident de terrain et seraient un local précieux pour l'étiolement et la conservation des lé-

Fig. 142. — Chou cabus marbré de Bourgogne.

gumes. Le voisinage immédiat serait orné de quelques plantations bien combinées et l'entrée ornée d'un revêtement de rocher simulant une grotte. Un chemin en plan incliné, sans marches d'escalier (propice au passage des fardeaux et brouettes), doit conduire à ces locaux.

Une cave ordinaire sèche, qu'on peut aérer au besoin, convient parfaitement à la conservation des légumes.

On a aussi recommandé de conserver les *C. cabus blancs*, en les suspendant, les racines en l'air, dans un hangar ou attachés aux combles.

Les Choux cabus blancs ne s'hivernent pas facilement ; le C. à côtes bleues ou *C. marbré de Bourgogne* (Chou cristalin) (fig. 142), qui paraît provenir d'un croisement entre le chou cabus rouge et le chou cabus blanc, est plus résistant et passe l'hiver sans difficulté. On a tort de ne pas plus cultiver cette variété.

3⁰ choux cabus hâtifs.

Dans cette classe nous citons en première, le *C. pointu de Winnigstadt* (fig. 143) demi hâtif et appartenant à la race des *C. blancs fins*, qu'il ne faut donc pas confondre avec les variétés dont nous venons de parler ; il forme la transition entre les deux races.

On les sème au printemps ou au mois d'août. Dans le premier cas, ils produisent en août, septembre et octobre, tandis que le plant hiverné produit ses belles et grosses pommes, dures, délicates et pesantes à la fois, successivement après les autres choux hâtifs.

Fig. 143. — Chou cabus pointu de Winnigstadt.

Parmi les variétés les plus hâtives nous distinguons d'abord : le *C. d'York hâtif petit* et *gros* (fig. 144 et 145), le *C. cœur de bœuf* (fig. 146) et le *C. Joanet* ou *nantais* et le *C. de Rennes*, petit chou trapu à feuillage peu développé, à pomme ferme et compacte se conservant longtemps sans se crevasser.

Nous ne saurions assez insister sur l'utilité qu'il y a à introduire dans tous les potagers les *C. cabus* précoces.

Ils constituent par leur pomme, blanche et tendre, un mets exquis qui n'a rien du goût fade des gros Choux cabus, ni rien de l'âcreté des Choux verts. Ils rappellent à un degré très rapproché le goût du Chou-fleur.

Les *Choux d'York* et de *Rennes* peuvent être livrés à la consommation avant que les pommes soient bien closes et, dans cet état, ils surpassent les meilleurs Choux verts.

On sème les Choux hâtifs fin août. Si l'on s'y prend un peu plus tard, il faut consacrer à ce semis un coin de vieille couche à Melons et le couvrir d'un châssis. Le

Fig. 144. — Chou hâtif de York petit.   Fig. 145. — Chou hâtif de York grand.

plant se conserve l'hiver au pied d'un mur, abrité contre les grands froids au moyen d'un peu de litière, soutenue par quelques ramilles. En mars, on plante en terre riche,

Fig. 146. — Chou cœur de bœuf gros.

en sillons ; en mai-juin on recueille les pommes, qu'on prépare de la même manière que les Choux-fleurs.

Dans la culture pour le marché, le *C. d'York* est suivi sur le même terrain par des Choux de Milan d'hiver, par des Poireaux, du Céleri court, ou du Céleri rave.

Chou non pommé frisé.

Ces Choux sont encore appelés à bon droit *Choux du Nord* : en effet, ils résistent parfaitement aux froids les

10

plus rigoureux. Nous n'hésitons pas à dire qu'on néglige trop de les cultiver.

Les *C. verts frisés nain* (fig. 148), *et grand* (fig. 147) et le *demi-nain très frisé,* fournissent pendant et surtout

Fig. 147. — Chou frisé vert grand.

après l'hiver, par leur couronne de feuilles terminables et par leurs abondants jets latéraux, un légume très agréable, surpassant de beaucoup en qualité les Choux de Milan. Les variétés rouges et panachées mêmes conviennent aux usages

Fig. 148. – Chou frisé nain.

culinaires, toutes devenant vertes et tendres à la cuisson. De tous les Choux, ce sont les moins exigeants sur la qualité du terrain. On les sème fin avril et on les plante en succession en juin. Ce semis peut même se faire plus tard (en mai) pour les plantations qu'on fait en juillet sur les terrains devenus vacants à cette époque.

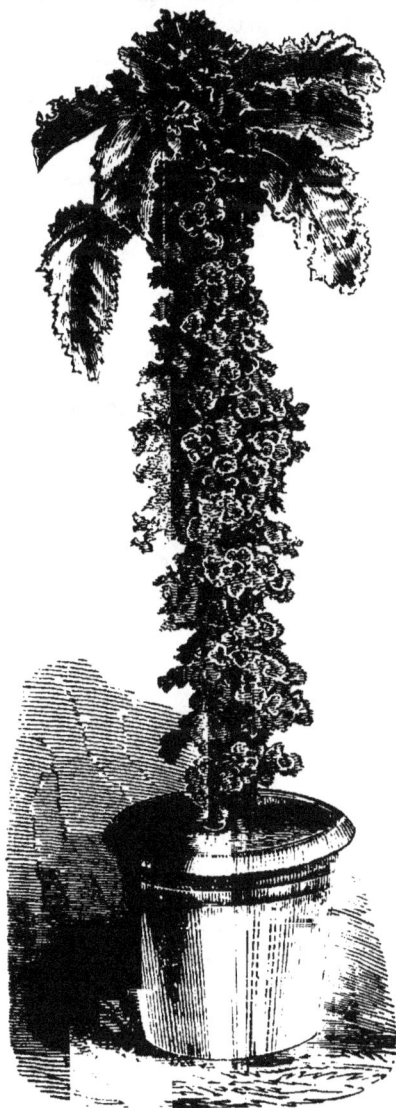

Fig. 149. — Chou de fantaisie cultivé en pot.

Cette race compte une quantité de variétés d'ornement

dont les feuilles sont frisées, laciniées, déchiquetées dans tous les sens et bariolées des panachures les plus bizarres sur fond vert ou pourpre. Ce sont de belles plantes dont les feuilles forment une charmante garniture pour plats et corbeilles de table. On peut en faire de beaux massifs d'hiver et de printemps, en les disposant par rang de taille et par zône, d'après leur couleur.

Lorsqu'on bouture les têtes au printemps sous verre en petits pots, elles s'enracinent promptement en forment de très jolies plantes d'appartement.

En Angleterre on met de grands pieds en pots et on en orne les appartements et les tables.

Porte-graines.

Les Choux non pommés sont doués au plus haut degré de la variabilité. Il suffit d'en planter un certain nombre pêle-mêle, qu'on laisse fleurir ensemble, pour obtenir chaque année de nouvelles variations.

Chou rave.

Il existe des variétés à rave violette et à rave blanche ou verte ; nous recommandons au premier rang le *C. rave blanc* et le *violet hâtif de Vienne* (fig. 150). Cette race a trouvé son origine dans le chou à tige charnue (fig. 152), dont il n'est qu'une forme plus trapue. On n'estime pas assez dans les Flandres cet excellent légume, un peu par esprit de routine, souvent parce que, faute de culture rationnelle, on le trouve dur et traversé de faisceaux de fibres ligneuses, qui en rendent la consommation impossible.

Ce défaut est fréquent surtout dans nos terres sablonneuses et sèches. Cependant, les C. raves semés en juillet et récoltés en novembre sont rarement filandreux.

Pour planter ces Choux, on trace sur le terrain des sillons profonds de 15 c. environ, distants de 35 c. l'un de

l'autre et plantés dans le creux à 25 c. de distance.

Au fur et à mesure que la partie enflée de la tige (rave)

se développe, elle se trouvera entourée de terre et de fraîcheur et quand le produit atteindra le volume d'une Pomme de Court pendu, un coup de binette viendra l'enfouir presqu'entièrement. Développés sous terre, au lieu d'avoir poussé en plein soleil au-dessus du sol, les *C. raves* sont toujours tendres, alors même qu'on les laisse grossir au-delà de la moitié de leur volume normal.

Fig. 150. — Chou rave hâtif de Vienne.

On peut obtenir avec facilité en toute saison, d'excellents produits de ce légume, au moyen de semis successifs faits de mars à juillet. Les *C. rave blanc* et *violet gros tardifs*, conviennent très bien aux derniers semis.

Le *C. rave* peut être semé aussi à la volée ou en ligne sur place, clair comme les navets ; mais mieux vaut cependant semer en pépinière et planter à demeure de façon à ce que le renflement de la tige soit placé à ras de terre.

Il ne faut pas confondre le *C. rave* avec le *C. navet* ou *C. rutabaga*, produit essentiellement du domaine de l'agriculture dans les terres fortes. La figure 151 représente une variété bien distincte, véritable race potagère, notablement plus hâtive que les autres variétés et pouvant se semer jusqu'en juin.

Sa chair est blanche, ferme, dense, nutritive et de longue conservation. Les *C. navet* mis à pousser à chaud et à l'obscurité fournissent des étiolats délicats.

Conservation.

Les C. raves de la dernière récolte et les C. navets peuvent se conserver jusqu'en mars-avril, en arrachant leurs feuilles et en les déposant dans la cave dans du sable frais

Fig. 151 — Chou navet blanc hâtif à courtes feuilles.

frais ; on peut aussi les enterrer dans une fosse ou dans des silos recouverts de paille et de terre, à l'instar des Pommes de terre ou des Betteraves.

Porte-graines

Pour graines, on replante à 30 c. de distance, en tous sens, de belles boules ou raves de forme ronde, un peu aplaties, sans protubérances, ne portant que peu de feuilles, petites et à pétioles minces.

On cultive, mais plus rarement, un autre Chou dont on mange la tige renflée ; c'est le *C. moëller*. C'est une grande plante dans le genre des Choux à fourrage et dont la tige renflée en forme de massue fournit un produit charnu aussi délicat que le *C. rave*. Il existe une variété verte et une pourpre. Ce genre forme la transition entre les choux fourragers et le chou-rave qui n'est en réalité qu'un

Fig. 152. — Chou moëllier.

Chou moëller en raccourci en forme de boule.

Chou brocoli.

Ce chou, qui a quelque analogie avec le Chou-fleur, qui en est provenu, présente l'avantage de donner son produit à une époque où ce dernier fait absolument défaut (avril-mai).

Le terme italien *Brocoli*, désigne tous les jets qui repoussent au printemps de toutes les races de choux. La forme primitive du C. brocoli est un assemblage de tiges terminées par quelques protéburances de fleurs avortées, ainsi que le représente la fig. 153. Ces jets allongés se préparent en guise d'Asperges d'où le nom de *Spargelkohl* (Ch. Asperge) des Allemands.

On compte plusieurs variétés de C. brocoli, presque toutes originaires d'Angleterre, où on a beaucoup perfectionné cette race de choux ; il faut en cultiver au moins deux variétés, d'un degré de précocité différent, afin qu'elles se succèdent et prolongent la saison de production. Comme précocité aucune variété ne surpasse le *C. brocoli de Pâ-*

Fig. 153. — Chou brocoli branchu.

ques (fig. 154). C'est une variété bien distincte à feuilles peu abondantes, courtes, peu difficile sur la qualité du sol et pommant toujours régulièrement.

Fig. 154. — Chou brocoli de Pâques hâtif.

Le *Mammouth hâtif* et le *tardif* sont les plus gros, les plus blancs et les plus rustiques et à pied court.

Il faut rejeter ceux à pommes jaunes, vertes et violettes ou pourpres, qui sont des fantaisies sans utilité.

Les variétés *Elletson's Emperor* et de *Walcheren* sont
de bons Brocolis ; ce dernier présente un peu l'aspect
d'un chou-fleur, même il se trouve classé parmi ceux-ci
par certains jardiniers ; il est très recommandable.

Fig. 155. — Chou brocoli blanc hâtif Mammouth.

On sème fin mai ou dans la première quinzaine de juin.
un peu à l'ombre et on tient la terre bien fraîche.

Fig. 156. — Chou brocoli Mammouth tardif.

On met en place quand les plantes ont 5 à 6 feuilles, ce
qui est généralement le cas fin juillet.

C'est de préférence à une exposition bien abritée, par

exemple sur une plate-bande au midi qu'il faut les placer, car n'oublions pas que la plante doit résister aux rigueurs de l'hiver et qu'elle n'est pas entièrement rustique.

Comme les plantations de Choux qu'on fait en plein été ne réussissent pas sans quelques soins, il faut enlever et déplacer les plantes avec les précautions d'usage et bien tremper au préalable la place où on les plante. Un paillage au pied de chaque chou ou sur toute la surface du terrain occupé, serait fort avantageux dans les sols secs.

Le Chou brocoli est comme le Chou-fleur, avide d'eau et

Fig. 457. — Chou brocoli blanc extra tardif.

d'engrais azotés, quoique moins difficile que ce dernier quant à la qualité du terrain.

On place les lignes de C. brocolis à une grande distance (70 c.), parce qu'il faut pouvoir facilement en abriter les tiges soit par un buttage, soit par de la litière. L'intervalle entre les Choux ne doit pas être perdu ; on peut y planter deux rangées d'Endives en attendant que le produit principal, les Brocolis, aient besoin de toute la place. La variété dite *C. brocoli de Pâques*, se plante à 45 c. sur le rang.

Hivernage.

C'est généralement par la tige que les C. brocolis périssent, quoique, dans les hivers rigoureux, le cœur lui-même ne manque pas de geler. La première précaution à prendre consiste donc à enterrer toute la tige par le buttage. En même temps on relève les feuilles et on les attache par un lien comme si on fermait une Scarole ou une Laitue romaine. On répand ensuite une couche de feuilles sèches sur le sol et au besoin on étend de la paille longue sur les plantes; toutefois, il faut que l'hiver soit très rude pour qu'on soit forcé de recourir à cette dernière mesure. Ceux qui préservent leurs Brocolis en les rentrant dans une bâche, où ils enterrent les mottes dans le terreau, les hivernent sans difficultés, mais un peu au détriment de la beauté du produit, comme il résulte du reste de tous les moyens d'hivernage par lesquels on dérange les racines.

Au printemps, en mars, quand les fortes gelées sont passées, on débarrasse les plantes de leur couverture et lorsque les choux commencent à pommer, on replie quelques feuilles au-dessus de la pomme comme il a été dit pour le Chou-fleur, afin de la faire blanchir et de la préserver contre les gelées tardives.

Le *C. brocoli branchu* (fig. 153), forme primitive des C. brocolis et des C. fleurs cultivés, est connu en Allemagne sous le nom de *Chou asperge* et en Angleterre sous celui de *Sprouting brocoli* (Brocoli à jets).

Les nombreux jets charnus qui naissent à l'aisselle des feuilles, successivement et pendant un temps assez long, sont le produit comestible. D'ailleurs, les jeunes tiges florales des Choux en général constituent un excellent légume printanier, lorsqu'elles sont bouillies et convenablement assaisonnées.

Porte-graines.

On récolte facilement la graine du *C. brocoli* ; il suffit de marquer les plus belles pommes et de procéder entièrement comme s'il s'agissait du Chou-fleur. Il y a avantage à récolter soi-même la graine de cette plante plutôt que de semer de la graine importée ; on arrive en effet à créer de cette façon une variété locale, plus rustique et surtout plus franche.

Chou-fleur.

Pour récolter ce produit sans interruption dans les bonnes terres humides et un peu consistantes, on doit cultiver

Fig. 158. — Chou fleurs Maltais.

3 variétés, dont une hâtive, une de demie-saison et une
tardive. Comme C. fleur hâtif on prône en France, le *hâtif*

Fig. 159. — Chou fleur dur de Hollande.

à *pied court de Lenormand* et ses sous-variétés; en Allemagne, en Belgique et en Hollande, le *C. fleur hâtif gros*

d'Erfurt est le plus cultivé pour la 1re saison en pleine terre et en culture forcée. Ce sont toutes deux des
variétés naines, précoces, à feuillage relativement peu développé, à pomme blanche, solide et à grain serré. Le *C.*
fleur Maltais ou *d'Alger* (fig. 158), est très précoce, vigoureux, à pomme très blanche et à feuillage foncé, mais
il convient surtout pour le midi. Le *C. fleur tardif, de*
Hollande (fig. 159), a plus d'ampleur dans toutes ses
parties, il est d'une conservation facile et de plus grande rusticité que la variété hâtive ; la (fig. 161) représente un portrait du *C. fleur géant tardif de Naples*
ou *C. fleur d'automne.* Pour qu'un Chou-fleur soit

Fig. 160. — Chou fleur gros de Hollande.

irréprochable, il doit avoir des feuilles allongées, dont
le limbe s'étende jusqu'à la base du pétiole, celui-ci,
ainsi que les nervures, doivent être bien blancs. La
pomme doit être placée au fond du verticille des feuilles
et aucune de celles-ci ne peut percer la cime ou fleur ;
celle-ci doit former une masse uniforme, composée de grosses protubérances agglomérées et ne pas présenter une
surface moussue.

On fait un premier semis de *C. fleur gros hâtif* au commencement du mois d'août, en bonne terre, de préférence
sur une ancienne couche. Lorsque les jeunes plants ont 5
à 6 feuilles, on repique en les espaçant à 10 c. en tout

sens, sur une côtière, dans une bâche froide, dans une petite tranchée ou dans tout autre endroit où ils pourront
être abrités contre le froid et l'humidité. En repiquant, on
élimine soigneusement les plantes sans cœur (plantes borgnes) qui pourraient s'y trouver.

Si l'hiver est doux et que les plantes se développent trop,
il faut les déplacer fut-ce plusieurs fois, pour modérer leur
végétation. Si, malgré les précautions prises, on perd les
plantes, il faut refaire le semis sur couche en janvier ou
février. Ces plantes venues sous châssis, moins bonnes

Fig. 161. — Chou-fleur d'automne géant de Naples.

toutefois que les plantes hivernées, suppléent assez bien à
celles-ci quand elles viennent à manquer.

Dès les premiers jours de mars, on peut planter sur
côtière en ayant soin d'abriter les plantes pendant les nuits
froides. Dans les sols légers cette première plantation réussit presque toujours parce que la récolte peut se faire dès
juin, avant que la plante ait eu le temps de souffrir de la
sécheresse, surtout si on lui vient un peu en aide par quelques arrosements et par une bonne quantité d'engrais de
volaille dilué qu'on verse au pied de la plante, spécialement à l'époque où la pomme commence à marquer.

On fait un deuxième semis de la même variété en mars et on sème aussi à cette époque le *C.-fleur géant d'automne* (fig. 161) qui a besoin de toute la saison pour se développer, mais qui atteint, il est vrai, d'énormes dimensions. C'est une sorte très recommandable, moins difficile sur la qualité du terrain que les autres variétés. Au commencement d'avril et vers la fin de mai, on sème le *C.-fleur gros de Hollande*; on peut se procurer ainsi ce délicieux légume presque sans interruption, pendant toute la saison, si on est en mesure de lui donner un sol consistant. Dans les terres sèches, les premiers et les derniers Choux-fleurs peuvent seuls réussir sans trop de difficulté.

Jamais le Chou-fleur ne peut éprouver un moment d'arrêt dans sa végétation ; il doit constamment présenter un développement luxuriant sinon les pommes se montrent prématurément, sont coriaces, amères et restent petites.

Pour ce qui est des soins généraux, ils consistent principalement dans les arrosements copieux et les fréquents binages. Lorsque les pommes apparaissent, on les couvre en repliant successivement plusieurs feuilles au-dessus de celles-ci pour les empêcher de jaunir, de durcir et de s'écarter pour monter en graines.

Le Chou-fleur est souvent atteint dans l'intérieur de la pomme, par les chenilles de la Noctuelle du chou (Hadina brassicæ). Au moment du nettoyage on doit les baigner dans l'eau salée pour faire sortir les petites chenilles.

Porte-graines.

On laisse en place, après les avoir marquées, les plus belles têtes de Chou-fleur, qui s'écartent bientôt et montent en graines ; on continue à leur donner de l'eau de temps en temps jusqu'à ce que les fruits ou siliques soient bien formés. Souvent, même avant la floraison, les tiges florales sont envahies par des pucerons grisâtres, qui attaquent d'abord l'extrémité et se répandent promptement sur toutes les parties de la plante. Le seul moyen d'en avoir raison, est de pincer les extrémités des tiges atteintes et de les détruire immédiatement. Lorsque la graine de Chou-fleur n'est pas ronde, pleine et de couleur foncée, elle se conserve peu de temps, lève mal et donne beaucoup de plants borgnes.

Conservation.

Il y a une période de l'année où le jardin ne produit pas de Choux-fleurs, même par la culture forcée ; c'est celle qui s'étend de la fin de novembre aux derniers jours de février. Toutefois, il est un moyen facile de s'en ménager. En novembre, on choisit à cette fin les plus belles pommes de la dernière récolte, on les arrache avec leurs racines, on laisse les feuilles qu'on ferme par une ligature, de manière à cacher entièrement la fleur et on les plante debout en motte dans du sable frais en cave ou autre endroit abrité. On peut aussi les suspendre la tête en bas le long d'un mur, ou de préférence à des traverses en bois, ou aux soliveaux d'un souterrain. Inutile d'ajouter qu'il faut les visiter souvent et immédiatement consommer ceux qui se détériorent.

Les pommes coupées avec un trognon de tige peuvent se conserver pendant quinze jours au moins, quand on les dispose dans l'obscurité sur des planches, après avoir rogné le bout des feuilles. En leur laissant un trognon plus long qu'on enfonce dans du sable ou des cendres humides, leur conservation sera prolongée de 15 jours au moins.

Dans tous ces modes de conservation, si les Choux se fanent un peu, on doit les faire revenir en les trempant dans l'eau pendant le temps nécessaire.

Grande culture.

Dans les terres naturellement riches, fertiles et fraîches, dans les bons sols sablo-argileux ou riches en humus naturel, on peut avec avantage se livrer à la culture du Chou-fleur dans un but de spéculation. Dans les environs de Gand on a exploité avantageusement pour cette culture, les terrains de dépôt des boues de dragage provenant de nos nombreux cours d'eau contaminés. Dans les terrains propices, il ne demande guère plus de main-d'œuvre que les races ordinaires de Choux et à si bon marché que l'abondance des récoltes fasse parfois descendre ce produit, il reste toujours rémunérateur. Un Chou-fleur à si vil prix qu'il baisse, est encore payé le double d'un Chou rouge ou

autre, vendus très chers. Observons, en outre, qu'il n'occupe
pas le terrain toute l'année, ce qui permet d'obtenir une
autre récolte, à l'endroit qu'il laisse libre.

Si l'on désire obtenir des Choux-fleurs en juin-juillet, on
doit semer au mois d'août, la variété hâtive, se monter pour
l'hivernage comme il a été dit. On peut les faire suivre
par des Poireaux, des Céleris courts ou des Céleris-raves.

Pour ce qui concerne les Choux-fleurs à récolter en août,
septembre et octobre, on sème en avril le *C. fleur gros de
Hollande* ou la variété *Lenormand à pied court* ; on donne
les soins habituels, plus le paillage, la fumure auxiliaire
et quelques arrosements. Cette saison de Chou-fleur réussit
admirablement dans les terrains irrigués avec les eaux
d'égout. Nous avons admiré les gros et plantureux Choux-
fleurs dans les plaines sableuses de Gennevilliers et à l'exposition de Paris, dans le lot de M. Rotberger, qui irri-
guait une grande surface au moyen des eaux-vannes.

Les Choux-fleurs de cette saison peuvent être précédés
sur le même terrain, de Pommes de terre précoces qu'on
récolte en vert pour la consommation immédiate ou par
des Choux cabus blancs hâtifs. Certains cultivateurs attachent beaucoup d'importance à la culture du *Chou-fleur
géant de Naples*, qui atteint un volume fabuleux et est
moins exigeant sur la qualité du terrain. La nouvelle variété *C. fleur géant demi-hâtif*, qui met moins de temps
à se développer, remplace avantageusement l'ancienne variété. A cause de ses grandes dimensions, il faut le planter
à 80 c. de distance et faire au début une entre-culture pour
utiliser ces grands intervalles. Dans le pays d'Alost la
culture du Chou-fleur prend de plus en plus d'extension,
pour l'approvisionnement du marché de Bruxelles.

Les Choux-fleurs qu'on cultive en abondance aux environs de Leyde sont exportés en Angleterre et ceux des
vastes cultures du Duché de Limbourg (Venloo et environs)
prennent le chemin de l'Allemagne.

Le long de la Loire, surtout dans le Département de
Maine et Loire, la culture du Chou-fleur se pratique sur
de vastes terrains. D'Angers on en expédie un million de
kil. dont 40 wagons par jour entre le 15 mars et le 15
avril, pour Paris et l'étranger ; ils se vendent de 12 à 13
francs les 100 kilog.   11

Voici un aperçu de frais de culture et de produit par hectare, qui ne s'écarte pas beaucoup de la réalité :

DÉPENSES.

Loyer du terrain . . . . fr.	150
Labours, plantation en sillons, soins d'entretien . . . . . »	600
Graines, élevage et hivernage des plantes . . . . »	90
Engrais . . . . »	300
Fumure auxiliaire pendant la végétation . . . . »	100
500 Chou-fleurs manqués . . . . »	60
Récolte et vente . . . . »	100
fr.	1.400

PRODUIT.

18.000 à 12 c. . . . . fr.	2.160
»	1,400
Bénéfice . fr.	760

Il faut ajouter à ce chiffre de bénéfices, le rapport précédent en Pommes de terre, ou après les Choux-fleurs, en Poireau ou Céleri et réduire de 50 % pour les Choux-fleurs d'automne, les frais d'élevage et hivernage du plant.

Voici le total des frais établis, pour 1 hectare, par M. Dybowski, pour la culture d'automne de Chambourcy, dans un sol bien approprié à cette culture.

Loyer du terrain . . . . fr.	250
Fumure : 100 m. cubes à 6 fr. . . . . »	600
Labour et hersage . . . . »	100
Achat du plant à 10 fr. le mille . . . . »	160
Plantation : 10 journées à 3 fr. . . . . »	30
Arrosage. . . . . »	20
Deux binages à 15 fr. l'un . . . . »	30
Soins de couverture : 15 journées à 2 fr. . . . . »	30
Total des fr.	1,220

La somme de produit minimum est fixée à 3900, ce qui donnerait comme bénéfice 2680 fr.

Chou de Chine ou de Shangton.

Dans ces derniers temps, on est revenu sur cette espèce de Chou de Chine appelé dans son pays d'origine, *Pe-tsaï*. Ce légume chinois est connu depuis plus d'un siècle, mais on ne s'est jamais sérieusement appliqué à sa culture. M. Curé, secrétaire du Syndicat des maraîchers de la banlieue de Paris, a appelé l'attention sur ce légume et en a fait valoir toutes les qualités. Il en a obtenu en deux mois de culture des pieds pesant jusqu'à 3 kil. 500 gr. qu'il a présentés à une séance du comité de culture maraîchère de la Société Nationale d'Horticulture de France le 13 octobre 1904.

Il faut attribuer l'introduction dans la culture potagère de ce légume, qui passe pour le meilleur et le plus cultivé

Fig. 162. — Chou de Chine « Pe-tsaï ».

du céleste empire, aux pères des Missions étrangères et particulièrement aux abbés Vassin et Tesson, qui en ont fait des plantations dans le jardin des missions en 1837 et ont distribué les graines et les plantes. Depuis lors, les essais se sont multipliés, mais on a émis des jugements très divergents sur la qualité de ce Chou, à certain moment, il n'en fut plus question.

La plante est intermédiaire entre le Chou et le Navet ; dans les semis on rencontre des pieds qui ressemblent plutôt à cette dernière plante. A son complet développement elle présente dans son *facies* général quelque ressemblance avec certaines *Laitues romaines*.

La cause de la difficullé qu'on rencontre d'obtenir des Choux Pe-tsaï bien pommés, est que la plante se comportant comme annuelle, monte facilement en graines. On assure que dans quelques provinces de la Chine au Nord de Pékin, on obtient les têtes de Pe-tsaï qui pèsent jusqu'à 15 et 20 livres. Dans les contrées méridionales de la Chine on ne se soucie pas de la faire pommer, on l'utilise comme plante à feuillage en guise de Laitue ou d'Epinard.

On se trouverait peut-être aujourd'hui en possession d'une précieuse plante potagère, si dès 1840 on avait suivi le conseil donné par le *Bon jardinier* : Améliorer l'espèce, sélectionner et fixer une race lente à monter et pommant habituellement est un sujet d'expérience intéressant pour les amateurs zélés et persévérants. Malheureusement on a abandonné la plante et tout reste encore à faire. MM. Vilmorin, mentionnent dans leur ouvrage descriptif des plantes potagères, une variété améliorée plus ample dans toutes ses parties et qui est assez estimée dans le midi.

M. Bois, dans la mission dont il a été chargé en Extrême-Orient, a constaté que l'usage de ce légume est très répandu chez les populations indigènes et qu'il n'y a aucune raison pour que son emploi ne se répande pas de même en Europe. C'est sur les instances de M. Bois qui lui en confia quelques graines, que M. Curé a commencé ses expériences couronnées d'un plein succès, qu'il attribue en grande partie à l'élevage du plant sur couche; cultivées en plein air à la façon ordinaire, les plantes ont monté prématurément en graines.

Un comité de dégustation de l'Association des maraîchers de Genève, a émis l'opinion que le Pe-tsaï avait une saveur indéfinissable, un mélange du goût de l'Asperge, du Cardon, de la Poirée à cardes, du Céleri cuit et du Navet, mais que c'était un légume très fin, doux, très bon et de premier mérite.

Son goût est moins prononcé que celui des Choux d'Europe.

On sème le Pe-tsaï au commencement de mai et on plante en place à 35 c. de distance. La terre doit être richement fumée, sinon la plante monterait en graines avant d'avoir donné son produit, étant plutôt annuelle que bisannuelle.

Chou marin.

Origine.

Il croît spontanément sur les bords de l'Océan, vers le nord et sur le littoral méditerranéen.

Comme l'indique son nom scientifique (*Crambe maritima*), cette plante n'est pas un véritable Chou ; aussi la culture en est-elle toute différente.

On la multiplie par séparation des pieds qui portent plusieurs turions, par tronçons de racines et par graines.

Les cultivateurs anglais, qui excellent dans la culture du Crambé maritime et la pratiquent sur une grande échelle, pour les marchés, donnent la préférence aux plantes provenant de graines. La multiplication artificielle doit être appliquée pour reproduire les meilleurs pieds, à côtes grosses et nombreuses, tels qu'on en distingue déjà dans le semis, telles que C. Marin *blanc d'ivoire* (Ivory White) et *blanc* de Lys (Lily White) deux variétés anglaises bien distinctes.

Multiplication par turions.

Au printemps, avant la pousse (en mars), on déchausse la plante et on coupe tous les turions, sauf trois, en leur conservant 4 à 5 c. de leur base charnue. On les laisse ressuyer pendant 24 heures, puis on les plante directement en place où elles ne tardent pas à prendre racine. Dans les terrains froids et humides, on pourrait mettre ces turions en petits pots sous châssis et lorsqu'ils les tapissent de leurs nouvelles racines, les dépoter pour les mettre en place sans briser la motte ; cette précaution cependant est rarement nécessaire. Les plantes provenant de turions, donnent, dès la première année, de fortes touffes dont on peut faire une récolte l'année suivante.

Boutures de racines.

Lorsqu'on désire obtenir un grand nombre de plantes, on coupe les plus grosses racines, à partir d'un cent. de diamètre, en tronçons de 5 à 6 c., un peu plus long même, pour les racines plus fortes ; on sectionne en biseau, en dessous et à plat au-dessus ; on les laisse ressuyer puis on les plante en pleine terre, à 15 c. de distance ; ils prennent racine et développent quelques feuilles. Ces jeunes Crambés sont plantés à demeure le printemps suivant.

De menus morceaux de racines de 2 c. de longueur qu'on sème en ligne produisent du petit plant qui peut être utilisé.

Semis.

Les graines sont renfermées dans une silicule ou enveloppe qui reste close, et qu'il ne faut pas ouvrir avant de semer ; elles lèvent incomplètement. On sème en lignes en pleine terre et on ne repique pas les jeunes plantes ; l'année suivante elles peuvent être mises à demeure. On pourrait semer en place 5-6 graines réunies et faire le démariage après la levée, ou semer en petits pots et repiquer en motte.

Plantation.

La plantation se fait en plein carré, sans planches, et dans un sol profondément remué, de préférence sablonneux. Si la terre est humide et compacte, on creuse entre deux rangées un sillon ou sentier creux. Dans les sols de cette nature, la plantation pourra se faire comme pour l'Artichaut et le Cardon, en trous carrés, remplis de terre rendue plus légère par une addition de sable, cendres de houille et briques pilées. Les plantes doivent être espacées entre elles de 70 c. sur le rang et de 80 c. entre les rangs.

L'origine de cette plante dénote qu'elle doit aimer les engrais salins. Aussi, avec l'application de la formule suivante on obtient des résultats remarquables :

Sel de cuisine brut . . . . 3 kil.
Chlorure de potassium . . . . 3 »
Nitrate de soude . . . . 1 »
Cendres de bois . . . . 20 »

Le tout bien mélangé et répandu au printemps comme fumure auxiliaire, sur 100 m. carrés.

Blanchiment.

L'année qui suit la plantation, on blanchit les jeunes pousses en plaçant sur les plantes, au premier réveil de la végétation, un pot à fleur *hermétiquement fermé* et adhérant bien' au sol. On se sert aussi de pots fabriqués exprès ; ce sont des vases en terre cuite qui mesurent 30 c. de haut et autant de large à la base ; ils se ferment par un couvercle à bouton (fig. 163), ce qui facilite l'inspection de l'état de développement des plantes. Aussitôt que les jets ont atteint le couvercle, on les cueille en les coupant avec une partie du collet de la plante afin que tout le faisceau reste réuni (fig. 164).

Fig. 163. — Pot à blanchir.

A défaut de meilleur abri, on se sert de tonnelets, de petites cuvelles à lauriers, de cloches, de cages en lattes, de paniers, qu'on entoure et qu'on couvre de litière et de terre, mais rien ne surpasse les pots en terre cuite, qui laissent pénétrer la chaleur solaire, hâtent la pousse et favorisent l'étiolement. La coloration en vert diminue beaucoup la valeur de ce délicieux légume, quoique les jeunes jets colorés et les tiges florales encore tendres ne soient pas à dédaigner au printemps. Le blanchiment par buttage ne donne pas un résultat satisfaisant, à moins qu'on ne dispose de tannée, de sciure de bois ou de paillettes de lin bien décomposées.

Là où on se procure difficilement les vases spéciaux, on peut planter par groupes de quatre plantes distantes entre elles de 30 c. dans le cercle de l'empreinte d'une cuvelle de la dimension d'un fût à pétrole scié en deux, dont on les couvre plus tard. Ces plantes forment de fortes touffes.

•   •   •   •   •   •   •
    •   •   •   •   •
•   •   •   •   •

Si on ne tient pas à la graine, il ne faut pas laisser fleurir les plantes ; elles s'épuiseraient inutilement. Il est bon aussi de marquer les touffes faibles afin de se rappeler qu'elles ne peuvent pas être soumises à l'étiolement à la saison prochaine.

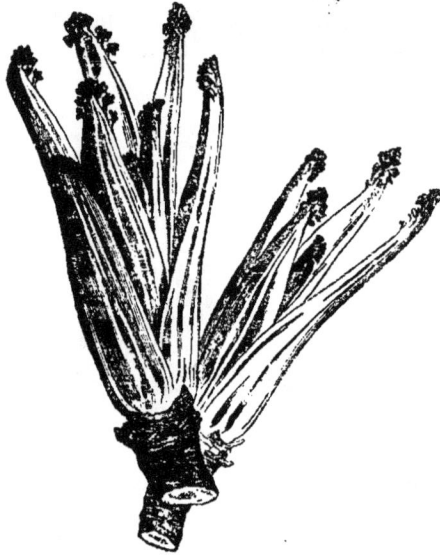

Fig. 164. — Produit du chou marin blanchi.

On obtiendrait chaque année des produits remarquablement beaux et abondants, si on faisait la plantation en double pour ne faire produire qu'une année sur deux. D'ailleurs il est de bonne pratique de laisser reposer le carré une année lorsqu'il est affaibli, et de ne pas laisser subsister les plantes après 5 années de récolte.

Lorsqu'on fait une plantation en grand, on utilise la première année les grands intervalles entre les plantes par une entre-plantation de Pommes de terre hâtives à tiges courtes.

On fait de petits *étiolats* de *C. marin*, en empilant dans une cave ou autre lieu entièrement privé de lumière, de jeunes plantes provenues de graines ou de boutures de racines. On les dispose à la façon des racines de Chicorée dont on veut faire de la *Barbe du capucin*. Après avoir produit, ces racines sont replantées en pleine terre à 20 c. de distance en tous sens ; elles peuvent servir au même usage l'année suivante. Ce procédé facilite de beaucoup la production en plein hiver. Des paquets ou bottes de plantes d'un an de semis ou de boutures semées, placés sous pots en serre ou sur couche, donnent une récolte satisfaisante.

Les pousses blanchies ont beaucoup d'analogie avec l'Asperge ; on les assaisonne au beurre ou à la sauce blanche. Elles ont un léger goût particulier, qui peut ne pas plaire à chacun, mais qui disparaît facilement en les faisant bouillir dans une grande quantité d'eau salée, où ils puissent cuire à gros bouillons. Après la récolte du *C. marin* on doit laisser les pousses verdir et la plante se développer à l'air libre. Dans le courant de l'été, tous les soins consistent à leur donner les façons de terre ordinaires.

Porte-graines.

On obtient des graines en laissant quelques touffes sans les blanchir, car celles dont on retire un produit au printemps ne fleurissent pas l'été qui suit. On trouve toujours dans le nombre certains pieds naturellement stériles, qu'on peut multiplier artificiellement.

Claytone.

Origine.

Introduit de l'Ile de Cuba et recommandée à tort comme Epinard d'été. Cette petite plante grasse est plûtôt un Pourpier d'hiver et c'est comme tel qu'il faut l'apprécier et la cultiver. On la sème fin juillet, drue et à la volée, sur un terrain bien fertilisé à la surface par un terreautage, une fumure superficielle ou une forte dose d'engrais liquide donnée la veille. La plante commence par produire des petites rosaces de feuilles rhomboïdales très épaisses ; on éclaircit en cueillant de manière à ce que les plantes restantes finissent par se trouver à 12 c. de distance. Cette cueillette donne un excellent produit pour les potages. Lorsque les plantes deviennent plus grandes, on rase les feuilles en ménageant le cœur qui repousse. Pendant les hivers exceptionnellement rigoureux, on pourrait garantir un peu la plante au moyen d'un paillasson ou de branches de sapin. Il ne faut pas attendre pour récolter la *Claytone* qu'elle soit en fleur ; c'est toutefois une erreur de croire qu'elle a perdu toute valeur dès les premières apparences de floraison. Elle pousse aussi facilement que le mouron, et constitue une excellente verdure pour nourrir la volaille.

On fait encore un semis à la fin d'août pour la production de mars et avril, afin d'en récolter jusqu'à l'apparition des légumes frais. Il ne faut pas en semer au printemps, on n'en retirerait aucun avantage.

Porte-graines.

. Au printemps, on éclaircit un bout de planche de *Claytone* de façon à espacer les plantes de 25 c. l'une de

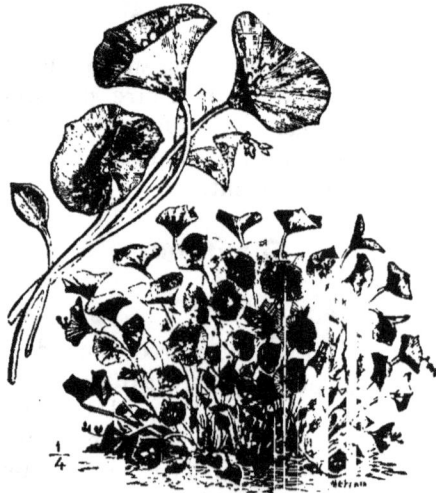

Fig. 165. — Claytone de Cuba.

l'autre et quand les premières graines sont mûres, on coupe à ras de terre touffe par touffe, et on les dépose avec précaution, sur une toile ou une grande feuille de papier;

on les laisse se faner au soleil, on les secoue pour enlever
la graine ; celles-ci se détachant avec une grande facilité, la
plante se répand un peu partout.

Concombre.

Origine.

Originaire de l'Inde et introduit en Chine deux siècles
avant l'ère chrétienne.

On distingue parmi les Concombres deux races, comp-
tant chacune un grand nombre de variétés.

La première race est celle des *C. petits à Cornichons*
dont le fruit sert aux conserves et se cueille petit ; on ne
laisse généralement atteindre au fruit que le volume représenté par la figure 168.

La deuxième race est celle des *C. longs*, dont on laisse
arriver les fruits, qui atteignent de grandes dimensions, aux

Fig. 166. — Concombre petit de Russie.

¾ de leur croissance. Ces fruits sont très charnus et renferment peu de pulpe mucilagineuse et peu de graines.

On cultive partout le *C. à Cornichons*. Cette culture
n'offre d'ailleurs que peu de difficultés, surtout si on lui
donne une bonne exposition abritée ; c'est au *C. vert
petit à cornichons* (fig. 168) au *C. petit de Russie*
(fig. 166) à fruit craquelé et au *C. amélioré de Bourbonne*, qu'on donne la préférence. Ce dernier, représenté ici à la
moitié de la grosseur qu'il doit avoir au moment de la
cueillette, est encore trop peu répandu, vu ses nombreuses
qualités de finesse et son abondante production de fruits,
qui se succèdent journellement pendant plusieurs semaines.

Quoique le *C. à Cornichons* soit moins sensible au froid
que les autres variétés, il exige un terrain chaud et sa culture ne peut se faire avec succès qu'en plein été. On ne sau-
rat mieux l'installer que sur une côtière bien exposée (voir p.
14 fig. 9), en succession d'un produit de printemps, ou même
entre celui-ci, en attendant sa disparition complète. A défaut

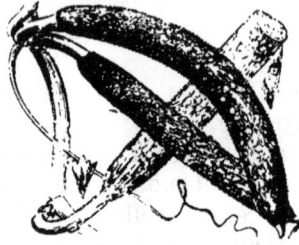

Fig. 167. — Concombre amélioré de Bourbonne.

de cette place, on doit préparer des planches élevées, bombées
(voir p. 15 fig. 12), qui soient à l'abri de l'humidité. On ouvre
un sillon profond de 15 c., au milieu de la planche ou de
la côtière et on le remplit d'engrais liquide. Le lendemain, quand l'engrais s'est infiltré, on comble la moitié

Fig. 168. — Concombre petit à cornichons.

de la profondeur du rayon en rabattant ses côtes au rateau et on y sème, en répandant les graines à la distance
de 5 à 7 c. ; puis on les couvre légèrement. Dans les terres
froides et compactes, l'engrais liquide se remplace par une
couche de terreau épaisse de 7 c., répandue au fond du sillon ; les graines sont couvertes avec le même ingrédient.

Ce semis se fait dru, parce que par un temps froid et humide, beaucoup de graines ne germent pas ou les jeunes plantes périssent après la germination ; il est d'ailleurs toujours facile d'éclaircir si le semis réussit au delà des prévisions. On ne peut jamais remédier à l'encombrement qui pourrait régner dans la végétation en supprimant des branches ; mieux vaut couper entièrement quelques plantes. Dans les terres froides, ou lorsqu'on veut obtenir des Concombres en succession, on pourra les semer sous châssis en petits pots et les repiquer à demeure à 20 c. de distance, lorsque les plantes ont trois feuilles.

Quel que soit le système suivi, on entreplante provisoirement des petits produits (Laitues, Radis, etc.) sur l'espace que les sarments des Concombres occuperont plus tard p. ex. : au milieu, une rangée de plants de Concombres bordée d'une double ligne de Laitue.

Dès que les plantes ont développé des sarments d'une longueur de 15 c. environ, on les éclaircit de manière à ce qu'elles se trouvent éloignées de 20 c., puis on les couche, alternativement une à droite et une à gauche, les maintenant en cette position par une poignée de terre qu'on y place en guise de buttage. Lorsque les plantes sont arrivées à la moitié de la largeur de la planche, on rogne l'extrémité des sarments afin de les faire ramifier.

On supposerait que les Concombres ainsi traités auront trop de branches, mais il n'en est rien. Ne perdons pas de vue en effet, que les fruits n'ont pas besoin d'autant d'air ni de lumière, que s'ils étaient appelés à acquérir tout leur développement. Il est avantageux cependant de piquer obliquement en terre quelques petites ramilles de bois, ou de coucher simplement quelques menus branchages sur toute la surface à parcourir par les sarments. On arrête ceux-ci définitivement par un coup de bêche lorsqu'ils commencent à sortir des limites de la planche.

Les fruits se cueillent dès que la fleur est fanée, et il importe de ne pas en laisser grossir plus qu'il n'en faut pour récolter des graines ; on fait choix des plus beaux fruits les premiers formés. Les fruits qui deviennent plus gros que ceux représentés par la figure 168, ont moins de valeur commerciale, nuisent beaucoup à la production totale et pour les confire, on devra les couper en morceaux.

N'oublions pas que parmi la masse de fruits qu'on cueille à l'état rudimentaire, le plus grand nombre est condamné à l'avortement si on les laisse trop longtemps, et cela à raison de la grande quantité de branches ; il faut donc faire la cueillette régulièrement, à peu près tous les jours.

Concombre long.

Cette race comprend environ une centaine de variétés dont les différences ne sont pas très marquantes. Il faut

Fig. 169. — Concombre vert de Chine.

se borner à cultiver en pleine terre une ou deux variétés dont les fruits soient gros, peu garnis d'aiguillons, d'un vert foncé et à chair pleine, tels que le *C. Grec* ou *d'Athènes* (fig. 170) que nous plaçons au premier rang pour son fruit long à chair ferme, blanche et d'excellent goût ; le petit nombre de graines qu'il produit se forment tardivement, de sorte que le fruit reste longtemps propre à la consommation.

Le *C. vert de Chine* (fig. 169) est hâtif, très productif, à fruit lisse, très long; sa chair pleine est d'excellente qualité. Les variétés *C. vert géant* (fig. 171), *C. vert long de*

Fig. 170. — Concombre Grec.

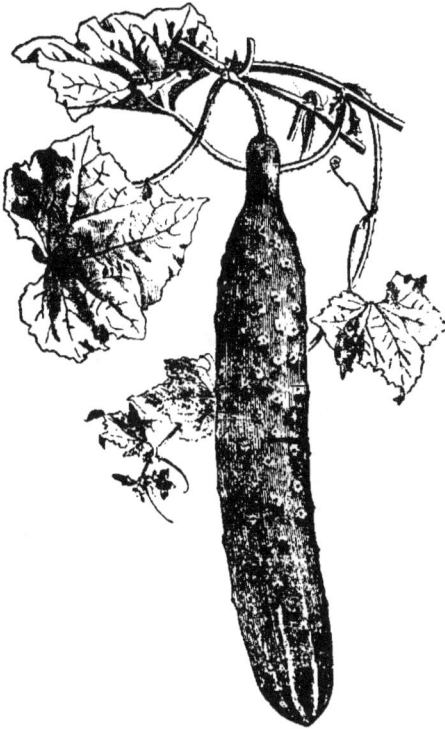

Fig. 171. — Concombre vert géant.

Meaux et *C. Fournier*, sont très recommandables aussi pour la culture en pleine terre.

En France et en Hollande on cultive les *C. blanc* et *jaune*, mais la couleur les fait peu rechercher dans d'autres

Fig. 172. — Concombre blanc hâtif.

pays. En Allemagne, la culture des Concombres est considérable, car ce produit entre pour une bonne part dans l'alimentation, soit à l'état frais, soit conservé en fûts à l'instar des Choux blancs ; on les mange encore crûs

Fig. 173. — Concombre jaune hâtif de Hollande.

(à la croque au sel). Une croûte de pain et un Concombre composent souvent le frugal repas de l'ouvrier allemand.

Le Concombre vert coupé en tranches fines, qu'on laisse mariner dans du sel, de l'huile et du vinaigre, assaisonnés ensuite à la façon ordinaire avec de l'Estragon, se mange en salade ; c'est un mets très sain et très agréable.

La culture de cette race de Concombre diffère de celle des autres, en ce qu'ici il s'agit d'obtenir un certain nombre de fruits bien développés.

On sème de préférence le *C. vert hâtif de Chine* pour la première production et le *C. grec* ou *d'Athènes* ou une des autres variétés citées pour la récolte générale. Ce semis se fait en petits godets vers la fin de mars ; au commencement du mois de mai, on repique dans d'autres petits pots et à la fin du mois, on plante sur côtière ou sur une planche dressée en ados, à une distance de 75 c. dans des petites fosses de 30 c. carrés et autant de profondeur, qu'on remplit de terreau.

On met une plante par trou ; si les froids sont à craindre, on abrite sous des pots à fleurs, ou sous des branches de sapin. Si on pouvait pour les y planter disposer de vieilles couches, qui ont servi au forçage des légumes ou les abriter contre les pluies prolongées et les vents froids, le succès serait assuré et complet. Si on veut obtenir de très gros Concombres, il faut, outre les soins prescrits, limiter le nombre des fruits, n'en conservant qu'une demi douzaine, au plus, des premiers formés.

Lorsque les plantes ont 5 à 6 feuilles, on les rogne au-dessus de la 3e et on étale régulièrement les sarments dont la taille a provoqué la pousse ; sur un sol, couvert de paillis, on peut impunément laisser traîner les sarments, il est bon néanmoins de placer dessous quelques petites ramilles, fichées obliquement, auxquelles les sarments s'accrochent et se soutiennent. Un excellent mode de palissage, consiste à placer de 2 en 2 m., des supports en bois cloués à angle avec un écartement de 70 c. et d'une hauteur de 1.50 m., le long desquels on tend des fils de fer à 20 c. de distance, de façon à ce que l'aménagement ressemble à un petit contr'espalier double. On pourrait encore conduire les Concombres contre un mur ou à des tuteurs et les y palisser, comme on le ferait d'une autre plante grimpante. Les fruits des plantes dressées contre un support se développent toujours régulièrement par suite de leur position suspendue, tandis que ceux qui sont couchés sur terre prennent souvent la forme d'un croissant.

Les Concombres demandent des arrosements copieux pendant les chaleurs et si leur vigueur laisse à désirer, il ne faudra pas s'en tenir aux arrosements d'eau claire.

Porte-graines.

On laisse arriver à maturité complète les plus beaux fruits ; on extrait la graine, on laisse fermenter pendant une couple de jours pour désorganiser la pulpe gluante qui les entoure, après quoi on les lave et on les sèche. Les fruits dont le bout inférieur est renflé renferment le plus de graines.

Courges.

Il existe un grand nombre de variétés de Courges qui sont comestibles, et nous n'exagérons pas en disant que

Fig. 174. — Courge à la moëlle.

presque toutes le sont, lorsqu'on les prend à un degré de développement peu avancé.

Il y a cependant des variétés tout particulièrement recommandables : 1° la C. à la moëlle (fig. 174), 2° la C.

blanche (fig. 176), 3° la *C. pâtisson* ou *Bonnet d'électeur* (fig. 177), 4° la *C. d'Italie* (fig. 175).

Fig. 175. — Courge d'Italie non coureuse.

Les premières sont blanches, cylindriques, d'un volume

Fig. 176. — Courge blanche non coureuse.

moyen, bien pleines, restant charnues jusque près de la

Fih. 177. — Courge Patisson.

maturité. La *C. à la moëlle* prend un assez grand développement parce qu'elle émet des sarments ; l'autre ne s'allonge pas et reste en touffe.

La *C. pâtisson* (fig. 177) est naine, d'une forme très curieuse, côtelée comme une pomme de Caville, peu productive, mais de qualité exquise.

Nous faisons également, une mention spéciale de la *C. Giraumon* ou *Turban* et la *C. de Touraine* qui étendent leurs sarments au loin; cette dernière produit d'immenses fruits, grossissant à vue d'œil. Nous avons obtenu des *C. de Touraine* qui en 15 jours atteignaient un poids de 750 grammes.

Leur culture n'est pas plus difficile que celle des Courges qui sont recherchées comme ornement. Les fruits n'ayant besoin que de se développer partiellement, les chaleurs de

Fig. 180. — Potiron rouge d'Etampes.

l'été sont toujours assez fortes pour les faire grossir suffisamment.

La *C. Courgeron de Genève* (fig. 181) est encore une variété naine n'émettant pas de sarments. A fruits plats très déprimés, très nombreux sur chaque pied ; on les cueille en vert comme la C. à la moëlle.

On sème vers le 15 avril, chaque graine dans un petit godet, et on repique la plante, en la dépotant sans déranger ses racines, sur une espèce de capot ou trou de 30 c. en tous sens, rempli de bon terreau. Durant la première quinzaine, on les abrite un peu contre les gelées blanches éventuelles.

Pour s'en servir, on pèle les fruits, on les coupe en morceaux gros comme un quart de pomme de terre, on les fait bouillir à l'eau bien salée et on les sert assaisonnés comme les Choux-fleurs.

En Flandre, les Courges sont peu employées pour l'usage culinaire ; à Bruxelles on fait des potages avec la purée de Potirons mûrs ; dans le pays Wallon il sert au

Fig. 181. — Courge Courgeron de Genève.

même usage et s'ajoute encore à la pâte du pain de ménage.

On fabrique avec la pulpe de Potiron rouge (fig. 180), une marmelade qui a beaucoup de rapport avec la compote d'Abricots et qui la remplace dans les années, assez fréquentes d'ailleurs, où ce fruit manque dans nos climats.

Les variétés qui n'émettent pas de sarments, sont d'un aspect très ornemental et se prêtent mieux que les C. grimpantes à une culture régulière au potager.

Porte-graines.

Le mode de recueillir les graines est semblable à celui que nous avons indiqué pour les Concombres, mais les graines ne doivent pas subir de lavage.

Crosnes.

Origine.

Ce nouveau légume qui aurait dû s'appeler *Epiaire à chapelets*, est originaire de la Chine et du Japon, d'où il fut introduit en 1882.

On a apprécié ce légume au début de son introduction, comme il convient de tenir en estime tout produit qu'il est possible de récolter sans peine à une époque où les légumes frais sont rares, mais sa vogue tend plutôt à décliner.

Fig. 182. — Crosnes du Japon.

Les Crosnes ont besoin de toute la belle saison pour développer leurs tiges et leurs tubercules, espèces de nodosités d'un blanc nacré à texture très fine. On fait choix des plus gros tubercules que l'on plante en février-mars, à 40 c. de distance en touffes composées de 3 tubercules, qu'on couvre de 10 c. de terre qu'on plombe bien. Le terrain doit être labouré et bien ameubli, plutôt léger et frais que sec ou compact et exposé à l'air libre. La plante est assez accomodante pour donner un produit passable, même

dans des conditions relativement mauvaises ; et c'est à cause de sa venue facile en toutes conditions, qu'elle est très
exposée à être mal soignée. Outre les soins d'entretien ordinaires il faut lui donner des arrosages en temps de sécheresse.

Vers le mois de septembre les Crosnes ont terminé leur
végétation foliacée et dès ce moment les parties souterraines
grossissent rapidement ; aussi, convient-il de butter légèrement les touffes, avec de la terre prise dans les sentiers. Ce n'est que fin novembre que la formation des tubercules est complète et que la récolte peut commencer,
pour être continuée successivement jusqu'en mars.

Il ne faut pas perdre de vue, que le produit se détériore
rapidement après l'arrachage ; il doit donc être récolté au
fur et à mesure des besoins et, de crainte de surprise en
temps de gelée, être couvert d'une couche de feuilles. La
plante supporte les hivers les plus rigoureux.

On n'en a pas obtenu de graines jusqu'ici, aussi est-ce
par la sélection judicieuse des tubercules à planter, qu'il
faut tacher de l'améliorer.

Les tubercules se préparent de différentes façons. Après
la cueillette on les lave à grande eau sans trop les froisser ; on les débarrasse du chevelu de racines, puis on les
fait bouillir pendant 12 minutes. Retirés de l'eau, on peut
les servir au naturel avec une sauce blanche comme le
Salsifis ou les accomoder au gratin comme le Chou-fleur.
Nous en avons préparé des *Pickles* très agréables.

Dent de lion.

Cette plante, plus connue sous le nom de *Pissenlit*, est
employée comme légume, telle qu'on la trouve à l'état sauvage, verte ou blanchie sous les taupinières. Sa culture est
très importante dans certaines localités en France. Les
amateurs qui veulent la cultiver doivent choisir la variété
perfectionnée, *P. amélioré à larges feuilles* (fig. 183). Il
en existe une qui est fine comme une Endive frisée, obtenue
par MM. Vilmorin, appelée *P. amélioré mousse*(fig. 184)
On fait le semis en juin, en rayons distancés de 20 c.
ou clair à la volée. Il est bon de semer sur une planche

un peu creusée, cette plante aimant la fraîcheur ; en outre
pareille dispositon fournit le moyen de la blanchir facile-

Fig. 183. — Pissenlit à large feuille.

ment. Lorsque les plantes sont bien levées, on serfouit et

Fig. 184. — Pissenlit mousse.

quand elles ont 4 à 5 feuilles on les éclaircit, de manière
à ce que les touffes conservées se troubent à 10 c. sur

les rangs. Le Dent de Lion subit facilement la transplantation ; les plants arrachés peuvent être repiqués sur une autre planche ; on pourrait même semer en pépinière et repiquer en juillet sur les terres devenues libres.

En automne, en hiver et au printemps, on couvre au fur et à mesure des besoins, une partie des plantes, avec de la terre prise dans les sentiers ou, mieux encore, avec de la tannée décomposée ou du sable. Lorsque les bouts des feuilles percent, on peut faire la récolte en coupant les rosaces blanchies entre deux terres. On peut aussi, pendant l'hiver, arracher les plantes, couper les feuilles jusqu'au collet, lier les racines en paquets et les traiter comme les petites chicorées à barbe de capucin ; elles fournissent ainsi une belle et bonne salade blanche.

Pour obtenir des graines, on replante à l'automne quelques-uns des plus beaux pieds non blanchis.

Echalote et autres alliacées.

Origine.

On croit que, pareille à certaines autres alliacées, l'Echalote n'est qu'une forme modifiée d'Oignon, parce qu'on ne la trouve pas à l'état sauvage. Quelques auteurs lui assignent cependant comme patrie la Palestine.

Fig. 185. — Echalote petite. Fig. 186. — Echalote de Jersey.

On connaît trois variétés bien distinctes de cette plante, l'E. *petite* (fig. 185), l'E. *Française* et l'E. *de Jersey* qu'on appelle encore E. *de Russie* et E. *Danoise, E. de Gand* (fig. 186).

La première est fine, blanche, allongée, de longue garde et elle ne réussit que dans les bonnes terres franches. Dans les sols sablonneux, elle s'atrophie et disparaît ; elle possède au plus haut degré la saveur fine et caractéristique de ce légume.

L'*E. française* ou *de Noisy*, est blanche et allongée aussi, mais elle a plus de volume, une texture moins fine et une tunique très coriace qui est favorable à sa longue conservation.

La troisième variété est rustique, très productive et réussit partout. Quoique d'un goût moins relevé que les deux précédentes, sa culture est très recommandable. Le bulbe est gros, brun-rouge, de forme ronde un peu anguleuse (fig. 186).

Les Echalotes se plantent au commencement de mars en terre bien fertile, dans un endroit aéré et d'une fraîcheur modérée ; la sécheresse nuit à son développement ; trop d'humidité fait pourrir le bulbe.

On plombe bien la terre pour y planter les Echalotes à une distance de 10 c. sur les rangs et 20 c. entre les lignes ; on plante, presque au rez du sol, des petits bulbilles ou caïeux autour desquels on tasse vigoureusement la terre. Les cendres, la suie et la colombine en poudre sont des engrais excellents pour cette plante.

L'Echalote est quelquefois cultivée en bordure, souvent même on en plante une ligne autour des planches d'Oignons. L'époque de plantation, la qualité du terrain et des engrais ainsi que le temps de la récolte de ces deux plantes coïncident parfaitement.

On arrache les Echalotes lorsque les feuilles commencent à jaunir pour laisser achever la fanaison au soleil ou dans un grenier aéré. Après dessiccation on débarrasse les bulbes des feuilles mortes et des enveloppes peu adhérentes ; placées ensuite dans un lieu sec à l'abri de la gelée, elles se conservent d'une année à l'autre.

Les soins à donner pendant la végétation consistent à serfouir une ou deux fois entre les lignes et à dégager les touffes qui se trouvent trop profondément enterrées, surtout si la saison est pluvieuse. L'humidité, une plantation trop tardive et les engrais azotés *échauffent* l'Echalote ; ce malaise, qu'on appelle aussi *le feu des Echalotes* est dû à un champignon (*Rhizoctonia allii*) ; parfois aussi une petite mouche y dépose ses œufs, ceux-ci éclosent en une multitude de vers ou larves qui achèvent de détruire les bulbes.

Fig. 187. — Ail ordinaire.

L'Ail ordinaire (fig. 187), se cultive absolument de la même manière que l'Echalote. Dans le Nord on n'en

Fig. 188. — Ail à Rocambole.

fait qu'un usage très modéré, mais dans le midi on l'emploie en grande quantité, surtout dans les campagnes, chez

les ouvriers astreints à travailler sous les rayons ardents
du soleil et où règne plus que dans le nord le vers soli-
taire contre lequel il est un bon remède préventif.

L'A i l à R o c a m b o l e (fig. 188). Ressemble en beaucoup de points à la plante bulbeuse précitée, mais elle
présente le singulier phénomène de produire au lieu de
graines, des petits bulbilles aériens qui servent à sa reproduction et qu'on peut aussi confire comme les petits
Oignons.

C i b o u l e ou A i l f i s t u l e u x (fig. 189) et son
diminutif la C i b o u l e t t e (fig. 190), sont deux alliacées

Fig. 189. — Ciboule.　　　　Fig. 190. — Ciboulette.

vivaces à feuilles creuses et à bulbes allongés.

De la première, on emploie les feuilles jeunes au printemps, et en hiver on se sert des bulbes et des feuilles
sous le nom d'*Oignon vivace* ou *perpétuel*. La multiplication se fait par division de touffes et par graines. La C.
commune est celle qu'on cultive le plus généralement parce
qu'elle est plus rustique quoique moins fine que la C.
blanche.

La *Ciboulette, Civette* ou petite Ciboule (fig. 169), ne
produit que des feuilles, pas de bulbes ni des graines. Elle
forme de belles bordures très résistantes et produit un condiment délicat pour la salade et pour les omelettes.

L'*Oignon Perle* (fig. 191), appartient plutôt au genre ail,
puisqu'il a des feuilles rubanées et non creuses ou fistu-

leuses. Il n'est en effet qu'une transformation du Poireau ordinaire, obtenue par les bulbilles que cette plante émet

Fig. 191. — Oignon ou Ail Perle.

au pied lorsqu'on l'empêche de produire des graines.

En effet, les jeunes poireaux plantés au printemps, et

Fig. 192. — Porrrau perpétuel.

dont on coupe les tiges florales aussitôt qu'elles se montrent, produisent en terre des bulbilles. Levés de terre fin

juillet et replantés immédiatement, ils se multiplient avec
une abondance telle, que l'année suivante, en juillet, la
terre en est envahie. C'est le moment de les récolter ; on
met la provision au vinaigre comme pour les Oignons
blancs et on replante de suite les bulbilles qui restent. La
fig. 191 reproduit un groupe de ces bulbilles de toute
taille ; c'est un produit très intéressant et vraiment trop
peu connu.

A l'automne ils ont déjà formé de grandes touffes qu'on
peut utiliser au printemps jusque fin mai comme le P.
ordinaire. C'est ce qu'on nomme habituellement *P. perpétuel* (fig. 192).

Endive.

Origine.

L'Endive, ou Chicorée-Endive existe à l'état spontané
dans toute la région méditerranéenne et dans les îles de
la méditerranée.

Elle appartient au genre Chicorée : (*Cichorium Endivia*).
On l'appelle *Endive*, pour la distinguer des autres chico-

Fig. 193. — Endive Scarole ronde verte.

rées, qui sont toutes les variétés de *C. Intibus* et n'ont
rien de commun avec la Chicorée-Endive. On en cultive
deux races bien distinctes, celles à larges feuilles, appelée
E. Scarole et celle à feuilles déchiquetées qu'on désigne
sous la dénomination d'*E. frisée*. Chacune de ces races
compte plusieurs variétés, parmi lesquelles nous recommandons tout particulièrement les suivantes : *E. Scarole
ronde verte* (fig. 193) et *E. Scarole à larges feuilles blon-*

de (fig. 194), l'*E. frisée impériale*, *E. d'Italie*, *E. frisée fine de Louviers* (fig. 195), *E. frisée Pancalière*, *E. fri-*

Fig. 194. — Endive Scarole blonde à larges feuilles.

sée de Ruffec ou *Béglaise* (fig. 199), *E. frisée verte de Meaux*. Ajoutons-y l'*E. toujours blanche*, à feuilles forte-

Fig. 195. — Endive frisée de Louviers.

ment frisées, qu'on appelle *Endivette* dans certaines loca-lités de la Belgique.

L'*E. Reine d'hiver*, intermédiaire entre les *E. frisées* et les *E. Scaroles* est une bonne variété d'automne et d'hiver.

Le premier semis d'Endive ne peut pas se faire avant le 15 avril ; semées plus tôt, lorsque la température est

Fig. 196. — Endive frisée Reine d'hiver.

encore froide, les plantes se développeraient faiblement et lentement et aux premiers beaux jours monteraient en graines.

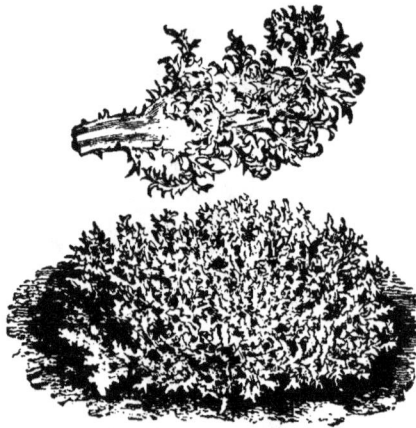

Fig. 197. — Endive frisée d'été (race d'Anjou).

Il faut en tout temps semer des graines fraîches d'Endives, surtout pour le premier semis et on outre, choisir l'*E. Scarole verte*, l'*E. Scarole blonde* et l'*E. frisée fine* race d'Anjou. Les autres ne conviennent que pour le semis d'été.

L'*Endive Reine d'hiver* (fig. 196) tient des *E. Scaroles* et des *E. frisées.* Ses feuilles extérieures sont amples et entières, tandis que celles du centre sont assez finement découpées. C'est une bonne variété tardive.

Fig. 198. — Endive frisée impériale.

Dans le but d'éviter la montée prématurée en graines, le semis d'avril se fait toujours sur place. L'Endive deman-

Fig. 199. — Endive frisée de Ruffec.

de un terrain très fertile, bien fumé à la surface et frais ; les arrosements lui sont indispensables. On sème successivement en mai, juin et juillet, les variétés *E. Scarole verte et blonde, frisée fine de Louviers* et *verte de Meaux,* dont

13

la sous-variété appelée *E. frisée Pancalière* (fig. 200), est un

Fig. 200. — Endive frisée grosse Pancalière.

produit amélioré. Elle présente un gros bouquet de feuilles tellement serrées, qu'elles blanchissent en partie naturelle-

Fig. 201. — Endive frisée fine corne de cerf.

ment ; les côtes sont légèrement teintées de rose. Elle est

parmi les E. frisées la meilleure pour conserver ; sa rusticité est grande et elle résiste à la pourriture.

L'*Endive de Louviers* est la plus fine et elle est très pleine. La variété appelée *E. Corne de cerf* ou de *Rouen*, est à divisions de feuilles moins fines, mais elle est à recommander pour sa rusticité qui permet d'en continuer longtemps la récolte à l'arrière saison. Dans le nord de la France elle est très répandue sous le nom de *Perruque à Mathieu*. En tout temps, on veille à ce que les graines lèvent vite, que les plantes se développent promptement et boudent le moins possible après la transplantation, afin d'éviter la montée en graines qui survient toujours après un arrêt de végétation.

En repiquant les plants d'Endives déjà grandes il est bon de rogner les feuilles à moitié de leur longueur.

La culture de l'Endive se prê'e parfaitement à l'utilisation des terrains qui deviennent libres jusqu'à la fin du mois d'août. On peut même les entre-planter et les contre-planter.

Blanchiment.

Aussitôt que les plantes d'Endives commencent à se remplir, à être bien fournies de feuilles, on les lie pour les

Fig. 202. — Endive liée.

faire blanchir. Par un temps sec et quand la rosée est ressuyée, on relève les feuilles extérieures et on les entoure *d'un seul lien* pas trop serré et placé vers le haut de la plante (fig. 202) ; on incline légèrement les plantes pendant cette opération. Les Endives entourées de liens de bas en haut, ficelées comme un boudin, pourrissent facilement ou, ne pouvant produire de nouvelles feuilles au centre, elles ne se remplissent pas et sont très portées à monter En été, quand il fait très chaud, les Endives blanchissent en moins de quinze jours ; elles mettent au contraire 3 à 4 semaines à l'automne. Il ne faut donc pas trop en lier à la fois et il importe de reconnaître à quelque signe extérieur celles qu'on a fermées les premières, les deuxièmes et ainsi de suite, en se servant successivement, par exemple, de paille d'avoine, d'écorce d'osiers, de joncs, etc. S'il était nécessaire d'arroser des Endives liées, ce qui arrive parfois pendant les temps secs, il faudrait le faire au goulot pour éviter de jeter l'eau dans le cœur de la plante.

Les Endives des dernières plantations n'atteignent pas toujours avant l'hiver assez de développement pour qu'on les lie. Certaines variétés sont tellement fines et crépues qu'elles forment une pelotte, qu'il serait impossible et qu'il est d'ailleurs presqu'inutile de serrer dans un lien pour les faire blanchir. Dans ces cas, si on désire les blanchir sur place, on peut procéder de la manière suivante :

On couvre successivement les petites plantes d'une feuille de Chou, de Rhubarbe ou de toute autre feuille d'ampleur suffisante ; on la charge d'une petite couche de terre émiettée qui fait ressembler l'abri à une taupinière. Après quelques jours, les Endives se trouvent transformées en belles rosaces d'une couleur jaune beurre. On peut en tout temps, appliquer ce procédé au blanchiment de l'Endive *frisée d'Italie* ou à la variété *frisée de Louviers* qu'il n'est pas facile de lier. En couvrant de fines cendres de houille, on peut blanchir et conserver assez longtemps pendant l'hiver, les petites touffes d'Endives qui restent au jardin à l'automne.

On peut encore blanchir les Endives, sous des pots à fleurs qu'on couvre de terre pour éviter l'action du soleil qui les ferait cuire sur place.

Les larves du Hanneton sont très friandes de cette plante. On exploite même la prédilection que ces terribles ravageurs montrent pour ce légume, pour en faire un piège économique. Plantés aux abords des arbres fruitiers et des rosiers et entre les Fraisiers, les pieds d'Endives préservent les autres plantations ; les larves en s'attaquant aux Endives, trahissent leur présence sous terre et il devient facile de les rechercher et de les détruire.

Conservation.

A l'automne, on enlève avec une légère motte de terre les Endives liées ; on les place les unes contre les autres dans une cave ou tout autre local sec et à l'abri de la gelée, soit dans une bâche, sous les tablettes de l'orangerie ou dans une simple tranchée. Les plantes qui ne seraient pas liées peuvent se placer dans des conditions identiques, racines en l'air, sur une mince couche de fines cendres de houille, où on les laissera blanchir. Les dernières Endives de la saison peuvent être conservées longtemps sous un lit de feuilles sèches. Par ces procédés, on pourvoit la table d'Endives jusqu'à la fin de décembre.

Les Endives ne sont pas seulement une bonne salade, mais aussi un excellent légume à cuire et préparer les potages.

Porte-graines.

Pour récolter de la bonne graine d'Endive, il faut hiverner avec grand soin quelques plantes parmi les dernières venues ou bien faire un semis sur couche en janvier-février et planter au printemps à 30 c. de distance en tous sens. Lorsque la tige florale a 40 c. de longueur, on en pince l'extrémité, afin de provoquer la sortie des rameaux latéraux et d'obtenir une maturité plus égale de la graine. On coupe les rameaux au fur et à mesure de la maturité de la graine car celle-ci tombe facilement et est très recherchée par certains oiseaux.

Épinard.

Origine.

Paraît être originaire de Perse où il est cultivé depuis deux mille ans.

Il n'est aucune plante potagère à laquelle on prétende

avoir trouvé plus de succédanées que l'Epinard. Les ouvrages fourmillent d'indications de plantes pouvant s'employer en guise d'Epinards, mais un grand nombre d'entre elles ne mérite guère notre attention.

Fig. 203. — Epinard d'été oreille d'éléphant.

On en distingue deux races : les *E. d'été* et les *E. d'hiver*. Les premiers sont à graines piquantes et proviennent directement du type sauvage d'où le nom d'*Epinard* (Spinacea) ; les seconds, à graines rondes, sont issus de l'au-

Fig. 204. — Epinard d'Angleterre.

tre, à preuve que les graines, quoique rondes, portent encore certaines petites protubérances, derniers vestiges des épines disparues. Les variétés d'été ont les feuilles entières, cloquées, très étoffées et épaisses ; elles supportent un peu de chaleur sans monter en graines. Celles d'hiver ont les feuilles en fer de flèche, sont moins larges, d'un vert foncé ; elles résistent assez bien au froid, mais les chaleurs les font jaunir et monter prématurément en graines.

Parmi les variétés de la première race, nous cultivons l'*E. de Hollande* ou *à feuilles de Laitue* (fig. 205), dont il existe plusieurs sous-variétés, telles que *l'E. monstrueux de Viroflay*, et *E. oreille d'Eléphant* (fig. 203) dont les feuilles sont grandes, larges, très épaisses, charnues et d'un vert foncé, et, parmi celles de la seconde l'*E. d'Angleterre* (fig. 204).

Le premier semis se fait vers le 15 février, en plein jardin, si on a pu conserver les *E. d'hiver* ; dans le cas

Fig. 205. — Epinard de Hollande.

contraire, afin d'activer la production, on sème sur côtière. On peut, au printemps, éparpiller irrégulièrement quelques graines d'Epinards entre les Choux rouges et les Choux verts hâtifs, ou bien semer un rayon régulièrement entre chaque rangée de Choux. Dans les cultures mixtes, c'est-à-dire chez les fermiers maraîchers qui mènent de front l'agriculture, la culture maraîchère et la laiterie, il peut être profitable de semer à cette époque des Epinards et des Panais sur le même terrain ; un mélange d'Epinards et de scorsonères s'accorde également bien ; ces produits se succéderont sans se déranger les uns les autres. Vers la mi-mars, on sème une bonne quantité d'*E. d'été*, ce semis devant fournir un produit abondant fin avril et mai. On ne sèmera après avril que pour autant qu'on dispose d'un endroit frais. Dans les jardins secs et sablonneux, ce semis, d'ordinaire, ne fournit pas grand résultat, à moins qu'on n'ait semé dru à la volée et qu'on ne récolte toutes les plantes quand elles sont petites, ce qui leur laisse guère le temps de monter en graines. D'ailleurs, on aurait grand tort de se mettre en peine pour l'obtention des Epinards à cette époque, puisque la Tetragone, l'Arroche et la Bette blonde à grosses côtes, les remplacent si bien. Quand les grandes chaleurs sont passées, on reprend les semis d'Epinard. Fin juillet, on fait un semis en plein jardin pour la récolte automnale; on en fait un autre fin août ; celui-ci fournira une récolte d'hiver si le temps est doux ou si on abrite les jeunes plantes sous les ramilles ou quelques branches de sapin ; toutefois, la principale production a lieu dès les premiers beaux jours. Au mois d'août, il faut semer beaucoup d'Epinards, parce qu'on a suffisamment de place à sa disposition ; ce semis marche du reste concurremment avec les travaux de fumure automnale et de mise en billon. De plus, on se ménage une précieuse ressource en hiver et au printemps, où l'on a toujours pénurie de légumes frais. A toute époque on peut y entresemer des petits Radis.

Les soins de culture consistent dans l'éclaircissage qui se fait en cueillant pour la consommation dès que 3 à 4 feuilles se sont développées ; on cueille des plants sur le rang et on enlève totalement une ligne sur deux ; ces jeunes plants fournissent la plus délicate partie de la récolte. On éclaircit ainsi jusqu'à trois reprises ; lorsque les plantes sont distancées de 20 c. dans les rangs, on procède par effeuillement jusqu'à ce qu'il ne reste plus de feuilles. Lorsque le temps est sec, on est largement récompensé de ses peines en arrosant les Epinards. Si leur végétation trop grêle fait soupçonner qu'ils manquent de nourriture, on se hâte d'ouvrir de petites rigoles entre les lignes et on les remplit d'engrais liquide. Il serait bon d'ailleurs d'observer ce que nous avons recommandé jusqu'ici pour tous les semis de plantes herbacées dont les racines ne plongent pas profondément dans la terre, notamment de bien détremper la terre la veille des semailles au moyen d'engrais liquide avant de la dégrossir. Une légère fumure au nitrate de soude (25 grammes par m²) favorise beaucoup la production d'un feuillage ample, abondant et d'un vert foncé.

Le prix des feuilles d'Epinard est d'environ 15 à 20 frs. le % kil. en automne et de 30 à 40 frs. en hiver. On évalue à 100 kil. de feuilles, le produit d'un are. Les commissionnaires qui achètent les Epinards par grandes quantités, les font cuire et les revendent ainsi sous le poids réduit de 1 kil. à 650 gr., aux marchands de comestibles à 40 centimes le kil. Les maraîchers du nord de Gand, font de grandes cultures d'Epinard d'hiver qui sont d'un grand rapport au printemps.

L'Epinard est parfois atteint par une moisissure noirâtre qui se fixe à la page supérieure des feuilles et à tôt fait de réduire la plante en fumier : c'est l'*Heterosporium variable*.

Porte-graines.

Les *E. d'hiver* semés au mois d'août montent en graines en avril-mai. On laisse intactes, c'est-à-dire sans les éplucher, une petite partie de plantes dont la moitié, à peu près, produira des graines ; les autres (les pieds mâles) ne portent que des châtons stériles qui jaunissent après la fécondation ; on les arrache en partie dès que se montrent les châtons stériles ; le restant se supprime quand on s'aperçoit que les groupes de graines naissant à l'aisselle des feuilles des plantes femelles, commencent à grossir. Comme l'Epinard ne perd pas facilement ses graines, il faut profiter de cette propriété pour la laisser mûrir complètement sur pied avant d'arracher les plantes.

En semant en février la variété d'été, on en obtient d'assez bonnes graines ; on a recours à ce procédé même pour l'*E. d'hiver*, dans le cas où l'on ne serait pas parvenu à en hiverner.

Fève de marais.

Origine.

La culture de la Fève est préhistorique en Europe, en Egypte et en Arabie. D'aucuns la croient originaire de la

Mer Caspienne et cultivée depuis plus de 4000 ans.

On a donné à cette plante le nom de *F. de Marais*, *F. maraîchère*, pour distinguer les variétés de jardin, de celle qui se cultive comme fourrage.

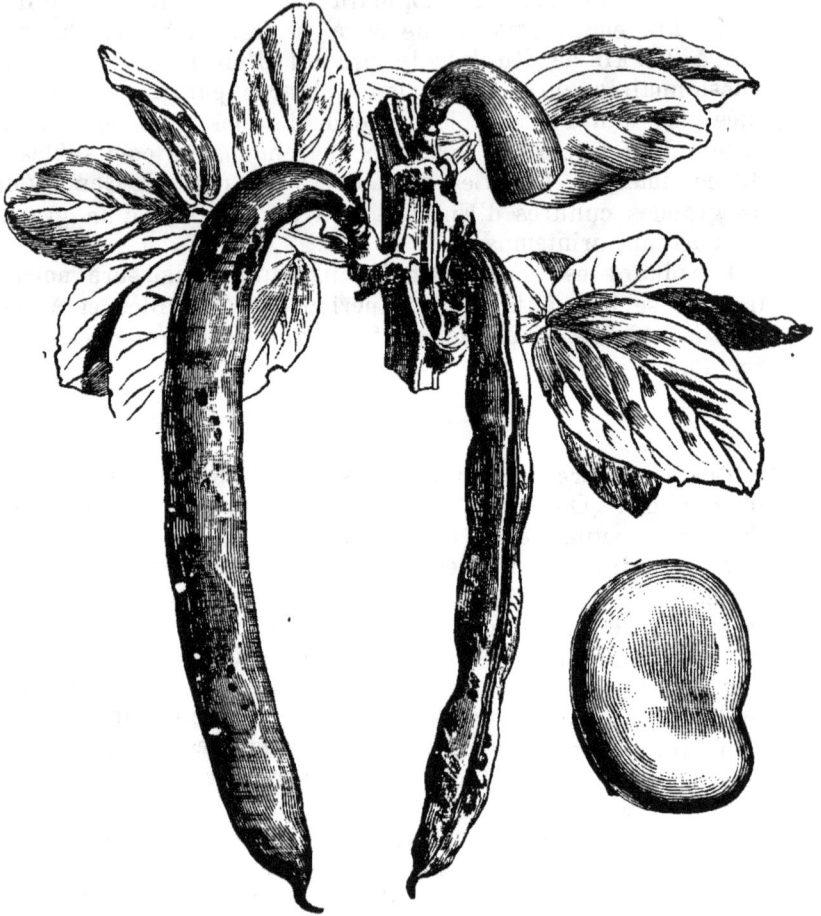

Fig. 206. — Fève d'Aguadulce.

On en connaît un grand nombre de variétés ; nous recommandons en première ligne la culture des suivantes : *F. naine hâtive verte de Beck*, *F. d'Aguadulce* (fig. 206), *de Séville* (fig. 207), la *F. verte de Windsor* et la *F. Julienne verte* (fig. 208).

La première variété est recherchée pour la culture de primeur sur côtière où l'on peut l'abriter facilement à cause de sa taille naine ; elle ne nuit pas aux espaliers qui longent les murs; elle acquiert promptement son plein développement, donne son produit de bonne heure et échappe ainsi aux attaques du puceron noir. On sème au commencement de février, de préférence des graines de 2 ans, qu'on dispose par trois dans de petits pots remplis de bon terreau peu tassé.

Fig. 207. — Fève de Séville.

Dès qu'elles ont levé, on les habitue peu à peu à l'air et, avant que leurs premières feuilles ne s'étalent, on met les plantes à demeure sans déranger leurs racines ; on les plante à 40 c. entre les rangées et on espace les touffes entr'elles de 30 c. De toutes les Fèves à petites graines elle convient le mieux pour les conserves. Au même moment, on fait un semis en pleine terre de la *F. d'Aguadul-ce*, variété demi-hâtive dont les gousses atteignent jusqu'à 30 c. de longueur.

On fait un second semis de cette variété quinze jours plus tard pour obtenir une récolte échelonnée ; en même temps, on peut semer la *F. de Windsor*, dont nous ne recommandons la culture que pour autant qu'on dispose d'un terrain gras, un peu argileux et frais et qu'on consomme

Fig. 208. — Fève Julienne verte.

les graines fraîches, écossées. Cette variété a des tiges plus fortes et plus feuillues ; elle exige entre les lignes un espace de 50 c. ; les graines se sèment à une distance et à profondeur de 10 c. sur les lignes.

Les variétés dont le grain reste vert après maturité, sont toujours les plus recherchées. Les Fèves exigent un terrain frais très fertile ; elles ne réussissent bien que dans les sols argileux et calcaires. Les cendres constituent un bon engrais pour ces plantes, ainsi que la suie et le plâ-

tre. La *F. Julienne verte*, est moins difficile et produit
plus que les autres variétés. Les cosses sont petites, dressées courtes et renferment des grains de grosseur moyenne
mais très corsés et de bonne qualité. On peut faire dans
les fèves des entre-cultures de plantes racines, Carottes,
Panais, Chicorées ou y contreplanter des Choux ; leurs tiges donnent peu d'ombrage et leur durée est très courte. On
ne fait des entre-semis que lorsque les plantes ont 10 c. de
hauteur; à ce moment où on leur donne un dernier serfouissage qui sert en même temps à enterrer les graines qu'on
entre-sème.

En Angleterre on sème souvent la Fève sur le même terrain où se plantent les pommes de terre, qui se trouvent
espacées sur des lignes de 1 m. de distance entre lesquelles on repique une rangée de plants de Fèves. En France
les petits cultivateurs sèment parfois une Fève dans le même trou où ils plantent un tubercule de Pomme de terre.

A l'époque de la floraison, on pince la tête des tiges et,
si le puceron noir, qui se montre d'abord en cet endroit,
fait son apparition, il sera nécessaires d'opérer immédiatement le pincement et d'enterrer les bouts qu'on aura rognés. On remarque que la sécheresse amène toujours ce
fléau ; les arrosements ne doivent donc pas être négligés.

On coupe parfois jusqu'à ras de terre les tiges de Fèves
au moment où elles vont fleurir, pour les forcer à repousser et obtenir ainsi une récolte retardée.

Le produit de cette plante ne se borne pas aux graines
seulement. On peut tirer parti de ses jeunes cosses qui,
chez toutes les variétés, sont mange-tout, c'est-à-dire dépour-
vues, à l'intérieur, de ce feuillet de parchemin qu'on rencontre chez certaines variétés de Pois et de Haricots. Ces
jeunes gousses, coupées en petits morceaux de 5 à 10 millimètres de longueur, cuits et assaisonnées à la Sariette, au
Persil et à la Ciboulette hachés fins, sont un légume délicieux. Ajoutons que, consommé de cette manière, le produit est plus considérable, les Fèves ne contenant souvent
dans leurs cosses épaisses et charnues que 3 ou 4 grains.

Ce légume se cueille ainsi plus tôt en saison, puisqu'il
ne faut pas attendre la formation des graines pour le consommer.

Porte-graines

On laisse mûrir les premières gousses et les mieux formées ; quand elles sont noires, on cueille, on fait un choix
de celles qui contiennent le plus de grains et on conserve
ceux-ci en les laissant renfermés dans les gousses.

Quelquefois les Fèves mûres sont trouées par les
bruches ; on ne peut semer, sans crainte de les voir manquer, que celles dont le germe n'a pas été perforé.

Fraisier.

Origine.

Les Fraisiers cultivés sont issus de différents types, dont
les uns sont indigènes, les autres appartiennent aux régions
tempérées de l'Amérique. Leur introduction dans les jardins, date du 15e siècle. Elles occupent une place importante dans le jardin fruitier et au potager, où elles constituent le trait d'union entre les fruits et les légumes. On
en cultive de nombreuses variétés et, chaque année, il en
surgit de nouvelles qui peuvent parfois utilement remplacer les anciennes variétés sujettes à dégénérer au bout de
quelques années.

Nous engageons les amateurs à soumettre les nouveautés
à l'essai, en faisant l'acquisition d'un petit nombre de plantes et de ne les admettre définitivement dans leurs cultures
qu'après avoir pu juger de leur valeur.

Les variétés qui ne répondent pas à l'attente ne sont
pas toujours défectueuses. Tel Fraisier vient bien dans un
terrain, qui ne donne que de médiocres résultats dans d'autres sols.

Il existe 3 classes bien distinctes de Fraisiers : 1o les
Fraisiers à gros fruits, 2o les Fraisiers remontants, 3o les
Fraisiers des Alpes dits Perpétuels ou des 4 saisons.

Choix des variétés.

Le choix des meilleurs Fraisiers est chose difficile à cause de l'influence qu'excercent les divers terrains et par suite
des nombreuses variétés existantes.

Celles que nous recommandons dans les différentes catégories nous ont donné de bons résultats dans nos terrains légers, où parfois les plantes ont beaucoup à souffrir de la sécheresse. Nous pouvons donc garantir qu'elles donneront satisfaction générale partout.

1° Fraisiers à gros fruits.

A. — *Variétés de 1re saison.*

Laxton's nr **1**	Marguerite
May Queen.	Reine Marie Henriette.
Vicsse Hericart de Thury.	Noble.
Louis Vilmorin.	Délicatesse.
Ed. Lefort.	Princesse Clementine.
The Laxton.	Royal Sovereign.

B. — *Variétés de 2e saison.*

Competitor.	Dr Morère.
Barne's large White.	Comet.
Général Chanzy.	Sir Harry.
Premier.	Jubilée.
Napoléon III.	Monarch.
Triomphe de Gand.	Wonderful.
Sir Joseph Paxton.	Consum.
The Czar.	Sensation.
La France.	Espoir.
Madame Moutot.	Général Négrier.

C. — *Variétés de 3e saison.*

Maréchal Mac-Mahon.	Duc de Malakoff.
Monseigneur Fournier.	Président.
Jucunda.	Souvenir de Mme Struelens.
Commandant Marchand.	Albert von Sachsen.
Princesse Dagmar.	Veitch's Perfection.
Sir Ch. Napier.	

D. — *Variétés à très gros fruits.*

Ces variétés n'ont d'autre mérite que leur gros volume ; ce sont les Fraises de parade dont seuls les premiers fruits atteignent un gros volume. Ces variétés sont peu fertiles.

Prof. Pynaert.	Surprise.
Dr Nicaise.	Prof. Fr. Burvenich.

E. — *Caprons ou Hautbois.*

(Chiliens à fruits musqués).

Capron ordinaire.   Belle bordelaise.

2° Fraisiers à gros fruits remontants.

Cette nouvelle race produit à la saison ordinaire sur les vieilles plantes et à l'automne (d'août à octobre) sur les stolons de l'année.

S¹-Joseph.	S¹-Antoine de Padoue.
La Perle.	La Productive.
Louis Gauthier.	Prof. Battanchon.
Jeanne d'Arc.	S¹-Fiacre.

3° Fraisiers des Alpes (Perpétuels).

(à petits fruits).

Triomphe de Hollande.	Rouge améliorée.
Belle de Meaux.	Blanche améliorée.
La généreuse.	Rouge de Gaillon *sans filets.*
Mˡˡᵉ Marie De Volder.	Blanche de Gaillon *sans filets.*

Semis.

Quand on vise à l'obtention de nouvelles variétés, on fait des semis.

A cet effet, on choisit les plus beaux fruits d'une ou de plusieurs variétés ; on les presse dans un linge et on les met sécher pour les débarrasser ensuite du restant de marc en les frottant dans les mains. On sème immédiatement en terre tamisée en pots, en terrines ou en petites caisses en bois de 7 c. de profondeur.

Quand les jeunes plants ont 2 à 3 feuilles, on les repique à 5 c. de distance en terrines ou en petites caisses ; on les hiverne à couvert et, au printemps, on les plante sur une bande terrautée, à 25 c. de distance en tous sens.

Au printemps qui suit, les Fraisiers à gros fruits de semis donnent une 1ᵉʳ production, mais on ne peut juger de leur véritable mérite qu'à la 2ᵉ fructification.

Fig. 209. — Fraise Comet.

Fig. 210.   Fraise Jucunda.

Fig. 211. — Fraise Sir Jos. Paxton.

Fig. 212. — Vicomtesse
Héricart de Thury.

Fig. 213. Fraise May Queen.

Fig. 214. — Fraise Royal Sovereign.

Fig. 215. — Fraise Professeur Fréd. Burvenich.

Fig. 216. — Fraise Madame Struelens.

Fig. 217. — Fraise Princesse Dagmar.

Fig. 218. — Fraise Veitch's perfection.

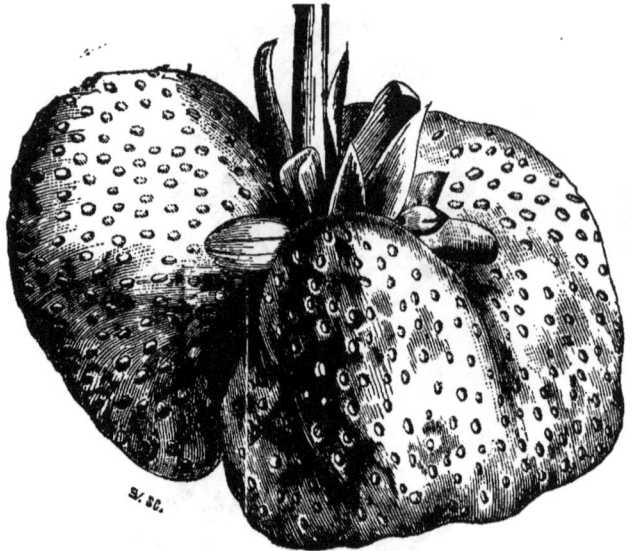

Fig. 219. — Fraise Professeur Pynaert.

Fig. 220. — Fraise Sensation.

Multiplication par coulants.

Lorsqu'on désire multiplier une variété, ou obtenir le plant nécessaire au renouvellement de la plantation, on se sert des stolons que les Fraisiers produisent en abondance. Le plus souvent on prend *les premiers stolons venus et tels qu'ils sont venus* ; ce procédé défectueux, est une des causes principales de la dégénérescence rapide des bonnes variétés. Nous conseillons d'enlever minutieusement tous les stolons qui se produisent pendant la fructification. Aussitôt la cueillette finie, on fait la toilette des plantes en enlevant les feuilles mortes, les hampes à fruit desséchées, on remue le terrain à la fourche et on arrose d'engrais liquide et, dans les terrains forts, on met une couche de terreau ou de fumier de tourbe. A partir de ce moment, de nombreux filets ou coulants partent et produisent de petites plantes qui fixent facilement leurs racines dans la terre ameublie. Lorsque un grand nombre de replants n'est pas nécessaire on arrête le coulant au 1ʳ nœud, sinon il continue ses pérégrinations et forme, en s'allongeant, de

Fig. 221. — Stolons de Fraisier marcotté.

nombreuses plantes d'une vigueur décroissante et qui, de plus, s'étouffent et s'affament mutuellement.

En ne laissant qu'un, deux ou, tout au plus, trois stolons à chaque filet, on se ménagera des plants bien plus vigoureux. Si on entretient les arrosements et si on couvre d'une poignée de terre les jeunes plantes dont les racines ne pénètrent pas assez profondément dans le sol, on obtiendra des plantes qui, mises en place en août-septembre donneront une assez belle production au printemps suivant. Les jeunes touffes de Fraisiers produisent les stolons les plus vigoureux et ceux-ci apparaissent plus tôt que sur les anciennes plantes en pleine production. Dans nos cultures, où le Fraisier est traité pour la production en grand en vue de la fourniture du plant de commerce, les stolons des variétés nouvelles et des espèces les plus demandées, sont arrêtés dans de petits pots remplis de terreau, enterrés dans les carrés de Fraisiers (fig. 221) et livrés en motte.

Par ce mode de multiplication on parvient à faire du plant qui fructifie dès la 1er année de plantation. Nous appelons sur ce procédé l'attention des amateurs et des jardiniers (voir plus loin, *Culture forcée*).

Pour reproduire une variété avec toutes ses qualités individuelles, ou même pour l'améliorer il faut marquer quelques touffes des plus fertiles et qui donnent les plus beaux fruits et ne prendre des stolons que sur ces pieds sélectionnés.

Plantation.

Il convient d'établir la fraisière dans une situation bien aérée et dans un terrain frais sans qu'il soit humide. Dans les jardins clos des villes il ne faut pas essayer cette culture ; on n'y récolterait que des feuilles. Dans les lieux ombragés par les arbres, il n'y a que les *Fraisiers Perpétuels* et le *F. des bois* qui réussissent jusqu'à un certain point.

Quant au terrain, le Fraisier s'accomode surtout des bonnes terres franches ; mais avec de l'engrais et une culture rationnelle, il vient partout où il n'y a pas d'humidité stagnante. On le place en bordure, en planches, sur ados, en carré et en touffe isolée.

On laboure profondément le terrain destiné aux Fraisiers et on fume avec de l'engrais bien décomposé qu'on enfouit à la houe, à 10 c. de profondeur. On plante de préférence fin août ou en septembre, quand les grandes chaleurs sont passées. On peut aussi planter au printemps, sans autre inconvénient que celui de n'avoir guère de fruits la première année ; dans tous les cas, immédiatement après la plantation, il faut pailler le sol ; le fumier de tourbe en couverture est très avantageux. Après l'hiver on doit raffermir avec le pied la terre autour des jeunes plantes, parce que la gelée soulève toujours plus ou moins le sol et le rend caverneux ce qui est nuisible aux jeunes fraisiers.

Plantation en planches.

On fait des planches de largeur ordinaire et on y trace trois lignes espacées de 40 c. sur lesquelles on indique des places à la même distance. Au moyen de la truelle à planter, on installe à chaque marque un stolon enlevé avec motte, si on a du plant préparé ; si les stolons sont venus au hasard, on les plante avec le plantoir à piquet ou avec la bêche. On n'enterre pas les plants au-delà du point d'insertion des feuilles, on serre bien la terre autour de la plante, on donne un bon bassinage et on ombrage au moyen de quelques branches feuillues si le soleil dardait très fort. Comme pour toute plantation qui se fait au potager, on repique quelques plantes en double, comme réserve, en vue de combler les vides qui peuvent se produire dans les rangs

Pendant l'hiver, ce sera une sage précaution de couvrir toute la planche d'un lit de feuilles ; ce soin est même urgent si on s'y est pris un peu tard pour faire la plantation.

Plantation en carré.

Dans la culture en grand, les maraîchers gantois plantent le Fraisier en lignes distancées de 1.25 m. et à 25 c. sur la ligne.

Dès la première année, ils laissent s'étendre les plantes sans enlever les stolons, quoiqu'il y ait grand profit à en limiter le nombre. Chaque année au printemps, ils éclaircissent le plant de manière à observer une distance de 25 c. en tous sens. En faisant cet éclaircissage, ils arrachent à la serfouette toutes les plantes petites et superflues pour ne laisser que les mieux fixées au sol, qui sont les meilleures. Par suite des nombreux coulants qu'ils laissent produire à leurs Fraisiers, souvent les plantes mères se trouvent épuisées et sont arrachées également au printemps.

Après l'éclaircissage, ils donnent du fumier court et un arrosement de purin ; puis ils vident un petit sentier creux entre chaque plate bande de 1.35 m. et éparpillent la terre extraite sur les planches. Ce chargement est utile pour permettre aux Fraisiers de produire de nouvelles racines au collet.

Lorsqu'ils renouvellent leur plantation, ils s'y prennent de manière à ne pas perdre le terrain, l'année qui suit le renouvellement de leurs carrés à Fraisiers. Au mois de septembre, ils plantent comme nous venons de l'expliquer, sur le terrain qu'ils destinent à la culture des Haricots à rames ; ensuite, au mois d'avril et mai suivants, ils alter-

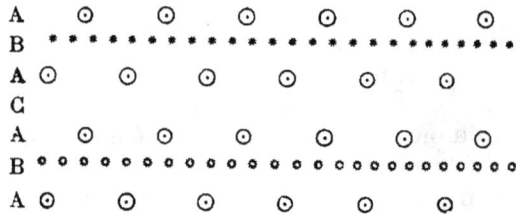

```
A   ⊙      ⊙      ⊙      ⊙      ⊙      ⊙
B  * * * * * * * * * * * * * * * * * * * * * *
A  ⊙      ⊙      ⊙      ⊙      ⊙      ⊙
C
A    ⊙      ⊙      ⊙      ⊙      ⊙      ⊙
B  ° ° ° ° ° ° ° ° ° ° ° ° ° ° ° ° ° ° ° ° ° ° °
A  ⊙      ⊙      ⊙      ⊙      ⊙      ⊙
```

Fig. 222. — Plantation combinée de Fraisiers et de Haricots à rames.

nent leurs lignes de fraisiers, avec des rangées de Haricols. Chaque rang de Fraisiers se trouve entre deux lignes de Haricots ; ces premiers se développent suffisamment pour produire une bonne récolte l'année après. Le plan fig. 222 montre clairement cette combinaison, qui n'est pas sans offrir quelque intérêt : A représente les rangs de Haricots (⊙), B les lignes de Fraisiers (*), C les sentiers.

Plantation en touffe isolée.

Nous n'entendons pas, en mentionnant ce mode de culture, recommander à nouveau d'une manière expresse, de tenir le Fraisier en touffe, au lieu de laisser se propager autour de lui un tissu inextricable de stolons. Il est question ici du Fraisier cultivé seul, en touffes à grande distance, à la manière des buissons de Groseilliers et alternant avec des arbres fruitiers.

On se fait difficilement une idée du développement que peut prendre un Fraisier cultivé en touffe et du grand nombre de beaux et délicieux fruits qu'il produit. Nous recommandons surtout ce système de culture pour les nouveautés et, en général, pour toutes les variétés qu'on veut mettre à l'épreuve. Un amateur de Fraises peut ainsi, sans encombrer son jardin, y planter une nombreuse collection.

Dans les sols trop humides on plantera les Fraisiers sur

planches élevées en ados, à simple pente inclinée vers le sud (voir fig. 14, page 9).

(voir fig. 14, page 9)

Soins de culture.

Comme nous l'avons déjà fait remarquer, la culture du Fraisier laisse presque partout à désirer ; c'est le sort réservé à toutes les plantes accomodantes qui, en dépit de l'abandon le plus complet ou du traitement le plus absurbe, donnent quelque produit.

Noue avons fait connaître, combien il est irrationnel de

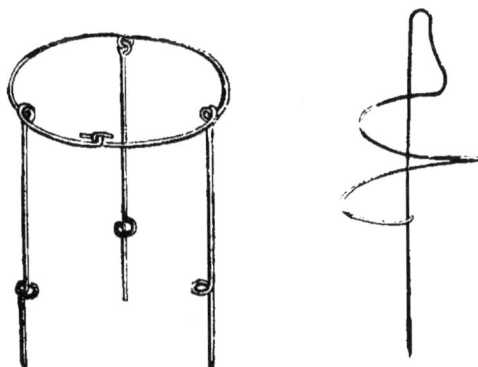

Fig. 223. — Support à Fraises. Fig. 224. — Support à Fraises, hélicoïdal.

laisser tracer les plantes outre mesure. Les stolons, hormis le cas où il faut faire des multiplications, doivent être enlevés comme les pires des mauvaises herbes. Après la fructification, il faut nettoyer les plantes, les serfouir et, par un temps couvert, les arroser d'engrais liquide ; il est trop entré dans les habitudes, quand on a dépouillé les Fraisiers de leurs fruits, de les négliger jusqu'au printemps suivant.

Quand on laisse le Fraisier à l'abandon jusqu'en juillet-août, on se met dans l'obligation de raser tout le feuillage pour remédier quelque peu aux dégâts dûs à l'incurie, au cas contraire, on s'estimera heureux de ne pas devoir user du moyen que les vieux jardiniers pratiquaient et appelaient : « couper le tout *raiz-pied raiz-terre.* »

Soins à donner aux fruits.

Certains amateurs tapissent le sol de mèches de paille ou répandent de la vieille tannée ou de la sciure de bois sous les touffes de Fraisiers pour conserver les fruits propres. D'autres les font reposer sur des fils de fer tendus horizontalement, ou sur des briques, tuiles, etc., soins de minutie qui ne sont pas à dédaigner. Ce qu'il y a de plus parfait en ce genre, ce sont de petits cerceaux en fil de fer de 15 c. de diamètre avec supports de 30 c. (fig. 223).

Ce petit appareil, que le jardinier peut confectionner lui-même, se place au moment de la floraison des fraisiers ; on l'enfonce en terre jusqu'au point d'arrêt des montants

Il préserve les fruits du contact de la terre et des attaques des insectes, limaces, loches, grenouilles et des vers myriapodes, qui remplissent parfois tout l'intérieur des Fraises.

La récolte des fruits et l'enlèvement des coulants se font beaucoup plus rapidement. en même temps qu'on active la maturité.

La cueillette des fraises se fait de préférence de grand matin. Pour les conserver fraîches pendant 2 à 3 jours, on les place en couches minces dans des corbeilles à jour, qu'on place au-dessus d'un vase rempli d'eau. On a observé que le parfum de la fraise augmente quelques heures après la cueillette.

Certains gourmets prétendent qu'il est préférable de les manger avant le repas.

On obtient des fruits parfaits des Fraisiers *Hautbois* ou *Caproniers* (Belle bordelaise, Ananas, Chili orange, etc.), en soutenant les hampes avec de petites ramilles ; ce procédé empêche en outre les dégâts des limaces, particulièrement friandes des Fraises musquées.

On doit arroser copieusement les *F. Hautbois* par les étés chauds, faute de quoi les premiers fruits noués seuls se développent et encore manquent-ils de qualité.

Il importe d'observer aussi, que chez cette catégorie de Fraisiers, il y a des plantes à fleurs qui donnent fruit (fig. 225) et des plantes stériles par avortement (fig. 226). Ces dernières, de beaucoup plus vigoureuses que les autres,

finissent par dominer au point que la récolte devient nulle.
Il faut arracher avec soin ces plantes, qu'on reconnaît à
la floraison : l'endroit de la fleur où devrait se former le fruit
présente un centre noir ; pendant la fructification elles sont
reconnaissables à l'absence de fraises.

Tous les ans, au printemps, on fait la toilette des fraisières et on les rehausse d'un peu de terre qu'on extrait
des sentiers, ou de terreau. Pendant l'hiver, lorsqu'il y a
nécessité de vider les fosses à purin, on répand cet engrais
sur les planches de Fraisiers. Le nettoyage est d'autant
plus utile, que par suite des fruits qui pourrissent sur
place, il se produit, ne le perdons pas de vue, parmi les
Fraisiers des jeunes plants de semis spontanés ; or, ces
derniers, ne sont pas du tout la reproduction exacte des
plantes dont elles proviennent. Ces semis naturels, souvent

Fig. 225. — Fleur fertile.   Fig. 226. — Fleur stérile.

très inférieurs, viennent peu à peu usurper la place
des premiers occupants, de sorte qu'au bout d'un certain
temps, on est très surpris de ne plus reconnaître la variété qu'on a plantée et de ne plus cueillir que des fruits
de peu de valeur. Nous pouvons affirmer que même les vidanges sont souvent le véhicule de graines encore viables
quoiqu'ayant passé par les organes de la digestion.

En ce qui concerne les bordures de Fraisiers, il est recommandable de creuser tous les ans un sillon de chaque
côté de la rangée de Fraisiers, d'y mettre du fumier ou
du compost, de combler les sillons et de combattre l'émission des stolons.

Bien soignées, les plantes de Fraisiers peuvent rester en
place pendant quatre ans et au-delà, mais celles laissées à
l'abandon, sans fumure annuelle, sans arrosements, sans
suppression successive des stolons, sont épuisées après deux
ou trois productions et doivent être renouvelées.

L'ancien carré ne peut être supprimé que lorsque la nou-

velle plantation est en rapport. Le terrain qui est occupé
par les Fraisiers est très effrité, de sorte que les légumes
qui leur succèdent exigent une abondante fumure.

Le Fraisier a pour ennemi le ver blanc ou larve du
hanneton (fig. 227), cet insecte dépose ses œufs de pré-

Fig. 227. — Hanneton insecte parfait, œufs et larve à sa 2ᵉ année.

férence dans les fraisières négligées, tandis qu'on en rencontre beaucoup moins dans celles qui sont tenues proprement et où les plantes sont disposées par touffes séparées.

Les larves du hanneton séjournent dans le sol pendant
3 ans avant d'atteindre leur état parfait et chaque année
elles détruisent de plus en plus.

La plantation d'Endives et de Laitues dans les planches
de Fraisiers préserve ceux-ci, en partie, contre les vers
blancs ; les plants de Laitue et d'Endives qui se fanent,
trahissent la présence des larves. Ils sont aussi très friands
du Gazon d'Espagne (*Armeria maritima*).

La Chenille grise du papillon nocturne (*Agrotis clavis*)
est aussi un ennemi désastreux. Ces larves ne sont pas des
vers d'Elatériens (Coléoptères), mais de véritables chenilles
de Noctuelles (Lépidoptères).

Les feuilles de Fraisiers sont presque toujours atteintes
par les *Sphaerella Fragariae* ou le *Pyllosticta fragarico-
la*, qui y produisent des taches rondes, brunes ou blanchâ-
tres bordées d'un cercle rougeâtre ; ces atteintes paraissent
nuire très peu au développement de la plante.

Fraisiers dits Perpétuels ou des 4 saisons.

Originaire des Alpes, cette section bien distincte des
autres, est improprement nommée *F. perpétuel*. Les plantes

fleurissent en réalité presque tout l'été, mais il n'y a guè-

Fig. 228. — Fraise des 4 saisons la
Généreuse.

Fig. 229. — Fraise des
4 saisons rouge améliorée.

Fig. 230. — Fraise des
4 saisons
Triomphe de Hollande.

re que la fructification automnale qui puisse entrer en
ligne de compte.

Multiplication par séparation ou éclats.

Les variétés à coulants peuvent se multiplier par ces rejetons, tandis que celles qui croissent en touffe sans donner cette progéniture, doivent être multipliées par séparation ou éclats.

Quand on a recours à ce genre de multiplication il faut
couper net le chicot restant de la vieille souche, à ras de
la plante (à 2-3 millimètres de la rosace de feuilles); c'est
au point d'insertion de celles-ci, et non sur la souche même, que les nouvelles racines doivent prendre naissance.
Pour assurer la réussite de ces éclats, il faut abriter le
jeune plant pendant la première huitaine, chaque fois que
se soleil chauffe fort. Il faut bien serrer la terre à l'entour,
pailler et arroser régulièrement.

Puisque les semis donnent toujours de beaux fruits et
que les modes de multiplication artificielle provoquent la
dégénérescence de cette espèce de Fraisiers, il est prudent
de les renouveler tous les trois ans par graines en procédant comme il est expliqué à la page 209.

Déjà vers le milieu de l'été qui suit leur plantation, mais
surtout en automne et jusqu'aux gelées, ces jeunes plantes

Fig. 231. — Fraisiers perpétuels sans coulants.

Fig. 232. — Fraise perpétuelle Belle de Meaux.

produiront de beaux fruits bien supérieurs à ceux des plantes qu'on multiplie de coulants.

Les Fraisiers Perpétuels sans coulants (fig. 231), se prêtent particulièrement aux plantations en bordures.

Fraisiers remontants à gros fruits.

Nous devons faire tout spécialement mention de cette nouvelle série de Fraisiers remontants. C'est à un amateur français M. l'Abbé Thivollet, qu'on doit les premières et les meilleures variétés de cette intéressante série de Frai-

Fig. 233. — Fraise remontante la productive.

siers. La *F. St-Joseph* a ouvert la marche, depuis lors, on a obtenu plusieurs autres, telles que :

Léon XIII, St-Antoine de Padoue, la Productive, la Perle, etc. et tout récemment, *St-Fiacre* (Vilmorin).

Fig. 234. — Fraise remontant St-Joseph.

Fig. 235. — Fraise remontante St-Antoine de Padoue.

On compte encore dans cette série *Bijou*, *Pie IX*, *Cyrano de Bergerac*, ainsi que les variétés *Oregon*, *la Constante féconde*, *Merveille de France*, qui méritent bien la dénomination de F. Remontants, en ce sens qu'ils fructifient aussi une deuxième fois, sur les stolons, après la fructification normale sur la plante principale.

La production automnale de cette catégorie de Fraisiers est surtout remarquable pour la quantité et la grosseur des fruits, lorsqu'on enlève les fleurs qui se présentent à la saison normale.

Le Fraisier St Joseph a donné de beaux résultats par la culture en pots. Il exige peu de chaleur et même moins de lumière que les autres variétés.

L'infusion des feuilles de fraisier constitue un bon succédané du thé de Chine. Il faut choisir des feuilles saines ne portant aucune tache, ni piqûre d'insecte.

Grande culture.

Aux abords des grandes villes, le Fraisier peut donner un produit rémunérateur ; les Fraises supportent difficilement les longs trajets et ne peuvent être réunies en masse sous peine de gâter promptement. Les variétés de Fraises à graines proéminentes telles que la *F. Dr Morère*, supportent généralement mieux le transport que celles dont les graines sont implantées au fond d'alvéoles profondes comme la *F. Marguerite*, *Noble* et autres.

En rase campagne, le Fraisier produit plus abondamment que dans les cultures les plus soignées en situation peu aérée.

Pour cultiver sur une étendue très vaste, il faut des débouchés certains pour ne pas s'exposer à des pertes, mais une exploitation n'excédant pas quelques ares de superficie peut récompenser assez largement le jardinier. Aux environs de Paris il y a plus de deux cents hectares de Fraisiers en culture marchande et il est rare de trouver un cultivateur qui en possède un hectare. D'après ce que feu notre confrère et ami Ch; Baltet rapporte dans son remarquable ouvrage « *La culture fruitière commerciale* », un hectare de Fraisiers rapporte en Bretagne 3150 fr.

15

Il en est tout autrement aux environs de Londres, notamment dans le comté de Kent où le sol est moins favorable à cette plante que le climat lui-même. La culture se fait
sans soins paticuliers et le produit en est très rémunérateur.
Les Fraises y sont expédiées, non seulement au marché de
Londres, mais elles partent par wagons spéciaux et à charge complète, vers les principales villes d'Angleterre.

Les variétés les plus répandues dans ces cultures, sont
*Keen's seedling, Sir Joseph Paxton, Sir Charles Napier,
Late Pine, James Veitch* et *Early Crimson Pine.* On rencontre par-ci par-là *British Queen* et *May Queen,* mais pas
en grande quantité et seulement dans les environs immé-
diats de Londres, parce qu'elles sont les plus recherchées
au marché du *Covent Garden* pour les conserver et qu'on
en obtient les prix les plus élevés.

Sir Joseph Paxton et *Jucunda* sont les variétés qui supportent le plus facilement le transport et résistent le mieux
à un temps humide. La première est la variété la plus
généralement cultivée dans le Kent. On y cultive aussi pour
leur précocité *Comte de Paris* et *Princesse Alice.*

En faisant la cueillette, on met à part les fruits petits,
mal venus ou trop mûrs, que l'on détache sans pédoncule
ni calice pour les envoyer directement aux fabriques de
conserves.

Les fruits destinés au dessert sont cueillis avec leur pédoncule et placés dans de petits paniers, que l'on verse,
aussitôt remplis, dans des *sieves* (sorte de paniers ronds)
pouvant en contenir environ 12 kilos. Par les saisons ordinaires, la cueillette se paie à raison de 50 centimes par
sieve, soit un peu plus de 4 centimes le kil., ce qui constitue un bon gage puisque, par les saisons d'abondance,
une ouvrière habile peut cueillir en un jour jusque environ 400 kilogr. de Fraises.

Pour la vente en détail les Fraises sont présentées dans
des petites boîtes en copeaux de bois de 2 litres, 1 ½ litre
et 1 litre ; on livre contenant et contenu.

Pour donner une idée de l'extension de cette culture dans
un district que nous avons visité, de Swanley à Bexley
Heath, il suffira de dire qu'un cultivateur possède à lui
seul trois cents acres (135 hectares), de Fraisiers en plein
rapport. On nous y a cité le cas d'un autre cultivateur qui

aurait expédié en un jour 14 tonnes (soit 14.000 kilogr.) de Fraises.

Le prix moyen de vente pour le fruit de choix est de 1.85 fr. la livre ou demi kilo. Il arrive que des cultivateurs vendent la récolte sur pied, laissant au marchand le soin de la cueillette. Dans ce cas, le prix de vente est de 18 à 20 livres (440 à 550 francs) par acre, soit 1.000 à 1.100 francs l'hectare.

En Provence les petites fraises sont placées dans des pots en grès de la contenance d'un litre et coiffés d'un cornet de papier résistant.

La plantation se fait en septembre, dans un sol profondément labouré et fumé, en lignes distantes de 75 c. et à 50 c. d'écartement sur les lignes ; on trace en automne un sillon à la charrue entre les lignes, pour faciliter l'écoulement de l'eau : au printemps, on nivelle le sol au moyen de la houe à cheval, puis on les couvre d'une légère couche de litière ou de paille, afin de prévenir l'éclaboussement des fruits par les fortes pluies.

Haricot.

Origine.

Tout porte à croire que c'est de l'Amérique méridionale que nous est venue cette précieuse plante alimentaire.

Elle compte un grand nombre de variétés ; dans les dernières années on a fait de sérieux progrès dans l'amélioration des variétés.

On distingue deux classes de Haricots : les *H. grimpants* ou *à rames*, et les *H. nains* ou en *buisson*. Dans chacune de ces catégories on en trouve dont les cosses ou gousses restent tendres et comestibles jusque vers l'époque de la maturité (*H. mange-tout* ou *sans parchemin*). D'autres ne conservent cette qualité qu'aussi longtemps que les cosses sont très jeunes ; plus tard elles se doublent d'un membrane coriace (*H. à écosser* ou *à parchemin*).

L'état dans lequel ce produit est livré à la consommation varie beaucoup : 1° en cosses fraîches ou conservées (*H. mange-tout*), 2° en aiguilles ou filets (cosses très jeunes du *H. à parchemin*). 3° en grains écossés frais ; 4° en grains secs.

Haricots à rames.

On cultive les variétés suivantes qui fournissent les quatre différents produits : 1º *H. Princesse* et sa sous-variété à petite cosse fine, à grain serré appelé *H. Prédome* ou *Perle* (fig. 236) et une autre sous-variété *H. Princesse sans fils*, 2º *H. Sabre à longue cosse* et sa sous-variété *H. Avantgarde* (fig. 237), 3º *H. Beurre* (fig. 240), 4º *H. à écosser de Soissons*, 5º *H. d'Espagne* (*Phaseolus multiflorus*) (fig. 242).

H. Princesse et H. Sabre.

On sème une première fois ces Haricots vers le 1er avril

Fig. 236. — Haricots à rames Prédome.

dans des pots larges de 7 à 10 c., au nombre de 7 grains pour les premiers et 5 pour les seconds. On fait lever ces graines sur couche ou en serre, et avant que le plant ait formé plus de deux feuilles au-dessus des cotylédons, on le met en place en prenant la précaution de ne pas briser la motte en dépotant. Pour les *H. Sabre*, les *H. Beurre* et les *H. à écosser*, on trace des lignes à 70 c. de distance et pour les *H. Princesse*, on ne les espace que de 60 c. ; on observe le même espacement sur les rangs. L'intervalle en-

Fig. 237. — Haricot à rames Sabre.

tre chaque double rangée sert de sentier pour faire la récolte. Cette première plantation, qui constitue, en quelque sorte, une culture de primeur, se fait sur de petites élévations en abritant les jeunes plantes pendant les nuits froides. Si cette première plantation ne réussit pas, on en est quitte pour sa peine et on resème aux mêmes endroits 6 à

7 grains, pour remplacer les jeunes plantes qui ont péri ou qui semblent ne pas vouloir bien pousser.

Un second semis se fait vers le 15 mai, époque à laquelle la terre est ordinairement assez sèche et assez chaude pour que la germination se fasse sans difficultés et que les jeunes plantes se développent sans bouder. Dans les premiers jours de juin, on fait encore un semis de *H. Princesse*, de la sous-variété dite *Prédome*, qu'on peut laisser monter sur de grandes rames à Pois, au lieu de se servir de perches ou gaules.

Pour le semis en touffe, il existe un instrument très simple, sorte de *plantoir à Haricots* : Une planche épaisse formant un disque de 25 c. de diamètre portant 7 dents de 7 c. de longueur et de 2 ½ c. d'épaisseur surmontée d'une poignée. On imprime des trous dans le sol comme l'indi-

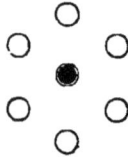

Fig. 238. — Poquets pour semis de haricots à rames.

Fig. 239. — Pose des perches.

que la fig. 238 ; le point central ● est l'endroit où la perche sera enfoncée.

Le premier semis se fera avant la pose des tuteurs, le dernier après cette opération. Cependant il est plus simple, et cela se pratique le plus fréquemment, de placer les perches au moment de faire le semis ; autour de celles-ci le sol doit être bien remué et fumé. On place les perches en double rangée inclinées obliquement l'une vers l'autre et reliées entre'elles par une perche transversale. En plein champ, exposées aux coups de vent, il vaut mieux les placer par faisceaux de quatre. Ces deux dispositions sont indiquées par la fig. 239. Dans les terres compactes, il est bon de mêler à la terre une bonne poignée de cendres de bois avant de semer et de relever un peu de terre en butte surtout pour les premiers semis. Les graines ne sont couvertes qu'à l'épaisseur de 2 c. ; rarement, jamais même, on ne doit s'inquiéter d'une sécheresse trop grande au moment de la germination et du premier développement de la plante, mais plutôt du contraire.

Dès que les Haricots ont formé deux feuilles, on serfouit ou on bine le sol ; lorsqu'ils commencent à dévelop-

Fig. 210. — Haricot à rames beurre blanc, roi des Mange-tout.

per leur tige volubile, on leur donne un léger buttage et il importe d'attacher avec précaution celles qui n'embrassent pas leur soutien ; plus les perches sont grosses, moins volontiers les Haricots y montent. Il est bon de dépouiller celles-ci de leur écorce afin de prolonger leur bonne conservation et de ne pas se laisser accumuler dans les rugosités de l'écorce des spores de cryptogames ou des œufs d'insectes. La maladie de la rouille se communique souvent d'une année à l'autre par les perches en grume.

Les Haricots, ceux à rames surtout, réussissent mieux dans un endroit chaud et à l'abri des grands vents. Une terre légère, sèche, un peu calcaire, assure leur réussite, bien mieux que les terres compactes et grasses ; la production est en outre plus tardive dans ces dernières. Les Haricots n'exigent pas de fumure fraîche, mais n'en tirons pas la conclusion qu'on peut les priver de toute nourriture ; il faut au contraire un sol en bon état de fertilité et surtout

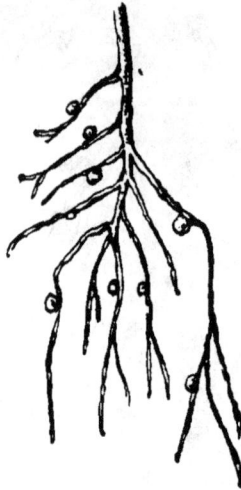

Fig. 241. — Nodosités aux racines des Haricots.

riche en matières minérales ; les Haricots ne craignent que les fumiers pailleux et l'excès de matières purement azotées ; les engrais de volaille et surtout la colombine et les cendres de bois, les scories Thomas leur sont des plus favorables.

Comme toutes les plantes de cette famille (Légumineuses), le Haricot possède la faculté de s'approprier l'azote libre de l'air au moyen des petites nodosités qu'on remarque sur les racines (fig. 241) dans lesquelles vivent les microbes fixateurs de l'azote de l'air (1). De ce qui précède on ne doit pas conclure qu'il ne faut aucun engrais

(1) En 1886 Prof. Hellriegel et son collaborateur Dr Wilfarth, annonçaient leur très importante découverte, que les verrues ou nodules, qui existent sur les racines des légumineuses, sont produites par des bactéries (Bacillus radiciola Rhizobium leguminosarum) et qu'elles sont capables d'absorber et de fixer l'azote atmosphérique.

azoté aux plantes de cette famille. Au début de la végétation, ces plantes ne portent pas encore de nodosités qui
ne sont provoqués que par une végétation vigoureuse des
jeunes plantes.

On peut, par mesure d'économie, fumer la terre pour
chaque touffe séparément.

Fig. 242. — Haricot à rames d'Espagne.

Le H. Beurre, n'est pas assez répandu dans les cultures, surtout là où il faut viser à un grand rapport plutôt qu'à l'extrême finesse du produit. Certes le *H. Beurre blanc roi des mange-tout* (fig. 240), le *H. Beurre à
cosses violettes* (devenant vertes à la cuisson) et le

H. Beurre sans fil de St-Fiacre, ne valent pas, comme finesse, les *H. Princesse* ; cependant leurs gousses de 25 à 30 c., de longueur, sont très bonnes, très tendres et charnues jusqu'à formation complète.

Parmi les *H.* à écosser, nous mentionnerons le *H. de Soissons* donnant de grosses fèves très blanches, très farineuses à peau fine, à utiliser à l'état sec.

Le *H. Prodige* est une variété tardive à gros grain d'un beau vert, très recherché pour être écossé frais.

Le *H. d'Espagne*, se passe de la plupart des conditions qui sont indispensables à la réussite des autres variétés. On peut le semer dès le commencement d'avril, même dans un sol relativement froid et humide. Il résiste bien aux étés pluvieux et donne jusque bien tard en automne. C'est la variété à grain blanc qu'il convient de cultiver au potager. Les jeunes gousses se coupent en lanières comme le *H. Sabre* ; on écosse le grain frais, mais c'est surtout à l'état sec et en purée qu'il est précieux. C'est une espèce très recommandable pour les jardins d'ouvriers et pour les communautés.

On cultive souvent la variété à fleur rouge ou à fleur bicolore et à grain jaspé, pour garnir les berceaux, les tonnelles, etc. ; il faut à ce Haricot un terrain fertile et des soutiens élevés.

En Angleterre, où les variétés de nos jardins réussissent médiocrement, cette espèce est très estimée et arrive au marché sous le nom de *Scarlet Runners*.

Porte-graines.

En cueillant les Haricots à rames pour la consommation, on laisse quelques-unes des plus belles gousses parmi celles situées à la moitié inférieure de la perche. On les cueille à fur et à mesure de la maturité, et on les enfile pour les suspendre dans un endroit sec. Il n'est pas superflu d'éliminer, lors du nettoyage, les plus petits grains.

En marquant les gousses les plus longues et celles contenant le plus de grains on fait une sélection qui conduit en peu de temps à l'amélioration d'une variété. Par cette voie nous sommes arrivés à produire des H. Sabre dont les gousses atteignaient 30 c. de longueur.

Haricots à rames, culivés sans perches.

Dans certaines localités, les rames ou les perches coûtent fort cher, et là où on les place elles sont d'un aspect disgracieux et constituent un matériel encombrant et difficile à remiser en hiver ; on peut les remplacer par de simples cordelettes comme le représente la fig. 243.

Les plantes volubiles montent d'autant plus difficilement

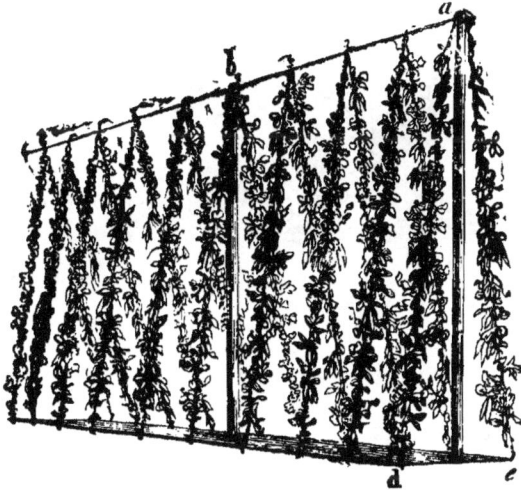

Fig. 243. — Haricots conduits sur fils.

que les supports mis à leur portée, sont plus gros; elles s'enlacent au contraire avec une extrême facilité autour des corps minces.

A l'extrémité de chaque double rangée se place un bon support dépassant le sol de 2.50 m. à 3 m.

Ces supports terminaux sont tenus en position par un arc-boutant ou par un fil de fer fixé en terre, tendu obliquement en tirant en sens inverse des rangées de Haricots.

De distance en distance, à 5 m. environ, on place un support intermédiaire qui consiste soit en une perche ordinaire, soit en une légère barre de fer. On fixe à chaque extrémité, au sommet des supports, un fil de fer, tendu le plus possible, d'après les divers procédés connus. De ce fil de fer, partent de chaque côté des ficelles minces double-fil, ayant moins d'un millimètre d'épaisseur. Elles sont fixées dans le sol à une petite fiche en bois ; on peut même se servir d'écorces d'osiers ou de tout autre lien.

Les Haricots s'enroulent facilement autour de ces frêles appuis, arrivent bien vite en haut et toutes les tiges réunies, forment un cable solide, qui s'attache naturellement au fil de fer transversal.

Une culture établie dans ces conditions, offre un aspect symétrique plutôt ornemental que disgracieux et les plantes jouissent plus librement de l'air et de la lumière.

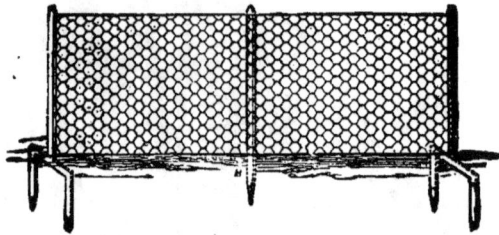

Fig. 244. — Treillis pour Haricots à rames.

Un autre mode de palissage des H. à rames et demi-rames que nous appliquons depuis longtemps mérite d'être imité, surtout dans les petits potagers bourgeois.

On attache à des poteaux en bois ou en fer du treillis ordinaire à grandes mailles, qu'on vend en rouleaux de 1 m. 50 c. à raison de 30 centimes le mètre courant. On sème le long de ce treillis une ligne de haricots dans un petit sillon peu profond. Les sarments s'attachent solidement au treillis et arrivés en haut, ils retombent en produisant des gousses sur les sarments pendants. Depuis 2 ans nous avons apporté à ce mode de palissage une petite modification qui consiste à tendre le treillis à 50 c. du sol; les haricots sont conduits jusqu'au treillage par de petites ramilles ; on gagne ainsi 50 c. en hauteur.

Haricots nains.

Comme haricots nains nous recommandons 1° *H. Prédome* (Princesse) mange-tout à casser, 2° *Sabre hâtif* à cou-

per (fig. 245), 3° *H. Flageolet d'Etampes* (fig. 246) et noir
de Belgique pour aiguilles. Pour grain écossé frais, on donne
la préférence aux *H. Flageolet Merveille de France* et *roi
des verts* ; leur grain fin est très vert même à l'état sec;

Fig. 245. — Haricots nain Sabre hâtif.

les feuilles tombent avant la maturité des gousses ; cette race est hâtive, très productive et à cosses très longues et
droites ; elle se distingue par la nuance franchement
verdâtre que les grains conservent aussi bien après la

Fig. 246. — Haricots Flageolet d'Etampes.

cuisson qu'à l'état sec. Cette particularité présente un
certain intérêt, en raison de l'importance qu'on attache à la couleur verte des haricots dans les préparations
culinaires et surtout pour les conserves.

Pour obtenir des grains secs d'un vert franc et plus intense, il est bon d'arracher les pieds un peu avant la maturité

Fig. 247. — H. noir de Belgique.

Fig. 248. — H. nain jaune long hâtif.

complète et de les laisser sécher à l'ombre (fig. 250), 4°

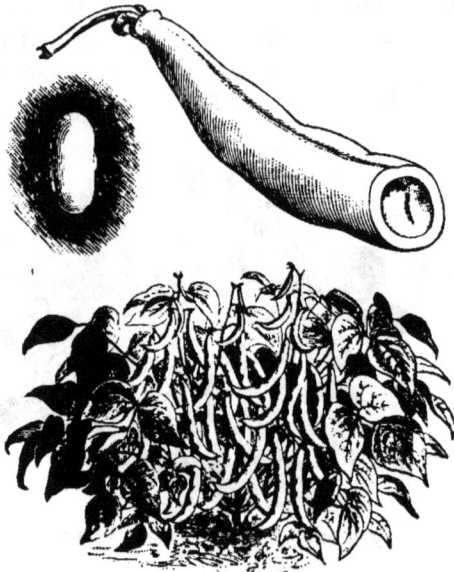

Fig. 249. — Haricot nain roi des Beurre.

H. noir de Belgique (fig. 247) et 5° *H. jaune long hâtif*
comme Haricots à aiguilles. Ce dernier, ainsi que le

H. Flageolet peuvent être découpés aussi en petites l iniè-
res comme le *H. Sabre.* Les *H. de Bagnolet, Suisse blanc,*

Fig. 250. — Haricot à grain vert à sécher.

Shah de Perse à très longues cosses, *Comtesse de Cham-*

Fig. 251. — Haricot Beurre du Mont d'or.

bord (H. riz) et tout paticulièrement *le jaune de Chine*
sont à recommander pour leur grain sec ; à l'état jeune,

cette dernière variété est excellente comme mange-tout en aiguilles.

Dans la série des *H. nains Beurre*, nous devons une mention toute spéciale à une variété du plus haut mérite, le *H. nain roi des Beurre* (fig. 249). C'est la meilleure de toutes les variétés de II. nain mange-tout à cosses jaunes obtenues jusqu'ici.

Elle est trapue, buissonnante, d'une production énorme et soutenue. Ses nombreuses cosses sont tendres et tellement charnues que le grain trouve à peine la place nécessaire pour s'y développer, comme l'indique d'ailleurs la fig. 249.

Ses cosses restent tendres et charnues jusque près de la maturité, et son grain blanc, à peau très fine, est excellent à consommer sec.

On doit citer encore, dans la classe des H. Beurre à cosses épaisses et charnues, le *H. nain du Mont d'or* à grain brun noirâtre et à cosses d'un beau jaune de cire d'une qualité tout à fait supérieure, ainsi que le *H. nain Beurre hâtif* très fertile et à cosses fines et abondantes.

Décidément les *H. Beurre* à cosses couleur de cire sont trop peu connus et trop peu appréciés en Belgique.

La culture hâtée par le semis en pots ou en godets offre une grande importance dans la culture des *H. nains*, parce qu'ils peuvent être placés aisément à une bonne exposition et abrités plus facilement en tout temps. Aussi, dès le mois d'avril, plus tôt même dans les bonnes années, on doit semer de petites potées de *H. jaune long hâtif* ou de préférence le *H. noir hâtif*, à raison de 4 à 5 grains par pot. On les plante sur côtière au midi, à 35 c., en tous sens ; la nuit, on les abrite de paillassons ou de branches de sapin et, si le mauvais temps, des giboulées ou de fortes pluies survenaient, il serait bon de les couvrir de châssis.

Le semis principal se fait vers le commencement de mai et successivement à trois reprises, jusque dans les derniers jours de juin. Ceux qu'on compte récolter secs doivent faire partie du premier semis. Les autres variétés sont employées pour les semis successifs.

Le semis en touffe doit être abandonné pour celui en lignes. On trace des sillons de 3 à 4 c. de profondeur et à la distance de 50 c. pour les petites espèces (*Noir de Belgique, Flageolet, Jaune de Chine*) à 60 c. pour les autres. On pourrait laisser une plus forte distance entre les lignes si on compte faire l'entre-culture d'une plante racine, Carotte ou Chicorée; c'est pour les Haricots à grain sec entre lesquels on ne doit pas circuler pour la cueillette, que ce mode est avantageux, les plantes ont plus d'air et les gousses mûrissent plus régulièrement. Quand on dispose de cendres, fussent-elles de houille, il est recommandable d'en répandre sur les graines de manière à les en couvrir entièrement avant de fermer les petits sillons.

Pendant la végétation des Haricots, on ne doit leur prodiguer d'autres soins que les nettoyages et façons de terre habituels. Toutefois quand ils sont versés, il est bon de les tourner sur un autre côté, par une belle journée sèche, et il ne sera pas même inutile de les soutenir un peu par des ramilles menues. Le H. *prédome*, le H. *riz* et toutes les variétés à tiges faibles ou légèrement volubiles, comme c'est le cas pour ce dernier, réclament fréquemment ce soin, surtout pendant les saisons humides. Quant aux variétés qu'on cultive pour le grain mûr il faut les récolter par un temps sec, achever l'effeuillement, les lier en botillons et les suspendre dans un endroit sec et aéré. Le H. *Suisse blanc* fournit la grosse provision ; c'est une variété précieuse pour culture en plein champ ; elle s'effeuille naturellement et toutes les gousses mûrissent en même temps. De plus, elle a des tiges élevées et rigides qui tiennent leurs fruits éloignés de la terre. Le H. *jaune de Chine* (H. à gigot) et le H. *de Soissons* sont moins productifs, mais plus recherchés pour la finesse de leur grain.

Porte-graines.

On laisse de chaque variété cultivée, une certaine partie sans rien y cueillir, sauf les dernières gousses formées qui ne peuvent plus arriver à maturité.

Lors du nettoyage on les trie sévèrement et on les fait bien sécher, car la moindre humidité les fait fermenter et moisir quelques jours après la mise en sac. La même observation doit être faite d'ailleurs pour le grain destiné à la consommation que la moindre moisissure ou fermentation met hors d'usage.

Une affection très grave a atteint les Haricots dans les

16

derniers temps. Une espèce d'Anthracnose produit des taches noirâtres sur les gousses : elle est due à la présence d'un champignon, appelé *Colletotrichum Lindemuthianum*. On le combat par la bouillie bordelaise.

La *rouille* qui attaque surtout le feuillage, se traite de la même façon ; après la récolte on brûle, feuilles et sarments et on emploie les perches à un autre usage.

Hélianthi.

Tel est le nom qui a été donné à une plante du genre *Helianthus* ou Fleur de Soleil. Il existe un assez grand

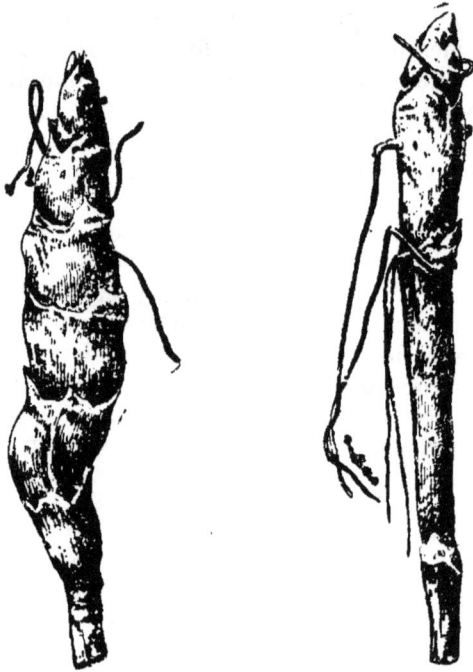

Fig. 252. — Rhizômes d'Hélianthi.

nombre de soleils vivaces cultivés comme ornement. Tous produisent des rhizômes charnus (fig. 252), traçant au loin. La production de ces rhizômes, la partie comestible de l'Hélianthi, est extrêmement abondante. On les consomme en guise de Salsifis, d'où le nom de *Salsifis d'Amérique*. Le goût en est agréable et la consistance de la chair est ferme, légèrement farineuse et constitue un aliment sain, très nutritif, trop peut-être, pour des estomacs délicats.

Le grand mérite de ce produit est qu'on peut le récolter depuis novembre jusqu'en mars, et qu'il résiste aux hivers les plus rigoureux.

C'est à M. Léon Lacroix, le Directeur de la Ferme-Eco-

Fig. 253. — Hélianthi en végétation.

le de Westmalle que revient l'honneur d'avoir fait connaître l'Hélianthi en Belgique. M. Lacroix à fait à ce produit une propagande active et de bon aloi. Il a su faire abstraction de toutes les exagérations dont on avait entouré cette plante lors de son introduction.

Nous devons les premiers plants à son obligeance. Grâce à

ses indications de culture nous sommes arrivés dès la première année à un plein succès ; nous avons obtenu des tiges de 3 m. de hauteur et des rhizômes abondants et bien formés.

La plantation se fait en mars-avril en rangées distancées de 1 m. à 20 c. sur le rang, ou bien à 40 c. en tout sens. Les rhizômes sont couchés dans des petites rigoles ou fossettes à 10 ou 12 c. de profondeur. Vu le grand développement que prend la plante, il est tout naturel de lui administrer une riche fumure d'engrais de ferme complétée par des scories Thomas ou phosphates basiques et par du Chlorure de potassium.

La production des rhizômes peut atteindre de 30 à 50 mille kil. par hectare.

Des essais que nous n'avons pas encore mis en pratique, semblent avoir démontré que les Hélianthis soumis au blanchiment à l'instar des chicorées, donnent des jets blancs comestibles rappelant un peu les jets de houblon.

En résumé, c'est un végétal intéressant qu'on a eu tort d'écarter à *priori* avant de le connaître et qui mérite l'attention des amateurs. On doit savoir gré à M. L. Lacroix des efforts qu'il a faits et des sacrifices qu'il s'est imposés pour renseigner dans la juste mesure le public intéressé.

D'après M. Barrial, ce produit a déjà pris rang dans les légumes de grande consommation. La vente aux Halles de Paris a été de 15.000 kil. en 1907-08 ; de 150.000 kil. en 1908-09 et 400.000 kil. en 1909-10.

Laitue.

Origine.

L'espèce type croit dans l'Europe méridionale, en Afrique et dans l'Asie occidentale.

Les Laitues se divisent en 4 classes : 1° les *L. non pommées* ou *à couper* dont les principales variétés sont : la *L. à feuilles frisées* (fig. 254).

La *L. frisée d'Amérique* (fig. 255), atteint les dimensions d'une grande Laitue pommée; sans qu'elles soient fermées, ses feuilles sont toutes très tendres, de sorte que la plante entière fournit une excellente salade.

2º Les *L. Pommées* qui comptent : A) des sortes hâtives dont la plus ancienne et toujours estimée, en raison de sa grande précocité, est la *L. petite crêpe* ou *gotte*. La *L. gotte lente* à monter et la *L. Tom Pouce* recherchée pour son petit volume qui la rend spécialement propre aux entre

Fig. 254. — Laitue à couper frisée.

Fig. 255. — Laitue à couper frisée d'Amérique.

cultures. La *L. hâtive de Milly* (fig. 256) d'obtention récente est très recommandable B) les *L. pommées d'été*, ce sont des variétés plus grosses ; elles conviennent spécialement pour la production en été et en automne, comme succession aux Laitues hâtives.

Fig. 256. — Laitue hâtive de Milly.

Elles comptent des variétés très recommandables, quelques-unes sont d'obtention assez récente et surpassent tout ce qu'on connaissait anciennement. En 1re ligne vient la *L. pommée Henri Monville* obtenue par l'habile jardinier de ce nom, chef de culture à Othée (Liége). C'est une variété à pomme volumineuse tendre et tellement fermée qu'on peut dire qu'elle a les défauts de ses qualités. Les pommes parviennent difficilement à laisser passage à la tige florale, ce qui rend la récolte des graines tardive et d'un rendement très médiocre.

La *L. pommée Citron* ou *L. Pommée d'or*, connue en Allemagne sous le nom de *Favorite de Rudolphe*, variété à grosse pomme ferme, est tellement lente à monter qu'on n'en obtient des graines qu'en forçant la sortie des tiges florales. Son teint est extérieurement d'un beau jaune citron, ses feuilles sont grasses et onctueuses mais trop flasques pour le marché.

L. pommée d'été, blonde de Chavignée (fig. 257). Cette variété méritante et hautement appréciée, est très lente à

Fig. 257. — Laitue blonde de Chavignée.

monter, d'un blond doré. Les feuilles intérieures se recouvrent les unes les autres et forment par leur agglomération serrée une pomme dense et des plus tendre.

L. du Trocadéro ou *L. Lorthois*. Bonne variété réussissant dans des conditions relativement mauvaises et gardant longtemps la pomme. Elle est précieuse pour le marché, ses feuilles restent longtemps rigides, sans se faner.

L. blonde paresseuse dont le nom fait allusion à sa lenteur à monter en graines ; très bonne variété atteignant de fortes dimensions ; il en existe une sous-variété, *L. brune paresseuse*.

C) *L. pommées d'hiver*. On désigne sous ce nom les variétés qu'on hiverne plus facilement que les autres en raison de leur rusticité. Elles ont généralement comme signe distinctif un teint vert d'herbe, nuancé de rouge-brun. Les meilleures variétés sont *L. de la Passion*, *L. Grosse blonde* et *brune d'hiver* (fig. 258) et *L. rousse hollandaise*.

Cette dernière variété mérite recommandation à plus d'un

titre. Semée en août ou de très bonne heure au printemps,
sous châssis froid ou sur côtière, elle fournit les premières Laitues qui gardent bien la pomme.

Fig. 258. — Laitue grosse brune d'hiver.

On peut comprendre aussi dans cette série la *L. merveille des quatre saisons* (fig. 259), qui s'appelle encore *L.
Besson*, *L. mousseline rouge*, *L. sanguine de Vire*.

Fig. 259. — Laitue des quatre saisons.

Cette précieuse variété ne devrait être connue que sous
son premier nom qu'elle mérite bien, car elle réussit égale-

Fig. 260. — Laitue pommée Percheronne brune.

ment à toutes les saisons. Elle se développe rapidement et
la pomme se garde bien. Nous en récoltons dans nos cul-

tures, en plein jardin, pendant tout le mois d'octobre, même par les automnes froids et pluvieux. Elle est assez fortement teintée de rouge.

L. pommée sans rivale, est une variété encore récente qu'on peut aussi semer aux quatre saisons et qui en tous

Fig. 261. — Laitue Bossin.

temps garde bien sa grosse pomme, même en culture forcée.

L. brune Percheronne à graine noire. Assez voisine de la *L. Palatine*, mais à pomme plus ferme et surtout beaucoup plus prompte à pommer, cette Laitue est en tous points méritante par sa résistance à la sécheresse, le peu

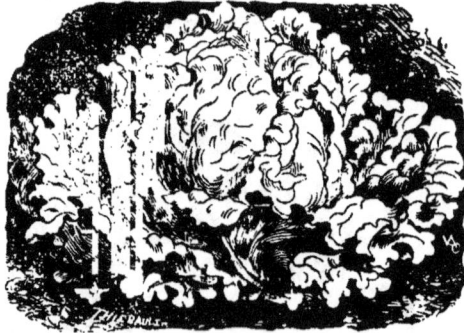

Fig. 262. — Laitue Batavia blonde géante.

de développement de ses feuilles libres et la fermeté de sa pomme.

3º La 4e classe est celle des *L. croquantes*, appelées *L. Batavia* ou *d'Espagne*. La *L. Batavia blonde géante* et la *L. Bossin*, de volume énorme, sont les deux principaux représentants de cette race remarquable tant pour la grosseur de leurs pommes que par leur rusticité et la lenteur à monter en graines, mêmes par les plus fortes sécheresses. Les *L. Batavia* sont précieuses pour le potager des fermes et des communautés, partout où l'on recherche plutôt une abondante production et des plantes de culture peu difficile, qu'une excessive finesse dans la qualité ; elles sont aussi très bonnes à étuver à la façon des *L. Romaines* et des *Endives Scaroles*.

La *L. de Malte* (fig. 263), quoique plus précoce que ses congénères, appartient aussi à cette classe. Elle présente beaucoup d'analogie avec la variété connue en Belgique sous le nom de *L. Belle et Bonne de Bruxelles*. Elle est en quelque sorte la transition entre les *L. Batavia* et les *L. romaines*.

Fig. 263. — Laitue de Malte.   Fig. 264. — Laitue romaine blonde.

4° La race la moins répandue dans les jardins de notre pays et tant cultivée en France et en Angleterre, est celle des *L. romaines*, que les Allemands appellent à juste titre *Endives d'été* et *E. à lier* (Somer Endivien, Bind-Salat).

Les variétés les plus cultivées sont la *L. romaine blonde* (fig. 264) et la *L. romaine verte* (fig. 265). La variété *L. romaine Ballon* ou de *Bongival* (fig. 266) les surpasse par son volume et sa rusticité.

Les *L. romaines* ne doivent pas être considérées exclusivement comme plantes à salade. Les pommes ou chicons qui se forment naturellement, ou le cœur blanchi des plantes fermées par une ligature, constituent un excellent légume, qui peut se préparer comme les chicons de Chicorée bruxelloise. Elles en possèdent toutes les qualités : elles

Fig. 265. — Laitue romaine verte.

sont savoureuses et tendres et ont un petit degré d'amer- tume en moins, ce qui est loin d'être un défaut.

Fig. 266. — Laitue romaine Ballon.

Après avoir lié les L. Romaines, il est bon d'amonceler un peu de terre autour des pieds.

Les Anglais font une très grande consommation de L. romaines qu'ils appellent, *Cos Lettuce*, tandis que la L.

pommée est plus rarement employée. Aussi on a beaucoup perfectionné la race en Angleterre en visant à l'obtention de variétés se fermant naturellement. Nous figurons deux spécimen différents de L. romaines d'origine anglaise d'aspect particulier (fig. 267 et 268).

Culture.

Cette culture des laitues est très facile et d'ailleurs assez généralement connue. Nous entrerons toutefois dans quelques détails à cet égard surtout quant aux races les moins répandues.

L. *à couper* se sème dru sous châssis froid en septembre sur une vieille couche, dans du terreau. Ce semis four-

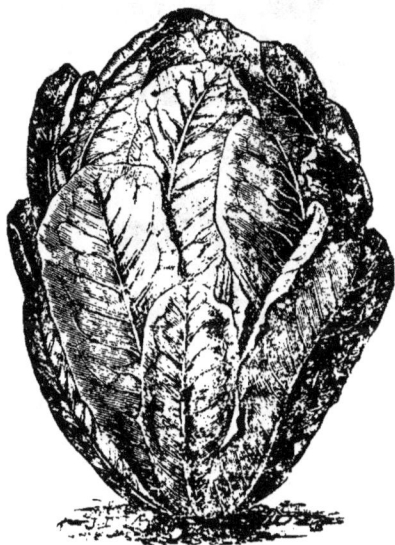

WHEELERS' KINGSHOLM COS

Fig. 267. — Laitue romaine Wheelers' Kingsholm.

nit des salades pendant une bonne partie de l'hiver, si on a soin de ménager le cœur des plantes quand on coupe les feuilles pour la récolte. On fait un nouveau semis en février sous châssis froid, ou même sur côtière ; son produit dure jusqu'à la venue des premiers L. pommées. A défaut d'une variété spéciale, on peut semer assez dru de la *L. Gotte* ou autre variété hâtive, sur planche élevée en ados (fig. 269) et on fait la récolte en coupant les jeunes plants

Fig. 268. — Laitue Romaine Géante.

entre deux terres. Lorsque les plantes restantes sont à bonne distance on les laisse pommer.

Fig. 269. — Planche surélevée pour semis précoce.

Les premières *L. pommées hâtives* se sèment vers la mi-septembre ; quand les plants comptent 4 à 5 feuilles, on les repique, l'un près de l'autre, sur une côtière ou, mieux encore, dans une petite tranchée ou sous châssis, sur une vieille couche à melons ou autre. L'hiver, il faut préserver les jeunes Laitues contre le froid trop rigoureux et l'humidité. Fin février, on les repique en partie au pied d'un mur au soleil, tandis qu'en mars, le restant des plantes viennent occuper une place entre d'autres produits. On emploie pour cette culture une des variétés renseignées dans la 2e catégorie.

Lorsqu'on choisit pour le semis d'automne une *L. d'hiver*, on doit moins se préoccuper des soins d'hivernage : souvent même on se contente d'en éparpiller par-ci par-là quelques graines sur les côtières ou entre les fraisiers, les épinards et autres légumes d'hiver ; on les y laisse séjourner jusqu'au printemps.

A défaut de plantes hivernées, on peut aussi, pour obtenir des Laitues précoces, faire un semis sous châssis dans les premiers jours de février, mais ces plantes fondent plus facilement et résistent moins aux froids tardifs que les autres.

Un nouveau semis de *L. pommée hâtive* se fait au printemps, fin février sur côtière bien exposée. On peut, comme il a été dit plus haut, récolter ce semis en partie comme Laitue à couper et repiquer une partie entre d'autres plantes, par exemple entre les Choux ; quelques plants peuvent être laissés pour pommer sur place. A partir du mois de mars on ne fait pour ainsi dire plus aucun semis, ni d'oignon, ni de poireau, ni de carotte, ni de scorsonère, etc., sans y répandre très clair, quelques graines de *L. hâtive* qui fournissent du plant à repiquer et des petites pommes à consommer avant que les produits principaux aient pu souffrir de leur voisinage.

Les soins de culture consistent à enterrer très peu la graine, à tenir la terre meuble, à la débarrasser des mauvaises herbes et à fumer abondamment à la surface avec des engrais azotés, nitrate de soude ou sulfate d'ammoniaque.

Dès les premiers jours d'avril, on sème les *L. pommées d'été* seules, sur une planche en plein jardin ; on les repique lorsqu'elles ont 5 à 6 feuilles, soit en bordure, soit en entreplantation dans les plantes qui, au début de leur culture, laissent un grand espace entre elles, comme les céleri, concombre, cardon, chou-fleur, etc. En repiquant les

Laitues en été, surtout quand il fait chaud et sec, il faut tâcher de planter avec motte, chose plus facile à faire qu'on ne se l'imagine. On arrose copieusement les plantes à repiquer ; on les enlève ensuite avec une petite spatule pour les déposer, les unes contre les autres au fond d'un panier plat. Rappelons ici que la Laitue est très sujette à monter prématurément en graines et qu'un moment d'arrêt dans la végétation peut en être cause. D'autre part, les Laitues repiquées avec soin, de manière à souffrir peu au point de cette opération et recevant après la plantation quelques arrosements, se développent mieux et forment une plus forte pomme que celles qui restent en place. Si on a observé souvent que la Laitue repiquée monte en graine avant de pommer, la faute en incombe à la façon peu soigneuse dont on lève les plants de terre et à ce que sa mise en demeure et l'arrosage ont été mal observés.

Pendant tout l'été il faut, à six semaines d'intervalle, faire des semis de Laitues. Dans les sols secs et pendant les fortes chaleurs, il faut donner la préférence aux Laitues croquantes.

Les Laitues romaines peuvent être semées depuis le mois de février, mais on les sème aussi en mai parce qu'elles résistent également bien aux chaleurs.

Les jardiniers en général, abandonnent trop tôt, pendant la saison, la culture de la Laitue, au point qu'il est rare d'en trouver encore qui soient bien pommées en septembre. C'est là une grosse erreur car, en semant fin juillet de la *L. hâtive*, on obtient en septembre et octobre de belles et savoureuses pommes qui font autant de plaisir que celles qu'on récolte au printemps. Dans les jardins abrités, on parvient même à récolter des Laitues aux premiers jours du printemps, en semant dans la dernière quinzaine du mois d'août la *L. grosse brune d'hiver* ou la *L. rousse Hollandaise* ou même celle des 4 *saisons*, qu'on plante en octobre sur une côtière bien préparée et qu'on couvre ensuite d'un épais paillis de fumier court. Lorsque les gelées sévissent, on abrite les plantes au moyen de paillassons, de litière ou de branches de sapin.

Porte-graines.

A l'époque où les Laitues pomment, on marque parmi les premières formées, celles qui sont le mieux pommées ; on en retient plus que le nombre nécessaire afin de pouvoir trier une seconde fois pour ne garder que celles qui se montrent les plus lentes à monter. Lorsque les tiges florales éprouvent quelque difficulté à percer, on en facilite l'émission par une incision cruciale pratiquée sur la pomme. Après l'enlèvement de la pomme il peut se développer des jets à l'aisselle des feuilles restantes ; on peut en obtenir de bonnes graines aussi bien que sur la tige centrale.

Lorsque la graine développe ses aigrettes plumeuses, on coupe les tiges au rez de la terre et on les place, dressées, sur une toile au soleil ou dans un lieu bien aéré. La pluie contrarie beaucoup la récolte de graines de Laitues. Il y a des variétés à graines blanches, jaunes et noires.

La Laitue est peu sujette à s'abâtardir par croisement, mais un choix peu judicieux des plantes mères fait dégénérer bien plus vite les meilleures variétés.

Mâche.

Origine.

Plante indigène qui croit parmi les céréales.

Comme tous les légumes qui donnent leur produit en hiver et au printemps, la Mâche, quoique accessoire en apparence, doit être cultivée dans tout potager bien tenu.

On en distingue deux sortes : la *M. ronde* (fig. 270), (Valeriana olitoria) et la *M. d'Italie* (V. coronata). Comme on le voit, ce sont deux espèces botaniques différentes. La variété *M. verte à cœur plein* est une amélioration de la première espèce et la *M. dorée* ou *M. à feuilles de Laitue*, provient de la seconde.

Le premier semis se fait vers le 15 août, et on récolte le produit en automne ; le deuxième, celui d'hiver, a lieu en septembre, et dans les premiers jours d'octobre, on fait un dernier semis, sur côtière bien exposée ; ce semis sera cueilli au printemps. La Mâche craint la grande humidité, aussi cette plante peut-elle être semée avantageusement sur les planches mises en billon avec ou sans fumier.

On sème dru, on couvre peu la graine et on plombe légèrement ; plus tard, on éclaircit en coupant pour la con-

Fig. 270. — Mâche ronde ordinaire.

sommation entre deux terres, les petites rosaces de feuilles. La Mâche en grandissant ne gagne pas en qualité.

La *M. d'Italie* (fig. 271) a des touffes plus larges, mais

Fig. 271. — Mâche d'Italie à feuille de Laitue.

des feuilles moins grasses ; elle diffère encore par sa graine grisâtre, longue et terminée par une petite houppe de poils, tandis que celle de l'espèce ordinaire est brunâtre, ronde et lisse. Cette variété mérite d'être répandue ;

elle est plus productive et ne monte pas aussi vite en graines.

Fig. 272. — Mâche verte à cœur plein.

Porte-graines.

Au printemps, on éclaircit un bout de planche du semis
d'août ou de septembre, de façon à ce que les planches se
trouvent espacées de 25 c. environ. Lorsque la graine est
mûre, on coupe les touffes rez-terre, les maniant avec grande précaution, car la graine se détache facilement, surtout
chez l'espèce ordinaire.

Melon.

(Voir *Culture forcée*).

Navet.

Origine

On le trouve à l'état sauvage dans l'Europe tempérée.
Le type *Brassica Napus*, est un navet à racine grêle.
Cette plante, quoique appartenant à la grande culture,

17

compte certaines variétés potagères très recommandables.

Fig. 273. — Navet rouge plat de mai.

Fig. 274. — Navet long des Vertus.

Fig. 275. — Navet de champigny à collet rouge.

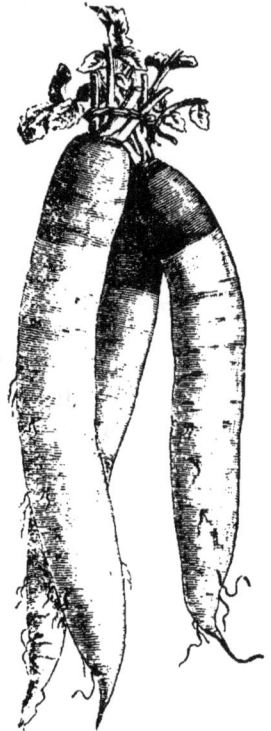

Fig. 276. — Navet blanc long de Meaux.

Voici celles qui répondent le mieux aux différentes conditions de la culture potagère :

Le *N. long des Vertus* (fig. 274) et le *N. long de Marteau* sont des variétés d'été et d'automne à chair blanche, très tendre, extrêmement sucrée et cassante. Les Navets de cette race passent vite, et pour cette raison il faut les employer au deux tiers de leur développement, sinon ils deviennent spongieux comme les Radis ; d'ailleurs ils ne

Fig. 277. — Navet blanc rond hâtif.

résistent pas aux gelées ; le *N. blanc plat à feuilles entières* (fig. 278), *N. rouge plat de mai* (fig. 273) et de *N. rond hâtif* (fig. 277), sont rustiques et de plus longue conservation.

Dans les terrains forts, on peut encore cultiver avec suc-

Fig. 278. — Navet blanc plat à feuilles entières.

cès les excellents navets secs à chair jaune, par exemple le *N. jaune de Robertson* ou *Boule d'or* (fig. 279), *N. de Montmagny* (fig. 280) et le *N. jaune de Finlande*.

Le *N. blanc long de Meaux* est une variété pour la consommation de fin d'hiver. Pour le conserver jusqu'à cette époque, les maraîchers de Meaux retranchent le collet peu de temps après la récolte et rangent les racines dans des fosses où ils les recouvrent de sable. Pendant l'hiver ils les apportent au marché réunis en bottes, par un lien de paille passé en travers des racines perforées près du sommet.

Le Navet est une plante extrêmement vorace, aussi lui faut-il un terre richement fumée et en outre très fraîche, surtout quand on sème avant le mois de juillet.

Dans les sols très sablonneux, les terres destinées à être ensemencées de Navets ne doivent pas être profondément labourées.

Fig. 279. — Navet Boule d'or .

Fig. 280. — Navet jaune de Montmagny.

Certains petits cultivateurs sèment sur chaume non retourné et réussissent parfaitement; la graine doit être peu couverte.

On commence les semis en mai et juin, à une exposition fraîche, même un peu ombragée et on les continue jusque vers le 15 août. Après cette époque, les plantes ne tournent plus, c'est-à-dire qu'elles ne forment plus que des feuilles. Ce sont les Navets secs et le N. à feuilles entières qui conviennent le mieux pour les semis tardifs. Les premiers semis ont souvent à souffrir de l'Altise.

On sème clair à la volée, ou mieux, en rayons distancés de 35 c. ; on serfouit et on sarcle dès que les plantes apparaissent ; on bine et on éclaircit une seconde fois lorsque les plantes ont 4 à 5 feuilles ; à cette époque, on donne un arrosement d'engrais liquide dans les terres légères, ou un peu de nitrate de soude dans les terres fortes.

La culture des Navets dans le potager serait moins importante si la plus grande partie de ceux-ci ne succédaient pas à d'autres produits, à une époque où tous les terrains libres ne peuvent plus être mis en culture par des produits plus importants.

Les Navets réussissent généralement mieux en rase campagne que dans le potager. Les grandes chaleurs, le manque d'air, l'ombrage qui y règnent, les empêchent souvent de bien venir.

Dans certains jardins, on ne parvient pas à obtenir des Navets à racines nettes ; presque toujours celles-ci sont malades, véreuses ou tuberculeuses (voir fig. 111, page 126).

La larve de l'Anthomye les pique souvent à la surface et y creuse des galeries couleur de rouille. Chaque fois que le mal se produit, il faut chauler et ajouter à la fumure ordinaire un supplément d'engrais chimique, dont la composition sera à base de phosphate et de potasse, telle que nous l'avons indiquée.

On doit d'ailleurs agir de même pour toutes les plantes dont la réussite semble impossible dans les conditions ordinaires, avant de renoncer à les cultiver.

Porte-graines.

A l'automne (octobre-novembre), on choisit les plus belles racines et on les plante immédiatement à 40 c. en tous sens dans une terre fertile à laquelle on ajoute une bonne partie de cendres de bois ou de houille. On tasse bien la terre autour des racines et, en hiver, on abrite au moyen de feuilles sèches.

L'agriculteur, comme le jardinier, pourront faire l'application de cette indication pour la culture des Navets, à toutes les plantes-racines ou autres porte-graines bisannuels. C'est à l'automne que tous ces semenceaux doivent être plantés

à demeure et non au printemps, alors qu'ils ont déjà dépen-.
sé une partie de leur réserve par l'émission de feuilles et
de nombreuses racines fibreuses.

Il est facile de comprendre tous les avantages que présente une plantation automnale des porte-graines bisannuels quand ils sont assez rustiques. Ces plantes ne devant
plus être dérangées, au printemps, produisent de fortes et
nombreuses tiges florales et des graines abondantes et bien
nourries.

Conservation.

Les provisions d'hiver de ce légume se font en le récoltant fin octobre. On fait choix des racines les plus lisses
et les plus nettes, on raccourcit à peu près les trois quarts
du limbe des feuilles puis on les met en jauge. On
les couvre de feuilles pendant les froids qui peuvent,
sinon les détruire, tout au moins les rendre spongieux
et leur enlever leur saveur, conséquence ordinaire pour
tous les produits exposés à la gelée. On peut aussi
enlever totalement les feuilles avec le collet et les mettre
en silos.

Les pousses blanchies du Navet sont utilisables. A la campagne on mange, au printemps, l'extrémité des jeunes tiges
florales naissantes, comme les jets du Chou brocoli branchu
et ceux d'autres choux.

Oignon.

Origine.

L'Oignon est originaire de l'Asie, c'est une des plantes
potagères les plus anciennement cultivée.

Les variétés les plus estimées sont l'*O. blanc hâtif à la
Reine* (fig. 281), l'*O. de Nocera*, l'*O. blanc hâtif* (fig. 282),
l'*O. blanc gros d'Italie* (fig. 283) et *blanc globe* (fig. 287),
l'*O. jaune paille plat* (fig. 284), l'*O. rouge foncé* et *clair*
(fig. 286) et l'*O. piriforme* (fig. 280).

L'*O. blanc hâtif à la Reine* et de *Nocera* conviennent
spécialement pour les conserves ; l'*O. blanc hâtif* pour sa
précocité et sa finesse. L'*O. jaune paille* forme un gros
bulbe plat, d'un jaune clair, luisant ; il est dur, pesant et

Fig. 281. — Oignon blanc hâtif
à la Reine.

Fig. 282. — Oignon blanc hâtif.

Fig. 283. — Oignon blanc gros d'Italie.

Fig. 284. — Oignon jaune paille plat.

de bonne conservation. C'est la variété la plus cultivée, elle s'est modifiée selon les terrains et les localités. C'est ainsi qu'on cite les *O. jaune des Vertus*, de *Cambrai*, d'*Alost*, de *Huy*, de *Hollande*, etc. Il est dur à chair dense et le plus généralement exportée.

L'*O. rouge sang* est moins recherché à cause de sa couleur qui teint les mets ; pourtant il est plus rustique et de longue garde ; il en existe une sous-variété à tunique extérieure plus claire, qu'on appelle *O. brun* ou *rouge pâle*, très cultivé aussi pour le commerce.

Dans les contrées méridionales on cultive beaucoup l'*O. de Tripoli*, de *Bellegarde*, de *Madère* ou de *Nimes*, à chair tendre et douce, d'un volume colossal, mais se conservant

Fig. 285. — Oignon jaune piriforme.

peu de temps. Dans le Nord, il n'arrive à maturité que si on le sème à chaud en terrine, en janvier et qu'on le plante sur couche ou sur côtière bien exposée, ou bien en repiquant au printemps des petits bulbes de l'année précédente.

En Italie, en Espagne et dans le midi de la France on mange ces Oignons crus ou cuits comme légume, car de par leur nature même et sous l'influence du climat chaud, ils ont entièrement perdu le goût âcre et irritant des races ordinaires.

L'*O. piriforme* est moins connu, il est à chair très fine, à bulbe ferme et se conserve très longtemps.

L'Oignon ordinaire réussit bien dans les bonnes terres franches ; on peut l'obtenir dans des conditions moins favorables si l'on prend certaines précautions qu'on ne peut appliquer que dans le potager. La terre où l'on se propose de le cultiver, doit être en état de fertilité par les fumures antérieures ou par l'adjonction récente de fumier bien consommé peu enterré ; la colombine mis en épandage, rend de grands services dans cette culture. L'Oignon exige beaucoup d'acide phosphorique et de potasse, mais moins de substances azotées. On se sert aussi avantageusement des herbes aquatiques. En Normandie, aux environs de Caen et de Luc, on fume exclusivement avec du varech. Le terrain étant labouré, il doit être raffermi par le piétinement,

Fig. 286. — Oignon rouge sang.

les Oignons se formant mieux sur un sol rassis. On peut semer dès la seconde quinzaine de février toutes les variétés qu'on désire cultiver. On sème en rayons distancés de 15 à 20 c. et on recouvre peu la graine ; cela fait, on plombe légèrement le terrain pour faire adhérer la graine au sol. On sèmera de préférence de la graine d'un an ; celle de deux ans lève et produit de bonnes plantes, lorsqu'aucun obstacle, comme le froid, une pluie prolongée ou battante ne vient entraver la germination qui se fait plus promptement chez les graines fraîches. On emploie environ 150 à 200 grammes de graines par are si on sème en lignes ; pour le semis à la volée il faut 300 grammes. Dès qu'ils sont bien levés, on saupoudre les jeunes plants de cendres fines, de suie, d'engrais sec de colombier ou de basse-cour et réduit en poudre ou d'un peu de guano, d'engrais chimique, rarement d'engrais liquide. Cette fumure supplémentaire a pour but de faire partir les jeunes Oignons avec élan, de les empêcher de bouder et de fondre ; en prévision de ce dernier accident, il faut toujours semer plutôt dru que clair. On ne nuit pas au développement des Oignons en éparpillant quelques graines de laitue, radis, carotte grelot, sur les planches, mais mieux vaut ligner, en double et de faire alternativement le semis d'Oignon et de la plante accessoire.

Fig. 287. — Oignon blanc globe.

Quand les Oignons sont bien levés et qu'on les distingue facilement, on les éclaircit de manière à ce que les plantes restantes se trouvent à 5 ou 6 c. de distance. En même temps on commence la récolte des plantes cultivées entre les rangs ; on repique dans les clairières les plants d'Oignon arrachés, s'il y a lieu, et on donne un léger serfouissage entre les lignes. Plus tard, quand les tiges ont l'épaisseur d'un crayon ordinaire, on éclaircit de façon à laisser les Oignons à 12 ou 15 c. Les plantes enlevées sont livrées à la consommation sous le nom d'*Oignons verts*. Dans les grandes cultures, on espace les Oignons dès le premier éclaircissage à la distance nécessaire, à moins qu'il ne règne une chaleur excessive qui puisse faire redouter un certain ravage dans les plantes restantes. Lorsqu'on donne beaucoup de liquide, ou si la saison est pluvieuse, les Oignons ne tournent pas ; l'arrosement à l'eau n'est donc pas utile ; celui des engrais liquides ne convient guère qu'aux terrains sablonneux, car dans les terrains forts il provoque la pourriture ou *graisse* des Oignons.

Les jeunes bulbes sont souvent atteints par une quantité de petites larves de l'*Entomya cœparum* auxquelles peu échappent. La larve du petit hanneton à corselet vert et à élytres bruns (*Anisoplia horticola*) y cause parfois de sérieux ravages. Le Taupin (Elater) est à l'état de larve un ennemi redoutable de l'Oignon, comme aussi de toutes les jeunes plantes à tissus tendres. Il s'agit de l'insecte noir bien connu par le soubresaut brusque au moyen duquel il

Agrotis Segetes (Taupin).   Larves du Taupin.
Fig. 288. — Larves et insecte parfait du Taupin.

se relève lorsqu'il est couché sur le dos ; en Wallonie il est connu, comme tous les coléoptères noirs, sous le nom de *Marchaux*. L'O. *blanc* est toujours détruit le premier ; l'O. *rouge* résiste le plus longtemps. L'apparition des vers est presque toujours un effet de l'insuffisance de fertilité du sol.

Vers la fin de juillet, on commence la récolte des Oignons qui se continue pendant tout le courant du mois d'août ; elle se prolonge jusqu'en septembre dans les sols froids et par les années humides. Quelques jours avant l'arrachage, on rabat les fanes en y passant un bâton, un balais long ou le dos du râteau, afin que la maturité du bulbe s'achève. C'est une erreur de faire ce travail plus tôt dans l'espoir de favoriser le grossissement des Oignons.

On sèche les bulbes au soleil ou dans un grenier aéré ;

on les débarrasse de leurs feuilles fanées, on fait le triage et on les rentre.

Pour obtenir des petits Oignons à confire, il ne faut pas s'en tenir à ceux que la culture ordinaire fournit accessoirement. Au mois de mars on prépare, à la manière ordinaire, une planche qui sera bien plombée pour y semer à la volée et dru l'*O. blanc de Nocera* ou *à la Reine*. Les plantes ne doivent guère être éclaircies et ne recevront ni arrosements, ni engrais auxiliaires ; par ce moyen, elles donnent un grand nombre de petits Oignons blancs, très durs et transparents.

Ces petits Oignons ou bulbilles (O. grelot) de toutes les variétés ne servent pas seulement à être confits au vinaigre :

Fig. 289. — Oignon (bulbilles à replanter).

on peut aussi, au premier printemps, les planter comme les Échalotes pour obtenir de gros Oignons, à récolter en mai et juin; il faut supprimer les tiges florales jusque près de terre, dès qu'elles apparaissent. Ce sont surtout les Oignons jaunes qui se traitent ainsi, quoique toutes les variétés se prêtent à ce genre de plantation. Ces petits Oignons se vendent dans le commerce sous le nom d'*O. à repiquer.*

L'*O. blanc hâtif* se sème encore vers le 15 août et, avant l'hiver, on repique à demeure ou sous châssis froid pour le planter plus tard au printemps ; c'est encore une culture à recommander en vue d'une production hâtive de gros Oignons.

On croit que l'Oignon ne peut pas revenir plusieurs années de suite à la même place ni succéder au Poireau. Cependant en fumant tous les ans abondamment la surface des planches avec de la colombine ou d'autres engrais potassiques, l'Oignon peut revenir impunément au même endroit ; cette plante n'enfonçant que peu ses racines trouve chaque année une terre nouvelle par suite des labours.

En Angleterre et dans le pays d'Alost il existe de vastes champs à Oignons où cette plante se succède chaque année pendant plus de vingt ans sans que la récolte s'en trouve sensiblement diminuée. Si toutefois l'épuisement s'annonçait par l'invasion des insectes et des maladies, il faudrait cesser la culture au même endroit et se garder d'y recommencer avant longtemps.

L'excès d'engrais animal cause à l'Echalotte, à l'Oignon et à d'autres plantes bulbeuses, la maladie du *feu* ou de la graisse, causée par un champignon (*Sclerotinia Fuckeliana*) qui fait faner, sécher ou pourrir la plante, suivant que le temps est sec ou humide. Cette maladie se communiquant rapidement, il faut arracher et brûler les premiers sujets atteints et comme moyen préventif donner des engrais minéraux, potasse et phosphates.

Porte-graines.

C'est perdre son temps et sa peine que de vouloir récolter de la graine dans les terres sablonneuses ; le plus souvent des larves viennent détruire les fleurs ou les graines à peine formées.

Dans les bonnes terres franches on plante au premier printemps (en février-mars) des Oignons bien durs, plats, à col étroit et à petit plateau. On les place moitié en terre, moitié au dessus, à 20 c. sur le rang et à 50 c. entre les rangs. Quand les tiges florales sont à la moitié de leur longueur, on les attache à de petites traverses horizontales placées le long des lignes. Lorsque les graines sont noires, on coupe les capitules munis d'un bout de hampe ; liés en botillons, on les suspend ensuite aux combles.

Conservation.

En rentrant les Oignons, il importe d'isoler tous ceux qui n'ont pas bien mûri et ceux à col ou à tige épais, pour les employer les premiers ; ceux de grandeur moyenne et présentant les caractères que nous recherchons dans les porte-graines se conservent le plus longtemps sans pousser.

On étale les Oignons sur des claies ou des tablettes, de préférence à l'abri de la lumière ou bien attachés en *Chaîne* ou *Chapelet* à un jonc ou à une petite tige de bois pour être suspendus en un lieu sec et à l'abri de la gelée. Les Oignons supportent assez bien le froid lorsqu'ils se trouvent dans un endroit sec et qu'on ne les change pas de place pendant qu'ils sont congelés ; cependant le froid dépassant 3° à 4° affaiblit leur arôme et diminue la consistance. On choisira pour l'usage journalier des bulbes qui commencent à se mettre en végétation, ce qui se voit aisément à la rupture de la tunique extérieure et plus tard à la pousse même.

Grande culture.

Dans les bonnes terres franches cette culture est très lucrative. Aussi en Belgique, dans la Flandre Orientale et aux environs de Furnes, dans le Brabant, et dans la province de Liége on ensemence des surfaces considérables de

Fig. 290. — Oignon jaune rond de Zittau

ce produit et on en fait un grand commerce d'exportation. Presque partout, l'*O. jaune plat* fournit les immenses approvisionnements de nos marchés ou *Foires aux Oignons*. Dans le Limbourg, le pays de Liége et en Allemagne on cultive beaucoup l'*O. rouge clair et foncé*.

En France c'est dans les environs de Paris, Aubervilliers et Noisy-le-Sec, en Bretagne, en Vendée, dans le Poitou et aux environs de Cambrai qu'on s'adonne à cette culture.

On commence à cultiver l'*O. jaune rond de Zittau* (fig. 290), le seul parmi toutes les nombreuses variétés que nous avons essayées qui vaille notre *O. jaune plat* du pays d'Alost. Il est de forme globuleuse, mais on donne la préférence aux Oignons plats et ce d'autant plus qu'ils sont plus développés.

Cette culture exige une grande main d'œuvre surtout de sarclage, qui serait réduite considérablement si on semait en lignes au semoir. Les terres spécialement reconnues propices à produire l'Oignon, ont un prix de location assez élevé. Il faut compter parmi les frais de culture, les graines qui, constituant un article de confiance, se vendent au plus bas prix 10 à 12 francs le kil. à* répandre dans la proportion de 15 kil. par hectare. On peut y mêler en outre 3 kilogr. de graines de Poireau ; ceci est surtout recommandable dans les terres où l'Oignon est exposé à fondre en partie.

L'Oignon produit en moyenne 325 kilogr. par are ; le maximum est 400 kilog. Le produit vendu souvent sur pied se paie 20 à 30 francs l'are. Au poids, le prix est de 5 à 8 francs les 100 kil. d'Oignons nettoyés, mais pesés au champ où se fait la récolte, les frais incombent à l'acheteur. Une grande partie des Oignons du pays d'Alost est expédiée en sacs en Angleterre. Il s'en débite beaucoup aux foires ou marchés aux Oignons de Wetteren, Ledeberg, Meirelbeke et Schellebelle. En cas de bon marché à l'époque de la récolte, le cultivateur qui est en mesure d'attendre, en emmagasine une bonne partie ; il vend au marché où il exporte à mesure que l'Oignon menace de pousser. La quintessence du produit, qui reste au printemps, se vend parfois 60 francs les 100 kil. L'Oignon se replante beaucoup au printemps lorsque les prix restent bas ; ce sont ces repiquages qui fournissent dès juin les premiers Oignons dont le prix atteint généralement les 25 à 30 francs l'are.

Il serait recommandable de faire des semis à la volée serrés, d'Oignon jaune afin d'obtenir les bulbilles gros comme une noisette, pour le repiquage. Cette culture présente de sérieux avantages commerciaux et pour la petite culture, dans les terrains où l'Oignon réussit mal, c'est le meilleur moyen de s'assurer une récolte. Dans la grande culture on pourrait avantageusement associer la Carotte hâtive à l'Oignon. Les Carottes sont récoltées en mai-juin et laissent le terrain libre au produit principal.

Oseille.

Origine.

On rencontre son type sauvage partout en Europe et même en Asie.

Dans beaucoup de jardins, on ne cultive l'Oseille qu'en bordure et on fait choix de la variété à larges feuilles cloquées, vert foncé, appelée l'*O. Vierge* ou *O. de Hollande*. On rencontre plus rarement l'*O. Vierge à feuilles blondes*, (fig. 292) moins larges, lisse et longues, qui pousse de bonne heure sans jamais produire de tiges florales. Nous recommandons d'ajouter à l'une ou l'autre de ces deux variétés l'*O. de Belleville* (fig. 291) et d'en semer annuelle-

Fig. 291. — Oseille de Belleville.

ment un bout de planche dans le potager. Cette plante aime les endroits frais un peu ombragés du jardin.

La culture de l'*O. Vierge* se borne à donner une bonne fumure annuelle, à séparer les touffes pour renouveler la plantation au printemps de la troisième année en lui donnant un labour profond et une copieuse fumure. La récolte des feuilles se fait dès les premiers jours du printemps et en tout temps ; on les épluche une à une à la main, sans jamais faucher les touffes, si ce n'est une fois au commencement de septembre pour les conserver l'hiver. Les plantes repoussent alors beaucoup de jeunes feuilles pour être cueillies en automne et en hiver. L'Oseille qu'on récolte pendant les froids et à l'ombre, ne possède qu'à un degré faible sa saveur aigre ; en plein soleil, son goût acide devient plus prononcé.

Dans notre pays on fait trop peu usage de l'Oseille de semis (fig. 291). Par le semis de printemps, on peut récolter en mai-juin ; en semant en lignes à plusieurs reprises et en laissant en place, on récolte tout l'été de l'Oseille jeune et tendre en abondance. En été, un are peut produire au-delà de 200 kil. de feuilles d'une seule coupe. Les plantes d'*O. de Belleville*, arrachées de terre et mises à pousser dans un endroit chaud, fournissent pendant l'hiver une bonne récolte de feuilles.

Fig. 292. — Oseille blonde Vierge.

Dans les environs de Paris, à Varennes entr'autres, il existe des champs très vastes cultivés en Oseille de Belleville. On cueille les feuilles et on les cuit sur place, on en remplit des boîtes ou des barils de manière à éviter toute détérioration du produit.

Dans le nord de Gand les maraîchers font un grand commerce d'Oseille à larges feuilles vertes cloquées, qui sont journellement livrées fraîches en même temps que les Epinards auxquels elles servent de condiment.

Les feuilles d'oseille contiennent une grande quantité de bioxalate de potasse ; de là leur saveur aigrelette, leurs propriétés rafraîchissantes et antiscorbutiques.   18

Elles sont le contre-poison des substances âcres, dont elles neutralisent promptement les effets ; mais les goutteux et les personnes affectées de gravelle ne doivent jamais en manger.

Conservation.

Lorsque les feuilles d'Oseille sont assez belles, on doit les couper et les éplucher comme si l'on devait les faire cuire tout de suite, puis on les répand à l'ombre sur un drap, dans une chambre ou dans un grenier ; on les laisse se flétrir pendant environ 24 heures, on les conserve ensuite en pots ou en tonnes en mettant un lit de feuilles, puis un lit de sel alternativement, comme pour une choucroûte. Au moment de consommer, on sort de la tonne la quantité nécessaire, qui se lave à l'eau froide, se bout, puis est accomodé comme les Epinards ordinaires, l'Oseille ayant perdu beaucoup de son acidité. Dans certaines localités, l'Oseille se cultive en grand et est débitée en détail, cuite, prête à entrer dans la préparation des soupes et des potages ; par la cuisson elle perd les 2/3 de son poids.

Voici encore un autre mode de conservation qui permet de faire facilement des provisions d'hiver.

A l'automne, on doit éplucher et laver à grande eau l'Oseille que l'on veut conserver pour l'hiver, l'égoutter et la placer dans un chaudron, sur un feu modéré ; l'eau qui reste sur les feuilles suffit pour aider à la cuisson. Au fur et à mesure que l'oseille fond, on remplit le chaudron à nouveau, en remuant sans cesse. Lorsque l'oseille est toute fondue, la préparation est terminée. On renverse dans une terrine et on laisse refroidir. Le lendemain, on place cette oseille, en mélangeant ce qui est épais avec ce qui est plus liquide, dans des bocaux ou des bouteilles que l'on ferme avec de bons bouchons. Cette conserve n'a pas besoin d'être placée à la cave, mais dans un endroit à l'abri du froid et du chaud.

Les feuilles ont à souffrir de la mouche de l'Oseille (*Pegomya acetosiæ*) et d'un petit coléoptère vert (*Chrysomela fastuosa*). On les combat par les aspersions de décoctions amères. La *Rouille* (*Uromyces rumicis*) se montre souvent sur l'Oseille croissant trop à l'ombre : elle couvre les feuilles d'innombrables pustules brunes qui les rendent inutilisables ; elles jaunissent d'ailleurs rapidement et se fanent.

Il faut éviter de cultiver l'Oseille dans des situations trop ombragées et enlever et brûler les premiers organes atteints.

L'*Oseille Epinard* (fig. 293), aussi appelée *Patience* ou *Epinard perpétuel*, est pour la consommation une espèce intermédiaire entre l'Oseille et l'Epinard ; elle n'a pas l'aigreur prononcée de celle-là et elle est d'un goût moins fade

Fig. 293. — Oseille Epinard.

que la dernière. Comme l'Oseille, elle est vivace et demande les mêmes soins de culture et le même genre de sol.

Cette plante rustique entre en végétation dès le mois de février ; aussi est-elle une bonne ressource pendant tout le printemps. A l'état de développement complet et à l'arrivée des journées chaudes, les feuilles contractent un goût amer qui les rend impropres à l'usage culinaire.

Panais.

Origine.

Plante qui croît spontanément parmi les moissons.

Il en existe une variété potagère, à racine courte épaisse, de formation rapide, P. *rond hâtif* (fig. 294). On le sème en février, isolément, ou entre les Carottes hâtives avec lesquelles il se récolte et se consomme, ou entre les Epinards auxquels il succède. On peut aussi en semer pour provision d'hiver dans les Pois, les Fèves. La graine attend 4 à 6 semaines avant de lever et les racines se développent particulièrement bien en automne ; celles-ci sont d'une rusticité parfaite. On peut tirer parti de cette qualité pour en faire le semis dès le mois de décembre, ce qui donne de bons résultats.

Fig. 294. — Panais rond hâtif.

On en vend aux halles de Paris de très grandes quantités provenant des plaines de la commune Les Vertus, où cette plante donne un rendement de 300 kil. à l'are.

Le *P. rond* bien venu et arrivé aux trois quarts de son développement, rappelle assez bien le goût du Céleri rave. Ne pas négliger toutefois l'ébullition à grande eau.

Porte-graines.

On plante à l'automne les racines dont la forme se rapproche du type que nous figurons ; la variété potagère a beaucoup de tendance à reprendre la forme allongée.

Persil.

Origine.

Croît à l'état sauvage dans les lieux humides de l'île de Sardaigne ; on l'a trouvé aussi en Algérie et dans le Liban.

Cette plante sert de garniture et d'assaisonnement à un grand nombre de mets : outre l'espèce ordinaire (fig. 295). on cultive le *P. nain à feuilles frisées*, le *P. à feuille de fougère*, très finement frisée et le *P. à grosse racine* (fig.

Fig. 295. — Persil commun.

297). Le *P. commun* est plus fortement aromatisé ; si on lui préfère la variété à feuilles crépues c'est qu'elle garnit mieux et se distingue facilement des plantes vénéneuses qui se mêlent quelquefois au Persil, entre autres la petite Ciguë (*Æthusa Cynapium*) et la grande (*Conium maculatum*) ; les méprises peuvent avoir des suites graves.

Voici les signes distinctifs de ces deux plantes :

CIGUE.	PERSIL.
Les tiges portent au bas des taches brunes.	Les tiges ne portent aucune tache.
Les folioles sont pointues et légèrement duveteuses.	Les folioles sont en pointes arrondies et entièrement glabres.
L'ombelle des fleurs porte un grand nombre de filaments pendants.	Les ombelles florales ne portent pas de filaments.
Lorsqu'on froisse les feuilles, elles répandent une odeur repoussante.	Toutes les parties de la plante sont aromatiques.

Dans le cas d'empoisonnement, il faut prendre un vomitif et quand le poison est expulsé, boire du vinaigre ou du jus de citron étendu d'eau.

Comme moyen préventif nous conseillons de ne cultiver ou de n'acheter que du Persil frisé.

Fig. 296. — Persil frisé à feuille de fougère.

Le Persil aime une terre profonde et fraîche et une exposition un peu ombragée. On le sème en mars, très dru, à la volée ou en ligne en bordure. Ce semis fournit des

Fig. 297. — Persil à grosse racine hâtif.

jeunes feuilles pendant toute l'année, de sorte qu'on n'en fait un nouveau semis qu'au mois d'août, destiné à fournir le Persil du printemps. On peut d'ailleurs semer à n'importe quelle époque de l'année, si on éprouve le besoin d'augmenter ou de renouveler la provision. On couvre peu la graine et on plombe légèrement le sol ; la graine de Persil reste souvent six semaines en terre sans lever; pour obvier à cette perte de temps on peut la stratifier en la mêlant à du sable humide une 15e de jours avant de la semer. L'hiver on tient les plantes en végétation en les couvrant de quelques branchages. On en fait aussi des provisions en le séchant rapidement, puis en le réduisant en poudre que l'on enferme dans des boîtes en fer blanc bien closes ou en flacons.

On a inventé des vases spéciaux troués à jour dans lesquels on plante des racines de persil qui en poussant sous abri fournissent en hiver du persil frais. On peut aussi utiliser comme *persillère*, les caisses qui ont servi à l'emballage du verre à vitre. Elles sont confectionnées en planchettes étroites, laissant entr'elles un interstice de 2 c. environ. Ces caisses à claire-voie sont remplies de terre et au fur et à mesure on couche en regard des intervalles une rangée de racines de persil. On termine par une plantation en sens vertical de ces mêmes racines presqu'à tout touche.

Le *P. à grosse racine hâtif* est une bonne plante potagère, qui est peu cultivée ; elle n'est pourtant pas sans mérite, elle constitue l'assaisonnement de bien des préparations culinaires, entr'autres du poisson d'eau douce auquel elle communique un goût agréable. L'usage du *P. à grosse racine* est de plus considéré comme hygiénique. Si la graine est semée clair, en bon terrain fertile, les racines prennent un beau développement, sont très farineuses et ont une saveur qui se rapproche de celle du Céleri rave.

Le mode le plus simple de cultiver ce Persil, consiste à l'entresemer dans un bout de planche de Carottes hâtives. Celles-ci se développent pendant que le Persil lève et forme sa première rosace de feuilles. Les Carottes sont récoltées en juillet et le Persil reste, formant sa racine avant l'automne ; grâce à sa rusticité, il peut rester en place tout l'hiver pour être récolté au fur et à mesure des besoins.

Porte-graines.

Le Persil monte en graines la seconde année ; pour conserver les variétés bien franches on fait à l'automne la sélection des plantes les plus parfaites et on les repique à part, à 25 c. de distance. La variété à feuilles très crépues, surtout, dégénère rapidement.

Poireau.

Origine.

L'espèce type croît à l'état spontané en Orient et dans la région méditerranéenne ; on lui désigne aussi les Alpes comme lieu d'origine.

On en cultive deux races, le *P. d'hiver* et le *P. d'été* ; chaque race, surtout la première, a plusieurs variétés :

En Belgique on cultive surtout le *P. gros de Brabant* (fig. 298) en France le *P. gros court de Rouen* (fig. 300)

Fig. 298. — Poireau gros de Brabant.

et le *P. de Carentan* (fig. 299) qu'on place au premier rang comme volume et comme rusticité. Le *P. d'été* (fig.

301) est peu cultivé, cependant il n'est pas dépourvu de certains avantages : il se forme plus vite que les Poireaux de grosse race et résiste mieux aux chaleurs.

Fig. 299. — Poireau de Carentan.

Il y a aussi plusieurs variétés propres aux pays méridionaux, qui ne sont pas rustiques ici, mais qu'on peut utiliser pour les premiers semis sur couche pour la production d'été, telles sont les variétés *P. de Bulgarie*, *The Lion*, *Géant d'Italie*.

Certains P. longs d'hiver, sont de très bonne conservation ; le plus recommandable est le *P. long de Mézières*.

Le Poireau demande une terre et des conditions à peu près identiques à celles exigées pour l'Oignon ; c'est une plante assez difficile sur la qualité du terrain qui doit être riche en azote, meuble, frais et profond ; elle est extrêmement vorace.

Fig. 300. — Poireau gros court d'hiver de Rouen.

On fait le premier semis des deux variétés, au sortir de l'hiver, dès la fin de février ou en mars ; la variété d'été se sème à demeure en rayons; le gros Poireau se sème à la volée, assez dru, s'il est destiné à la transplantation. Dans les terres très sablonneuses, où la culture de cette plante réussit difficilement, il vaut mieux en semer une partie à demeure. Ce genre de culture est plus onéreux puisqu'on ne peut pas le cultiver à une place qui a déjà donné un autre produit dans l'année, mais, ce semis rend possible la récolte de beaux Poireaux dans un sol où souvent le résultat serait nul si on procédait par plantation. Pour obtenir les gros Poireaux d'exposition on doit semer sur cou-

che tiède dès la mi-février ; on repique en avril sur une
couche sourde à 10 c. de distance. On plante en place en
mai à une 30ᵉ de c. de distance et on stimule la végétation
par des arrosements fréquents d'engrais liquide, surtout de
tourteaux de colza délayés. On fait un second semis fin
mars dans les jardins où l'on repique cette plante, afin de
pouvoir en occuper successivement les terrains qui deviennent vacants jusque vers la fin de juillet. Ce dernier semis
fournit surtout les provisions d'hiver et de printemps.

On l'entresème parfois dans l'Oignon, en mêlant les graines des deux plantes à raison de 4/5 d'Oignons sur 1/5 de
Poireau.

Fig. 301. — Poireau long.

Un semis peut se faire avantageusement en juin à demeure ; les petits Poireaux qu'on obtient ainsi se récoltent
jusqu'en mai et en juin de l'année suivante, si on a soin
de pincer les tiges florales qui peuvent se produire.

Le poireau est d'une grande ressource pour l'alimentation
hivernale et l'usage de ce légume est des plus hygiénique.

On peut employer les petits poireaux bouillis ou étuvés
en guise d'Asperges. Coupés en bouts de 5 c. et fendus lon-

gitudinalement, ils s'enroulent lorsqu'on les jette dans l'eau froide et servent en cet état, de fourniture de salade.

Les variétés de P. long sont peu recherchées ici et cependant elles sont précieuses pour les amateurs qui consomment le Poireau en guise d'asperge. Le *P. long d'hiver de Mézières*, est une bonne variété encore récente, très résistante

Fig. 302. — Poireau long de Mézières.

aux gelées et dans le cœur duquel il s'introduit moins de sable que chez les Poireaux courts qui ont la partie engaînante de leurs feuilles près de terre.

Dans certaines parties de la France, on les mange cuits sur le gril et assaisonnés d'huile et de vinaigre.

La plantation du Poireau se fait en lignes distancées de
25 c. et de 15 c. sur le rang. La transplantation se fait de
trois manières différentes, appropriées aux diverses qualités
du sol.

Dans les terres sablonneuses des environs de Gand, les
maraîchers font en carré, à la distance indiquée plus haut,
des fentes à la bêche et y plantent les Poireaux jusqu'à la
naissance des feuilles, en ayant soin de bien labourer la
terre et de la détremper la veille d'engrais liquide ; quand
les plantes ont repris ils leur donnent un profond serfouissage. Dans ce mode de culture la plante se trouve de prime abord assez enterrée pour blanchir sur une longueur
convenable et pour avoir sa racine suffisamment en contact
avec l'humidité et la fraîcheur du sol.

Dans les sols consistants et humides, on trace des petits
sillons de 15 c. de profondeur et on y place les plants la
tige à moitié enterrée. Pour les faire blanchir, il faut rabattre les petites crêtes quand la plante a atteint la moitié
de son développement. Là où la terre est compacte et sujette à durcir, on pratique dans le sol, au moyen du plantoir piquet, des trous de 12 à 15 c. de profondeur. Les
plantes de Poireau sont placées dans ces cavités ; on arrose abondamment mais on ne les remplit pas au moment même car elles se comblent graduellement par les arrosements,
la pluie, les binages, et enfin par l'accumulation graduelle
de la terre autour de la tige qui blanchit comme dans les
autres procédés de culture.

Avant la plantation, il est bon de couper à la bêche le
bout des feuilles et des racines. Les travaux d'entretien ne
présentent rien d'extraordinaire ; toutefois dans les sols légers, il faut souvent les arroser à fond et les serfouir fréquemment et profondément : on fera usage de la serfouette
à long manche, à cause de la difficulté qu'il y a à marcher entre les lignes. On tracera aussi, au moins une fois,
des sillons alternativement entre deux rangs, afin de pouvoir donner un copieux arrosement d'engrais liquide ; par
un binage on enterre le limon que laisse cet engrais après
infiltration de la partie liquide.

Dans le semis à demeure, il ne faut pas négliger les
éclaircissages successifs qui fournissent, du reste, un produit pour la cuisine ou servent à des plantations. Les plan-

tes doivent se trouver éloignées dans les lignes à 10 c. au moins ; on les blanchit en les enterrant jusqu'à l'endroit où les feuilles se séparent de la tige, avec de la terre prise dans les sentiers.

Le Poireau, semé à demeure, devient rarement malade, tandis que les plantes repiquées, affaiblies par le moment d'arrêt dans la végétation, chose inévitable en terrain sec, deviennent souffrantes et s'attirent un ennemi désastreux, l'*Acrolepia assectella*, petite mouche qui dépose ses œufs dans la gaîne formée par la réunion des feuilles ; des petites larves éclosent bientôt et descendent dans l'intérieur de la plante.

On parvient quelquefois à avoir raison de cette larve par les arrosements, le temps frais et une reprise vigoureuse de la plante. On doit couper une ou plusieurs fois les feuilles à rez de terre, dès que les plantes présentent un aspect souffrant avant que la larve ne se trouve dans le cœur de la plante et l'enlever ainsi avec les feuilles, qu'on doit brûler immédiatement. Ce fauchage des feuilles n'empêche nullement la plante de repousser et de bien se porter plus tard ; toutefois, il serait plus avantageux de ne pas être obligé de les rogner, parce que l'opération nuit au grossissement des plantes.

Le Poireau d'été est moins fréquemment atteint par ces larves que les grandes races qui craignent bien plus la chaleur et la sécheresse.

Porte-graines.

A l'automne on marque les plus beaux Poireaux, c'est-à-dire ceux qui sont gros et trapus, aux feuilles peu pendantes, larges, disposées parfaitement en éventail et d'une couleur vert glauque ; il faut rejeter rigoureusement les Poireaux vert pâle ou jaunâtres, Ils ne sont pas rustiques et se conservent mal, même pendant les hivers doux.

On plante immédiatement à demeure à 25 c. en tous sens, dans un coin frais du jardin, bien arrosé d'engrais liquide et enrichi d'une bonne couche de cendres ou de suie et d'une petite poignée de scories Thomas à chaque plante. Sans ces précautions, il est bien difficile, de même que pour l'Oignon, de récolter en terre légère de la bonne graine ;

le plus souvent elle est détruite par un ver, qui ronge le capitule ou bouquet de fleurs. Les tiges florales, en raison de leur longueur et de leur fragilité, exigent un bon soutien.

Conservation.

Le Poireau est un des plus précieux légumes de provision et, qui plus est, le moins difficile à conserver. Une bonne partie des plantes peuvent passer l'hiver en place, au jardin ; il suffit d'en enlever en quantité suffisante et de les mettre en jauge, pour ne pas être pris au dépourvu par les fortes gelées. Moins le Poireau est âgé et développé, mieux il résiste ; il faut donc régler les cueillettes sur cette base. Au printemps, quand les plantes semblent vouloir se remettre en végétation et monter en graines ; on en couche une partie en cave dans du sable ; le reste se met en jauge au nord, presqu'entièrement enterré ; les bouts de feuilles seuls, peuvent dépasser le sable ou la terre.

Les tout derniers Poireaux se conservent en les enterrant la tête en bas, de façon à ce que les racines se trouvent exposées à l'air. Ce procédé n'empêche pas seulement les plantes de pousser et de durcir, mais il les fait blanchir jusqu'au bout des feuilles.

Grande culture.

Le Poireau est encore une de ces plantes qui sont susceptibles de production en grande quantité et dont la culture peut être combinée avec l'agriculture proprement dite, par ceux qui produisent pour le marché et l'exportation. Ce n'est toutefois qu'à la condition d'exploiter un terrain fertile et assez substantiel que cette culture se trouve être lucrative.

On fait ordinairement les plantations de Poireau en succession des Choux-fleurs, des Choux d'York ou des Pois hâtifs. Nous en avons vu réussir chez les maraîchers mixtes de nos environs, sur chaume d'Orge retourné.

Pour la Halle de Paris, les Poireaux de grande culture se plantent à 10 ou 15 c. en tous sens ; il s'ensuit qu'on récolte en moyenne 840.000 plants dont on forme 33.000

bottes, chacune de 25, vendues en moyenne à 10 c., soit un produit brut de 3.380 frs. Mais dans une culture ordinaire on ne récolte que 25 à 30 Poireaux par mètre carré ; ils sont alors plus gros et se vendent aisément 10 c. la botte de 12. Il faut toujours défalquer environ 10.000 plants par hectare qui ne réussissent pas. Avant l'établissement des droits d'entrée prohibitifs, les cultivateurs des frontières belges en fournissaient de grandes provisions aux marchés des villes industrielles du nord de la France. C'est un légume populaire dont la classe ouvrière fait une grande consommation.

Pois.

Origine.

Cette plante est cultivée depuis plus de deux mille ans ; elle a été trouvée à l'état sauvage dans le midi du Caucase et de la Perse.

Fig. 303. — Pois mange-tout nain.

Fig. 304. — Pois mange-tout de St-Désirat.

Il existe un si grand nombre de variétés de Pois, qu'il est difficile d'établir un choix absolu parmi celles qu'il convient de cultiver, pour jouir de cet excellent légume pendant toute la bonne saison. Chaque année de nouvelles variétés apparaissent ; nous engageons nos lecteurs à essayer, autant que possible, les nouveautés afin de remplacer les anciennes variétés qui seraient éventuellement jugées inférieures aux nouvelles venues.

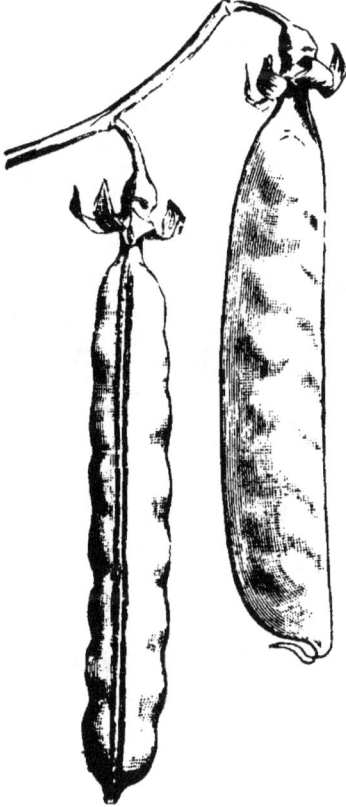

Fig. 305. — Pois mange-tout de 40 jours.

Toutes les variétés se classent en deux catégories bien distinctes ; les *P. à parchemin* ou *P. à écosser* et les *P. sans parchemin* ou *P. mange-tout*. Ces derniers présentent surtout de l'importance pour les potagers de ferme. Dans les potagers bourgeois, on cultive parfois quelques *P. mange-tout*, pour en employer les premières gousses, très jeunes

19

en attendant mieux ; les autres grossissent dans l'intervalle et dès qu'elles se remplissent, on les égraine comme les
P. à écosser. Nous recommandons en 1re ligne le *P. mange-tout demi-nain à œil noir*. Cette variété est hâtive, à
cosses fines ; contrairement à la règle générale pour cette
catégorie de Pois, elle renferme beaucoup de graines et la
plante est d'une grande fertilité. Les *P. mange-tout nain*

Fig. 306. — Pois mange-tout demi-nain de Barbieux.

(fig. 303), le *demi-nain de Barbieux* (fig. 306), et le *P. de
St-Désirat* (fig. 304) sont aussi des variétés recommandables.

Leur culture est la même que celle des *P. à écosser*, chez
lesquels nous avons à examiner quatre classes distinctes :
A. Pois nains.
B. Pois demi-nains.
C. Pois à ½ rames.
D. Pois à rames.

Dans les deux premières catégories, se rencontrent généralement les variétés précoces, dans la 3ᵉ celles de la saison moyenne, tandis que les Pois à grandes rames nous fournissent les produits les plus tardifs.

A. Pois nains.

On cultive le plus les variétés appelées *P. nain à bordures*, *Nain de Bretagne*, *Nain à Châssis* et le *P. Blue. Peter.* Elles croissent parfaitement en touffe, ce qui rend tout usage des rames complètement superflu. De plus elles

Fig. 307. — Pois nains à bordures.

sont précoces et conviennent à la culture sur côtière au-pied des espaliers ; enfin on peut les semer en bordure et comme entre-culture entre les arbres fruitiers, etc. Nous cultivons ces Pois dans les clairières de nos pépinières, ainsi que le

Fig. 308. — Pois Merveille d'Amérique.

P. nain merveille d'Amérique (fig. 308) à grain ridé vert, qui est très productif, d'excellente qualité mais un peu plus tardif.

Lorsqu'on sème en touffe, il ne faut pas réunir plus de trois graines par pochet, mais il vaut mieux semer en ligne continue de manière à ce que les graines se trouvent espacées de 5 c.

Lorsque les fruits sont noués, on retourne sur le flanc opposé les petites tiges qui sont toujours couchées, afin de soustraire les gousses à la pourriture qui serait à craindre par les temps humides. Ces petits Pois restent longtemps tendres, parce qu'ils ne sont pas exposés directement à l'action du soleil.

B. Pois demi-nains.

A cette catégorie appartiennent toutes les variétés qui ne s'élèvent guère au-dessus de 60 à 70 c. mais qui cependant ne peuvent se soutenir sans le secours de quelques menus branchages.

La variété la plus recommandable est le *P. ½ nain Cou-*

Fig. 309. — Pois demi nain Couturier.

turier qui forme la transition des P. nains aux P. demi-nains. Notons ensuite, comme dignes de figurer dans tout potager, les variétés suivantes : 1° *Vert gros,* excellent pour grain sec et pour culture en plein champ de préférence au *Vert de Prusse* (*Blauwtros-erwt* des Flamands). 2° le *P. demi-nain Bishop* (fig. 310), très productif. 3° *P. Waite's Prolific,* blanc ridé très gros le plus productif des

Fig. 310. — Pois demi-nain Bishop.

Fig. 311. — Pois ridé Gradus.

P. demi-nains ridés et *P. Alliance*, (*P. Eugénie*) à gros
grains blanc, ridés, très productif. 4º *P. Orgueil du marché*,
n'atteint que 50 c. de hauteur, ses tiges sont fortes et rigides;
plante très vigoureuse à feuillage ample, production abondante à cosses renfermant régulièrement 10 graines très gros
vert bleuâtres à la maturité. Ne convient pas pour la grande culture.

Le *P. Gradus* (fig. 311) est aussi à gros grains ridés
blancs. Ses tiges ne dépassent pas 75 c. de hauteur, c'est
le plus précoce des Pois ridés.

Nous recommandons les variétés ridées à quelque catégorie qu'ils appartiennent, à raison des qualités particulières qui les distinguent. Le grain est des plus gros
et reste tendre et sucré jusque près de l'époque de la maturité. Les Anglais les ont bien définis en les appelant
Marrow-Peas (Pois à moëlle) à cause de leur consistance
onctueuse et gélatineuse. Par contre ils ne valent rien en
grain sec, précisément à cause de leur pauvreté rela-
tive en farine; c'est pour le même motif qu'ils lèvent plus irrégulièrement que les autres, surtout les grains dont l'enveloppe extérieure est crevée.

C. Pois à 1|2 rames.

Dans cette classe, les variétés de *P. Prince Albert*, qui
s'élève à 1 m. à 1.20 m. de hauteur, et les sous-variétés
plus ou moins perfectionnées, telles que *P. Caractacus* et
Daniel O'Rourke (fig. 313), sont beaucoup cultivées.

Le *P. Express* (fig. 315), dont les sarments atteignent
de 90 c. à 1 m., portent de nombreuses cosses contenant 8
à 9 grains verdâtres, ronds, réguliers et très sucrés. C'est
une variété très avantageuse pour les conserves.

Mais, comme variété de 1ʳᵉ saison, c'est le pois à demi-
rames *hâtif de Paris*, qui tient le record de la précocité.
Cultivé à côté de toutes les variétés signalées comme les
plus hâtives, telles que *Eclair*, *Télégraphe*, *Rapide*, etc., il
les a toutes surpassées à ce point de vue. Nous devons faire une mention spéciale du *P. Automobile*, qui rivalise en
précocité avec le *P. Express*. De plus il est à grande cosse renfermant de gros grains verdâtres de forme irrégulière, un peu déprimé.

Parmi les variétés qui succèdent immédiatement aux variétés précoces, citons, avant toutes les autres, le *P. Merveille d'Etampes* ; c'est un Pois d'environ 1.20 m. de hauteur, à feuillage vert-blond. Les cosses disposées par deux, sont longues, larges, un peu courbées vers l'extrémité ; elles contiennent 10 à 12 grains ronds et blancs à la maturité. Les tiges portent de sept à douze étages de cosses. Cette

Fig. 312. — Pois à écosser Waite's Prolific.

variété très productive, conviendra particulièrement pour la culture marchande. Le *P. Michaux de Hollande* (fig. 314), qui se distingue par sa rusticité et sa grande production, est le *P. Biflore* des jardiniers flamands ; il est aussi très recommandable.

La variété *P. Léopold II*, dont les tiges atteignent 1 m. 50 c. environ, produit des gousses longues qui renferment

Fig. 313. — Pois hâtif uniflore
Daniel O'Rourke.

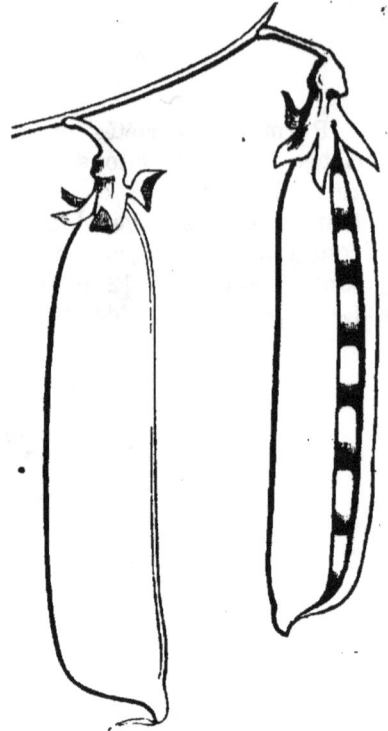

Fig. 314. — Pois biflore Michaur
de Hollande.

Fig. 315. — Pois hâtif express.

de gros grains blancs présentant cette particularité pour la culture commerciale, de mûrir, toutes ses cosses à la fois.

A ces variétés succèdent directement les *P. Auvergne* ou *P. Serpette à grain vert*, variété rustique, à longues cosses contenant 9 à 10 grains. Les tiges atteignent 1.40 m. ; le *P. Laxton's superlative* est un *P. Serpette* perfectionné.

Le *P. ridé Sénateur* (fig. 316), est une variété encore récente, à feuillage léger, à tige très vigoureuse et bien rami-

Fig. 316. — Pois ridé à demi rames Sénateur.

fiée, ne dépassant guère 90 cent. de hauteur. Ses cosses nombreuses, grosses, longues, fortement en serpette, renferment 7 ou 8 beaux grains ridés, de couleur franchement verte, extrêmement tendres et sucrés.

Il est de moyenne précocité, d'une abondante production, ce qui nous le fait recommander autant pour les potagers d'amateurs que pour les grandes exploitations rurales où l'on cultive les Pois en vue de la vente sur les marchés.

D. **Variétés à hautes rames.**

Celles-ci sont très nombreuses ; on n'a nulle peine à fai-

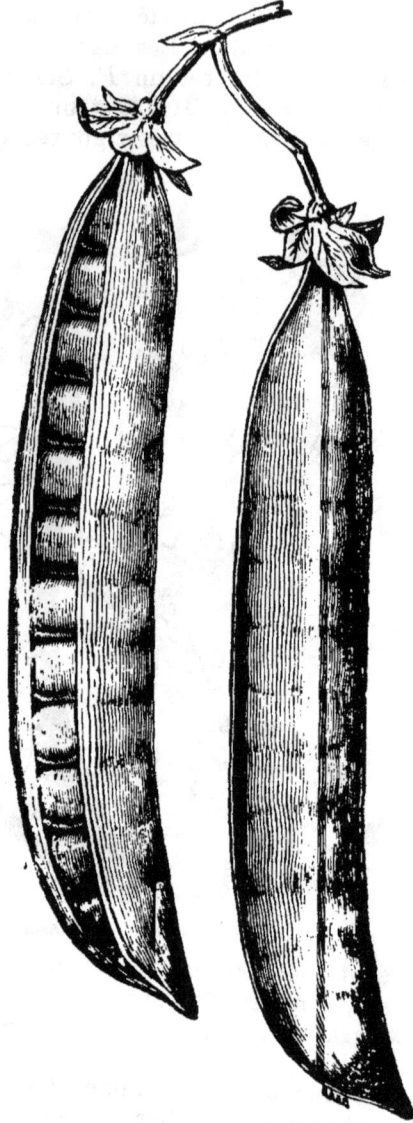

Fig. 317. — Pois Laxton's fill basket.

re son choix parmi les *P. tardifs* : 1° Le *P. Excelsior*

Marrow, est une variété à tiges de 1.60 m. de hauteur, à gros grains blancs ridés, très productive. 2° Le *P. Fair-beard's champion*, à grain ridé vert. 3° Le *P. ridé vert Mammouth* est une variété très tardive fine de qualité, mais la grande élévation de sa tige la fait quelquefois rejeter des

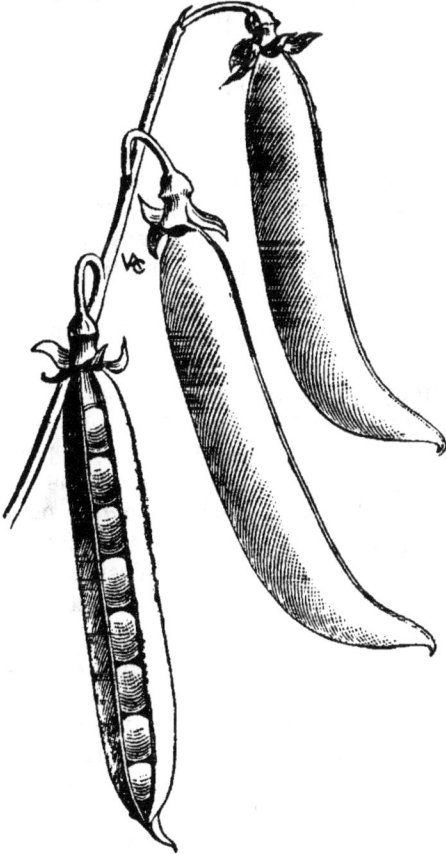

Fig. 318. — Pois triflore.

petits jardins. On cultive encore 4° le *P. vert Normand*, variété tardive à tiges élevées et dont le grain sec est très estimé pour les purées et qu'on trouve dans le commerce sous forme de pois cassés. Le *P. de Clamart* à gros grains ronds donne également un produit très tardif.

Le *P. Laxton's fill basket* (Plein-le-panier) est le meilleur gain du célèbre semeur anglais Laxton. Il l'a obtenu en 1874 en même temps que le *P. Laxton's Superlative.* Les cosses sont vert foncé contenant de 10 à 12 grains, les grains sont carrés par suite de la pression qu'ils subissent dans les cosses. Les tiges portent de nombreuses ramifications très longues et s'élèvent de 80 à 90 c. Lors de sa première apparition en 1874 les grains se vendaient 3 francs (2 s. 6 d.) le cent.

On peut citer encore comme pois à très grandes cosses *Carter's Telephone, Alderman, Prodige, M. Gladstone, Senateur.*

Pour la culture en plein champ, les variétés *demi-nain vert gros* et le *vert de Prusse*, à grains ronds, vert-bleu (Blauwtros des Flamands) méritent la préférence comme Pois secs ; leur tiges n'atteignent qu'une hauteur de 60 c.; elles sont fortes et munies de vrilles nombreuses, de sorte qu'elles se soutiennent mutuellement et n'exigent guère de ramilles.

Depuis quelques années nous faisons une patiente sélection d'une variété demi-naine, très productive, genre *P. Bishop* qui est triflore, c'est-à-dire, qui porte trois cosses réunies au lieu d'une ou de deux. Nous ne sommes pas encore parvenu à obtenir bien franche, mais nous arriverons à la longue à en fixer les caractères.

Telle qu'elle est actuellement, c'est déjà une variété remarquable et de grand mérite à cause de sa production abondante.

Le *P. Capucin* ou *Chocolat* et celui à *cosses pourpres*, à grain brun et à fleur violette, sont des variétés très anciennes, tardives, à tiges élevées, peu cultivées dans notre pays. Nous les recommandons cependant aux amateurs de la Fève de Marais, car elles en possèdent exactement et la saveur, et la couleur ; elles se préparent de même, relevées de Thym et de Sarriette. C'est bien avec raison qu'on les a surnommées *Pois-Fève.*

Culture.

Les pois doivent se semer depuis les premiers jours de février, jusqu'à la fin de juin, si on veut éviter toute interruption dans la récolte. Cette plante exige beaucoup de substances minérales ; cendres, suie, plâtre, phosphate de chaux (os concassés, noir animal, scories Thomas) ; les engrais azotés les font trop pousser en fourrage. Pourtant c'est pure exagération que de dire qu'ils prospèrent le mieux dans un terrain maigre. Ils affectionnent un terrain

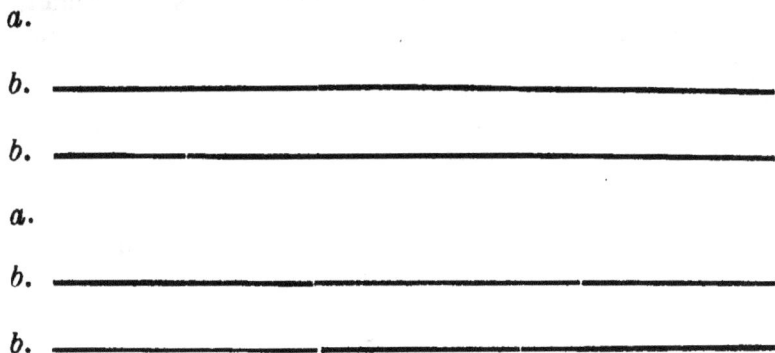

a.

b. ————————————————————————

b. ————————————————————————

a.

b. ————————————————————————

b. ————————————————————————

Fig. 319. — Disposition des planches de pois.

fertile, profondément remué et l'air de la campagne. Dans les situations peu dégagées et dans les jardins trop boisés, ils ne réussissent pas bien, parce que l'action de l'air libre y fait défaut. Il faut éviter de les cultiver deux années de suite à la même place. Les pois, comme toutes les plantes de la famille des légumineuses présentent la particularité de pouvoir s'approprier l'azote de l'air.

Le semis se fait en lignes *b* (fig. 319), distancées de 30 centimètres en laissant un espace de 70 à 80 c. *a*, entre chaque double rang. Les graines sont placées assez dru dans de larges sillons *b*, tracés à la binette. Les rayons ou sillons, doivent avoir 8 c. de profondeur. Il est bon de couvrir les graines de cendres, après quoi on achève de les enterrer avec la terre sortie des sillons, qu'on tassera légèrement. Ce mode de semer est supérieur, sous tous les rapports, aux semis en planches qui comptent jusqu'à 6 et 7 rangées de touffes. En Hollande et dans le pays de Liège, les Pois sont même semés en lignes isolées, distantes de 1,25 m. au moins ; mais on met dans la ligne unique le nombre de graines que nous répandons dans deux lignes. D'autres, au contraire, préfèrent semer trois lignes avec cette même quantité de Pois, mais toujours en réservant un espace de 80 c. d'une planche à l'autre.

Dans certaines localités de la Hollande et de la Flandre Occidentale, on ménage entre les doubles rangées de Pois une planche qu'on occupe par d'autres plantes basses qui aiment l'ombre et la fraîcheur. L'année suivante on fait l'échange de la place entre ces deux genres de produits.

Un des grands et nombreux avantages que présentent les semis en double rang, c'est que la récolte peut se faire avec une grande facilité sans froisser les plantes dès les premières cueillettes. Etant exposées à l'air de tous côtés, elles sont d'ailleurs infiniment plus fertiles.

Le premier semis de Pois se fait en janvier en caisse ou en petits pots, à une température modérée ; dès que les graines sont levées, on doit les habituer graduellement à l'air et au froid. Lorsqu'on peut les planter en pleine terre, avant que leurs premières feuilles ne se déploient, le succès n'en est que plus assuré. Au contraire, la déplantation de pois trop avancés, à moins qu'ils ne soient en godets, est toujours un travail inefficace.

En même temps qu'on procède à ce repiquage, on sème des pois de la même série, en pleine terre ; ils succèderont immédiatement aux premiers et les surpasseront toujours par la quantité du produit.

Jusqu'à la fin du mois de juin, on sème les pois en choisissant successivement des variétés plus tardives. Si on dispose d'un choix de variétés bien échelonnées, on ne saurait mieux établir la succession qu'en semant une ou deux nouvelles planches, chaque fois que le semis fait précédemment, commence à lever. En semant ainsi deux fois les Pois hâtifs en février, trois fois ceux de saison moyenne en mars et jusqu'au 15 avril et deux ou trois fois les tardifs, jusqu'en juin, toujours en une ou plusieurs variétés pour chaque saison, on réalisera une succession régulière, à récolte non interrompue. Il est à remarquer toutefois que le dernier semis se fait plus avantageusement avec le *P. Michaux*, ou avec le *P. Merveilles d'Etampes*, qui réclament une situation fraîche, quelque peu ombragée. Les pois de ce semis sont très sujets à la maladie du blanc (Eresiphée) contre laquelle il y a peu de remèdes. Le soufrage appliqué au début du mal, réussit parfois à l'enrayer. Il arrive que les jardiniers sèment des *P. hâtifs* sur côtière vers le 24 novembre ; ils les appellent *P. de Ste Cathérine*. Lorsqu'on réussit à leur faire passer l'hiver, ils produisent de bonne heure en mai-juin. Les pois fraîchement semés sont souvent la proie des souris et des campagnols. Pour obvier à ce désagrément on laisse macérer les graines à semer dans de l'eau dans laquelle on a fait bouillir une douzaine de gousses d'ail, ou bien dans une solution de sulfate de cuivre à raison de 25 grammes par litre d'eau et pendant une heure seulement.

Il faut, en tout temps, veiller à éloigner les moineaux des semis de Pois, qu'ils ravagent en peu de temps; on y parvient en tendant de petits fils blancs à coudre sur les lignes. Le bon marché des treillages mécaniques, permet d'abriter et de protéger les Pois contre les oiseaux au moyen

Fig. 320. — Protège-semis.

d'un engin spécial (fig. 320), appelé « protège-semis». Les moineaux ne tardent guère à se familiariser avec les autres genres d'épouvantails, tels que chats ou oiseaux de proie empaillés, bouteilles couchées, mannequins, etc.

Par la disposition figurée ci-contre (fig. 321), on peut cependant rendre les mannequins efficaces comme épouvantails. C'est leur immobilité qui finit par enlever la crainte que ces figurettes inspirent au début ; il faut donc les confectionner de la manière suivante : Un pieux solide *c*, d'une longueur indéterminée porte à 50 c. de son extrémité une planche *b*, de 50 c. de long sur 30 de large et à angles arrondis. Le bout *a*, qui dépasse la planchette, formera le cou et la tête. Une blouse en forme de sac, en étoffe légère viendra reposer sur la planchette qui simule la carrure du corps. Le moindre vent venant s'engouffrer dans ce vêtement libre occasionne des mouvements avec lesquels les oiseaux les plus effrontés ne se familiarisent jamais.

La maison Dutry-Colson de Gand, toujours à la recherche des nouveautés en matière d'outillage horticole, nous

Fig. 321. — Epouvantail.

communique un nouvel épouvantail appelé « l'effaroucheur» appareil destiné à éloigner les moineaux des jardins, vergers, vignes, etc.

Fig. 322. — Effaroucheur (nᵒˢ 1 à 4).

Nᵒ 1 est composé de 2 miroirs collés ensemble dos à dos. Nᵒ 2 les mêmes dans un cadre en zinc inoxydable.

N° 3 composé d'un prisme hexagonal en bois dont les six faces sont recouvertes d'un miroir.

N° 4 le même que le n° 3, mais avec hélice.

Ces appareils sont suspendus au moyen d'une ficelle (0 m. 50 environ) soit attachés à des perches pour les arbres, soit à des cordeaux tendus pour les planches des potagers.

Le mouvement giratoire que le moindre vent imprime aux appareils suffit à donner l'action du soleil au nombre considérable de rayons étincelants, qui éloignent les moineaux, et autres oiseaux, s'attaquant aux semis, aux portegraines et aux fruits mûrs.

Leur prix modique en permet l'acquisition à tous.

Lorsque les Pois lèvent, on leur donne un profond serfouissage, mais il serait nuisible de déranger la terre au-

Fig. 323. — Bruche des Pois.

A Pois creusé par l'insecte.
B Insecte parfait grandeur naturelle et agrandi.
C Larve   »   »   »
D Nymphe   »   »   »

tour de leurs racines ; quand ils sont plus développés, il importe de les ramer sans tarder. Les rames doivent être des branchages bien ramifiés auxquels on donnera la forme voulue en éventail, sans enlever trop de ramilles, en les couchant pendant l'hiver en tas, sur lequel on met des planches et un surpoids de terre ou de gazons, afin de les aplatir.

On peut semer dans les Pois, au moment du serfouissage, des Carottes tardives, ou des Panais.

Lorsqu'on cueille les gousses vertes des pois on doit y employer les deux mains pour soutenir en même temps les sarments. On les croque en tirant et on compromet la suite de la récolte.

Les Pois ont à souffrir des bruches dans beaucoup de

jardins. La Bruche (Bruchus), comme tous les coléoptères, apparaît d'abord sous la forme d'*oeuf*, puis de *larve*, ensuite de *nymphe*, et finalement sous celle d'*insecte parfait*; celui-ci fait sa ponte de mai en juin sur les très jeunes cosses les plus exposées au soleil.

Il en résulte que les Pois qui ne fleurissent qu'en juillet échappent généralement à la dévastation. En écossant les Pois on y trouve souvent une grosse chenille (*Endopsia pisana* ou *Tortrix nigricans*) qu'il ne faut pas confondre avec la Bruche (fig. 323).

Le *Tortrix* provient d'un joli petit papillon brun qui pond ses œufs sur les cosses à peine nouées.

A l'état d'insecte parfait, la Bruche reste tout l'hiver calfeutrée dans la graine, si celle-ci se trouve dans un lieu froid ; mais si l'endroit est chaud, elle quitte sa demeure dès le mois de septembre. Il faut profiter de cette particularité pour la faire sortir en exposant les pois pendant quelques jours à une chaleur de 30° ; on doit ensuite les écarter des Pois par le criblage et les détruire avant de semer. Les Pois piqués de Bruches lèvent parfois encore partiellement, mais on comprend qu'ils ne peuvent plus être utilisés pour la table en grain sec.

Si on sème tardivement les Pois pour grain à semer, ou pour purée, de manière à ce qu'ils fleurissent après la saison de la ponte des Bruches, ils échappent nécessairement à ce fléau.

Nous ne l'avons jamais rencontré dans les Pois ridés, trop·pauvres en substance amylacée.

Le *Trips pisivora* fait recroqueviller les fleurs, les feuilles et les jeunes cosses et détruit parfois toute la récolte.

La culture des pois est assez lucrative ; le sol n'est occupé que pendant un temps très court de sorte qu'on peut cultiver en succession du poireau, du céleri, des endives, des choux, ou bien leur place est occupée par les entre-semis qu'on y a faits. On les présente en vente écossés, mais en cet état le produit est vite avarié car les pois s'échauffent facilement. Aussi sur certains marchés les offre-t-on en vente dans les cosses.

Les pois à petits grains ronds restant verts à la maturité comme le *Pois express*, sont très recherchés par les fabricants de conserves et se vendent à un prix assez rémunérateur.

Porte-graines.

Dans chaque variété, il faut laisser un bout de planche
dont on ne cueille rien et dont on pourrait même rogner
l'extrémité. Lors du nettoyage, on écarte toutes les gousses mal conformées et on trie les graines à la main, afin
que tout mélange, tout grain petit ou atteint de Bruches,
puisse être éliminé. Il est parfois utile de marquer sur pied
des plus belles cosses.

Pomme de terre.

Origine.

Sa patrie est le Chili d'où elle s'est répandue d'abord
dans l'Amérique du Nord, puis elle fut introduite en Europe, par les Irlandais et les Espagnols ; mais ce n'est
qu'après la grande famine de 1793, qu'elle s'est répandue
dans les cultures.

Depuis qu'en 1844 la maladie causée par le champignon,

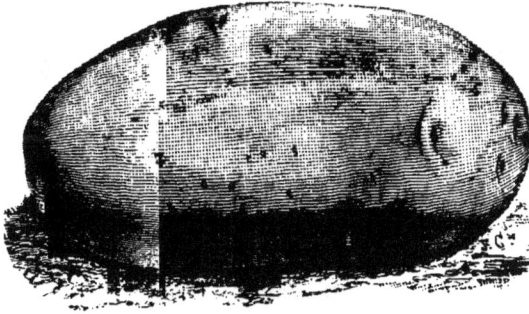

Fig. 324. — Pomme de terre Victor.

Peronospora infestans, a sévi en véritable fléau, on s'est
occupé de procréer des races nouvelles par voie de semis
et c'est ainsi qu'on a obtenu des variétés régénérées plus
résistantes aux attaques du terrible Cryptogame.

La culture de la Pomme de terre maraîchère, ne peut se
faire que dans les grands potagers et en plein champ pour
approvisionner les marchés.

Ce sont les variétés hâtives, qui doivent être l'objet

d'une culture plus rationnelle, parce que les bonnes Pommes de terre précoces se trouvent plus difficilement que celles destinées à la provision. La Pomme de terre hâtive se récolte verte, au fur et à mesure des besoins de la consommation, parce qu'elle perd considérablement par son séjour hors de terre. Grâce à cette récolte précoce, les variétés hâtives se prêtent parfaitement aux contre-plantations de choux de Milan et de choux à jets, et, en tous cas, elles quittent le terrain assez tôt pour qu'on puisse y faire succéder des Choux-fleurs, des Endives, des Poireaux, des Navets, du Céleri rave, etc. Le terrain qui a été occupé par la Pomme de terre, est généralement en bon état de fertilité, grâce aux engrais employés et aux façons de terre dont cette plante est l'objet depuis le moment de la plantation jusqu'à celui de la récolte.

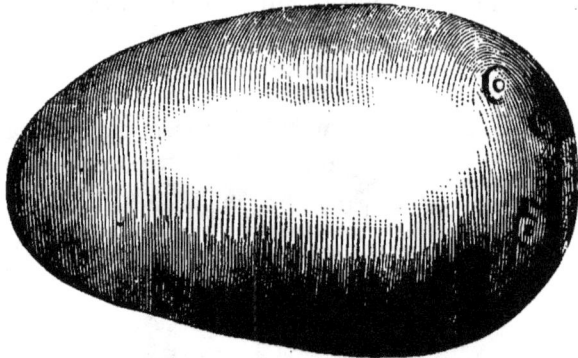

Fig. 325. — Pomme de terre Caillou.

Les variétés les plus répandues et les plus recommandables sont les suivantes :

P. de terre Victor (fig. 324), variété issue de la *P. de terre Marjolin*, la plus anciennement connue, la plus précoce et surtout recherchée pour culture forcée. Outre qu'elle a toutes les qualités de l'ancienne variété, la *P. de terre Victor* est plus productive, plus résistante et conserve plus longtemps son bon goût sans rancir.

De même que la *P. de terre Marjolin*, elle ne porte d'yeux qu'au sommet du tubercule ; ils sont placés à la surface. Son feuillage nain, peu développé, permet de planter les tubercules très rapprochés, à 35 ou 40 c.

Elle non plus, ne donne qu'une bonne génération de germes bien formés, de sorte que, pour la voir pousser régulièrement et produire tôt, elle doit être plantée toute germée ; les tubercules égermés lèvent très tard et imparfaitement.

Les tiges peu élevées permettent facilement la culture sous abri.

Le rendement, comparé à celui de la pomme de terre Marjolin, est beaucoup plus considérable.

Le plant de toutes les pommes de terre de cette classe, choisi lors de l'arrachage, doit être étalé sur des claies exposé à la lumière, en simple lit, c'est-à-dire non superposés les unes sur les autres. Des petites quantités peu-

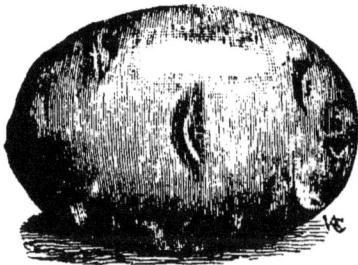

Fig. 326. — Pomme de terre Flocon de neige.

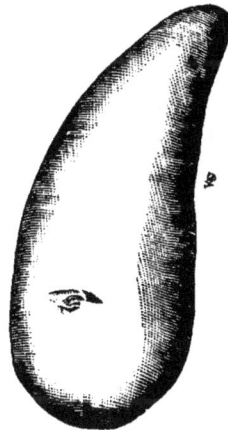

Fig. 327. — Pomme de terre Rognon rose.

vent être disposées en caissettes ou en paniers plats. On les plante sur côtière, fin février, et on couvre de litière.

La *P. de terre Marjolin* a produit plusieurs autres sous-variétés, toutes précoces et recommandables, pour lui succéder : *P. de terre Têtard*, *Ash-leaved Kidney*, (*à feuille d'Ortie*, très précoce), *Belle de Fontenay*, *Caillou*, *quarantaine de la Halle*.

Les sortes succédant à la première catégorie, nous laissent l'embarras du choix, mais les suivantes méritent, entre autres, l'attention des cultivateurs maraîchers :

1° *P. de terre Blanchard*. Tubercule jaune rond, taché de violet, à chair jaune, précoce et se gardant bien ; ses tiges assez élevées se prêtent moins bien à recevoir des entreplantations.

P. de terre Modèle (fig. 328). Tubercule jaune clair, fossettes presque nulles, forme régulière qui justifie son nom, très résistante à la maladie. Ses tiges courtes ne nuisent pas aux produits qu'on y entreplante. La P. de terre jaune ronde hâtive, est la variété appelée en Flandre, à courtes fanes, et le Neuf semaines, que les cultivateurs maraîchers combinent dans la culture avec le Chou de Bruxelles. La P. de terre Rognon rose est appelée par les Anglais Belgian Kidney, quoiqu'elle soit peu connue ici. C'est une variété de précocité moyenne, très bonne, farineuse et de longue conservation, sans rien perdre de ses qualités. Comme toutes les variétés à tubercule long, elle cuit en peu de temps et régulièrement.

Fig. 328. — Pomme de terre Modèle.

La P. de terre royale est la variété de prédilection des Anglais, qui la désignent sous une dizaine de noms différents. Elle a la forme de la P. de terre Marjolin et à peu près la même précocité. Excellente variété pour primeur de pleine terre, elle a besoin de trop de place dans les couches.

Il existe dans les cultures beaucoup de variétés américaines productives, très farineuses, peu sujettes à la maladie, mais leur chair blanche les fait généralement rejeter ici, tandis qu'on les recherche en Angleterre. Ce sont Early rose, Magnum Bonum, Elephant blanc, etc. Aucune Pomme de terre ne peut rivaliser avec ces variétés au double point de vue du rendement et de la richesse en fécule ; elles viennent admirablement dans les terres même sablonneuses à l'excès.

Ces variétés à chair blanche, farineuse, légère ont leurs tubercules près de la surface du sol et ils sont souvent à

Fig. 329. — Mode de végétation des Pommes de terre américaines.

découvert. Tout porte à croire qu'elles proviennent d'un

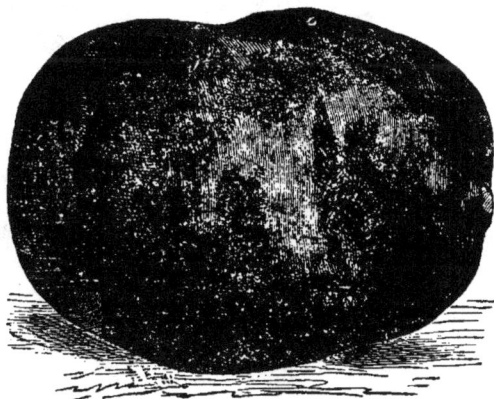

Fig. 330. — Pomme de terre viollete.

type particulier *Solanum stoloniferum* qu'on trouve au Mexique, dont les tiges rampantes s'enracinent (fig. 329).

Les amateurs désireux de se créer une collection de va-

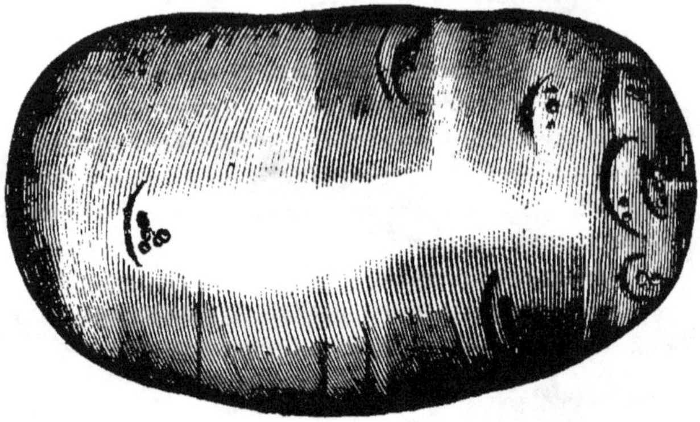

Fig. 331. — Pomme de terre Roi des Flukes.

Fig. 332. — Pomme de terre Prof F. Burvenich.

riétés bien dénommées et qui voudraient connaître des dé-

tails sur les nombreuses variétés de P. de terre, consulteront avec fruit l'intéressant et consciencieux travail de M.
Vilmorin (1).

Parmi les variétés de provision citons la *P. de terre violette* (fig. 330), *Roi des Flukes* (fig. 331), *Rouge de Zé-
lande* et surtout la *Lilloise* (jaune) et la *Jaune d'or de
Norwège* (fig. 333).

M. L. Lacroix, Directeur de la Ferme-Ecole de West-
maele, qui s'occupe spécialement et avec succès des semis
de Pommes de terre, a bien voulu nous dédier un de ses
nombreux gains provenant du croisement de la variété

Fig. 333. — Pomme de terre Jaune d'or de Norwège.

Eigenheimer par *Jaune d'or* et nous adresser des tubercules, que nous avons trouvés exquis. Elle est violacée au
sommet, longue ovoïde à chair jaune ferme farineuse à la
surface et de très bonne garde comme variété de provision;
elle produit des fleurs blanches stériles. Dans les cultures
de l'obtenteur elle a donné un rendement de 27 mille 150
kil. à l'hectare, production qui s'est affirmée dans nos cultures d'essai.

(1) **Catalogue méthodique et synonymique des Pommes de terre. Prix : fr. 1.65, port
compris.**

Plantation.

Avant de faire la plantation, il faut préparer le replant
à une prompte germination. Chacun sait que les tubercules de grosseur moyenne sont les meilleurs à planter et que,
si on veut se servir des plus gros, il faut, plusieurs jours
à l'avance, les couper de haut en bas en deux parties, afin
de donner aux faces mises à nu, le temps de se cicatriser.

La préparation la plus importante est celle qui consiste
à exposer les tubercules à la lumière pour les faire verdir.

Au commencement de mars, on les plante, dans un terrain bêché quelques semaines auparavant, en lignes longitudinales, dans de petits trous carrés qu'on fait à la bêche

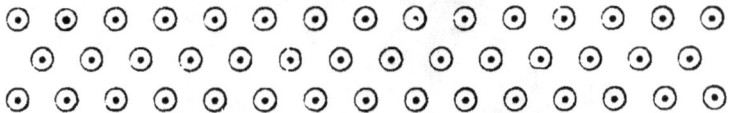

⊙ ⊙ ⊙ ⊙ ⊙ ⊙ ⊙ ⊙ ⊙ ⊙ ⊙ ⊙ ⊙ ⊙ ⊙
  ⊙ ⊙ ⊙ ⊙ ⊙ ⊙ ⊙ ⊙ ⊙ ⊙ ⊙ ⊙ ⊙ ⊙
⊙ ⊙ ⊙ ⊙ ⊙ ⊙ ⊙ ⊙ ⊙ ⊙ ⊙ ⊙ ⊙ ⊙ ⊙

Fig. 334. — Plantation de la Pomme de terre hâtive en plein champ.

ou à la houe le long du cordeau ou de lignes marquées au
traçoir.

Au fond de chaque trou, on dépose une bonne poignée
d'un compost préparé spécialement à cet usage, au moyen
de balles, de feuilles, de germes d'orge (touraillons), de terreau, le tout formant un mélange léger et spongieux destiné autant à isoler le tubercule de la terre encore froide et
humide qu'à lui servir d'engrais. On couvre les Pommes
de terre plantées, de 6 à 8 c. de terre seulement, en ayant
soin de ne pas briser les pousses ; le restant de la terre
provenant des petites fosses, reste entre les rangs et viendra couvrir les plantes, lors des binages et du buttage.

Nos maraîchers qui cultivent en pleine campagne la P.
de terre jaune ronde hâtive, bêchent le terrain avec soin et
en même temps le fument copieusement. Par un temps sec
et doux, dans les terrains légers, ils font, au plantoir, le
long du cordeau, des trous ronds, assez grands pour contenir aisément le tubercule (fig. 334) puis recouvrent le
plant à la herse ou au rateau. On peut encore avoir recours à ce mode de plantation lorsqu'on fume chaque touffe séparément à l'engrais chimique ou avec des germes,
d'orge qui occupent peu de place dans les trous.

Lorsque les Pommes de terre lèvent, on leur donne un léger binage et quand les fanes ont atteint à 10 à 12 c. de hauteur, on les butte après leur avoir donné un arrosement d'engrais liquide ou un supplément d'engrais chimique. Le buttage des P. de terre a été désapprouvé par les uns, d'autres lui ont attribué des avantages exagérés. A notre avis s'il est moins nécessaire, pour des tubercules qui ne seraient pas exposés à se trouver à découvert, comme c'est le cas dans les terres de quelque consistance et avec les variétés ordinaires, il présente des avantages incontestables dans des sols mouvants que le vent et la pluie déplacent et surtout chez la plupart des variétés américaines, dont les tubercules se développent presque à fleur du sol. C'est au moment du buttage que dans les sillons, séparant les lignes de Pommes de terre, on plante les Choux qui occuperont le terrain après la récolte.

Il est nécessaire de faire, dès l'automne, le choix du replant et de le traiter comme nous l'avons expliqué précédemment en laissant sécher et verdir les tubercules qu'on conserve sur des tablettes dans un lieu clair, abrité et aéré. Il est avéré qu'on maintient et qu'on perfectionne même la précocité des P. de terre en les plantant par continuité avec leurs premiers germes.

En Flandre les petits cultivateurs entreplantent des Betteraves, des Rutabagas et même des Pois ; pour ces derniers ils ne mettent qu'une ligne de pois sur 3 de pommes de terre. Ils prétendent que ce surcroît de culture nuit fort peu à la production des tubercules. D'autres sèment quelque temps avant la récolte de la *Serradelle* qu'ils utilisent comme fourrage ou comme engrais vert.

Pour les variétés de provision, il serait bon de planter à plus grande distance qu'on ne le fait d'habitude ; on devrait ménager 70 c. entre les rangs et planter à 60 c. sur la ligne. Ce serait tout gain au point de vue de la main d'œuvre, du plant et du produit. N'oublions pas qu'une des causes principales de la maladie des tubercules, est l'humidité du sol et le manque d'aération de celui-ci. La plantation espacée obvie à ces deux causes de la pourriture ou de la dépréciation de la qualité des tubercules.

La culture de la pomme de terre hâtive à l'île de Jersey est tellement importante qu'à la saison de nombreux bateaux à vapeur circulent constamment entre Jersey et Londres pour l'approvisionnement de la grande capitale.

Dans les environs de Malines la culture de la P. de terre hâtive est très importante ; il en est de même partout, à proximité des centres populeux. Les Malinois fument beaucoup avec les balayures de rue passées à la claie. Ils plantent 4 rangs sur des planches de 1,50 m. disposées en ados. De fin juin au 15 juillet on en expédie de la station de Malines environ 2 mille wagons.

Les maraîchers et les petits agriculteurs de la banlieue surtout du nord de Gand trouvent dans la culture de la pomme de terre hâtive une ressource très conséquente.

Dans les dernières années on est arrivé à enrayer le développement de la maladie par les aspersions de bouillie bordelaise, une fois préventivement et une 2ᵉ fois à l'apparition des premiers germes de maladie.

Conservation.

Les pommes de terre de garde se récoltent en septembre octobre, quand les fanes sont bien sèches. On les laisse

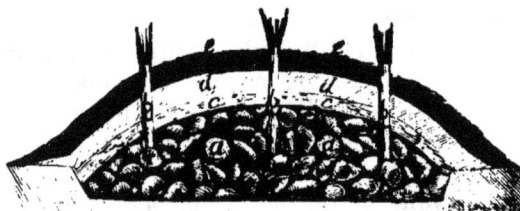

Fig. 335. — Silos à pomme de terre.

ressuyer pendant 3 à 4 jours pour qu'elles perdent leur excédant d'eau, puis on les dépose dans des caves sèches et obscures et à l'abri de la gelée.

Elles se conservent avec succès en silos, de la manière suivante :

On creuse une cavité ronde ou rectangulaire de 35 c. de profondeur ; la terre extraite se dépose sur le bord. La fig. 335 indique tout l'aménagement d'un bon silos : a, *tubercules* jetés pêle-mêle en tas bombé dans la fosse qui est tapissée de paille ; b, cheminées d'aérage formée par des fascines de ramilles qui dépassent le tas d'une 20ᵉ de centimètres. On couvre les pommes de terre d'une couche de paille *c*, de 7 à 8 c., puis d'une légère couche de terre damée *d*, qu'on se procure en creusant une rigole autour des silos. En temps de gelée on donne une couverture supplémentaire de feuilles ou de litière *e*. Là où on peut se procurer les aiguilles de Pin, on ne saurait assez en recommander l'usage pour couvrir les silos et en général pour préserver les plantes de la gelée. Quand les silos sont très longs, on les divise en compartiments au moyen de paille ou de planches ; on fait de même pour séparer les différentes variétés qu'on y réunirait.

Les pommes de terre sont très facilement détruites par la gelée ; la moindre atteinte du froid leur communique un goût sucré qui les rend impropres à la consommation.

Il est à remarquer que cette saveur douce peut être occasionnée par une autre cause que le froid. Les tubercules de provision conservés en grand tas, peuvent subir cette altération, due au manque d'air. En effet, il suffit d'étendre les pommes de terre en couche peu épaisse dans un lieu aéré et abrité, pour faire disparaître la saveur sucrée.

Pourpier.

Origine.

Himalaya, Russie méridionale et Grèce.

On ne doit admettre dans le potager que la variété dite *P. doré à larges feuilles* ; le *P. jaune* n'en est qu'une forme dégénérée et le *P. vert* n'est guère que l'espèce sauvage.

Cette plante herbacée et grasse, a des racines traçantes; elle aime la chaleur et craint l'humidité.

Le semis se fait à la volée, très dru, une première fois vers la fin d'avril ou dans les premiers jours de mai et encore à condition de le faire dans un terrain sablonneux, sur une côtière exposée au midi. Le Pourpier doit trouver son engrais en abondance à la surface du sol sous forme de terreau ; si l'humidité n'y met point obstacle, la terre pourra être bien imprégnée d'engrais liquide, la veille des semailles. On ne doit couvrir les graines qu'en passant le rateau légèrement et dans une seule direction, ou bien en saupoudrant la graine, qui est très fine, de terreau ou de cendres sèches s'il fait humide. Les sarclages doivent être

Fig. 336. — Pourpier doré à larges feuilles.

bien observés et les deux ou trois premières récoltes se font à la main en éclaircissant les plantes, jusqu'à ce qu'elles se trouvent à 10 c. de distance ; dans la suite on récolte par coupe.

On fait encore deux semis dans l'année, un à la fin de mai, l'autre en juillet. Plus tard on n'obtient que rarement de bons résultats. Vers l'automne, lorsque les pluies et les nuits froides se font sentir, les feuilles de pourpier sont atteintes à la surface supérieure par un champignon (*Cystopus portulacoe*) qui forme des taches irrégulières d'un blanc jaunâtre et détruit la récolte. Il n'y a pas de remèdes contre les maladies qui se mettent sur les parties vertes qu'on consomme.

Porte graines.

Le Pourpier dégénère promptement, si on n'a pas soin d'isoler les plus beaux plants en les repiquant tout jeunes, à 25 c. de distance, pour les laisser s'étaler librement. Quand les premières graines commencent à mûrir et à sortir de leur enveloppe, on récolte soigneusement les plantes, de la manière décrite pour la Claytone.

Si on ne parvient à sécher au soleil, il faut laisser pourrir le tout et extraire la graine par le lavage.

Radis.

Origine.

On désigne généralement la Chine et le Japon comme patrie de nos Radis cultivés, mais des expériences faites par M. Carrière tendent à prouver qu'ils sont issus des Radis sauvages que l'on trouve ici (*R. Raphanistrum*).

On peut classer les variétés de Radis en quatre sections principales : *R. de printemps, R. d'été, R. d'automne* et *R. d'hiver:*

Les premiers comptent le plus de variétés ; ils ont pour mérite de se succéder et de présenter certaines variations

Fig. 337. — Radis rond écarlate hâtif.   Fig. 338. — Radis blanc rond hâtif.

de forme et de couleur qui permettent d'en faire de jolis plats de hors-d'œuvres. C'est à ce titre surtout, que la nouvelle variété, *R. Triomphe* (fig. 343), à fine racine ronde blanche zébrée transversalement et pointillée de rouge, est une bonne acquisition.

Parmi ces Radis, nous recommandons : 1° le *R. rouge rond écarlate* (fig. 337) et *R. demi-long écarlate* (fig. 341), ainsi que leurs jolies sous-variétés *R. rond et long à bout blanc*, le *R. blanc rond hâtif* (fig. 338), le *R. blanc demi-long* (fig. 340) et le *R. rond rose saumoné.* Les *R. d'été* (Radis de mai) *blanc rond* (fig. 344) et *blanc long délicatesse* à chair transparente, *gris* et *jaune ovale* leur succèdent.

Dans quelques jardins on sème à l'ombre en été après les Radis de mai, les *Raves* (fig. 345), espèce de radis très longs, très tendres, d'une culture facile, mais d'un goût peu relevé ; on en rencontre des rouges, des violettes et des blanches.

Fig. 339. — Radis rond rose saumoné.   Fig. 340. — Radis blanc demi-long hâtif.

R. d'automne rose de Chine (fig. 346) est la meilleure variété à cultiver pour l'arrière saison. Comme Radis d'hiver on cultive le *R. noir rond* (fig. 350). Mais dans les terrains légers et profonds, exposés à la sécheresse, il faut donner la préférence au *R. noir long* (fig. 348). Le *R. violet de Gournay* (fig. 349), est une variété très recherchée ; elle est à chair plus tendre très blanche et peut atteindre le poids de 3 kilos.

Dès le mois de février, on fait les premiers semis de Radis hâtifs ; quelquefois on répand la graine des variétés en mélange.

Comme la plante se développe en peu de temps et que le feuillage qu'elle émet est fort menu, on peut l'entresemer sans inconvénient dans les Carottes, les Oignons, les Choux, les Scorsonères, etc. Ainsi que toutes ces plantes,

les Radis aiment un terrain fertile, bien émietté et légèrement tassé.

On refait des semis de ces variétés, de quinzaine en

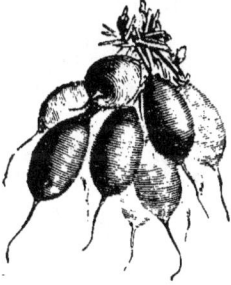

Fig. 341. — Radis écarlate
demi-long hâtif.

Fig. 342. — Radis rouge
demi-long à bout blanc.

quinzaine jusqu'à la mi-avril, époque à laquelle se sèment
les Radis d'été et les raves. Les petits Radis possèdent

Fig. 343. — Radis hâtif Triomphe.

leurs qualités au plus haut degré tant que la plante conserve ses cotylédons. Ceux-ci étant fanés, les racines ne
tardent pas à devenir spongieuses.

21

On recommande l'usage, sous forme de légume cuit, de petits Radis printaniers ; ce mode d'emploi permet d'utiliser la surabondance de ce petit produit qui se développe avant tout autre légume et en très peu de temps. Ce mets doit être fortement épicé.

Le *R. d'automne rose de Chine* est une race intermédiaire entre le *R. d'été* et le *R. d'hiver noir* ou *Ramolace* des Wallons.

C'est un beau Radis rose, à chair ferme et croquante, n'ayant ni le goût piquant des variétés d'hiver, ni la saveur fade des Raves. Le *R. rose de Chine* est l'objet

Fig. 344. — Radis d'été blanc rond.

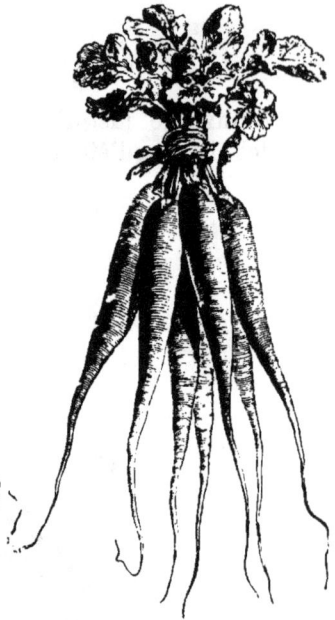

Fig. 345. — Rave rose d'été.

d'une grande culture dans le Duché de Limbourg pour les marchés Allemands.

Le *R. rond écarlate de Pamir* (fig. 347) est aussi un beau et bon radis d'automne.

On fait un premier semis assez dru de ces Radis fin mai, commencement de juin, pour les récolter petits quand ils sont à peine formés. Ils succèdent ainsi au *R. d'été* et ont, à ce point de développement, la forme du *R. rose de-mi-long*, mais plus du double de sa grosseur ; ils ne de-viennent pas creux en grossissant. Un second semis se fait en juillet, plus clair, comme on procéderait à un semis de Navets. La récolte commence en septembre et se continue jusqu'aux gelées. C'est alors qu'arrive le tour des *R. d'hi-ver* ou *Ramolaces*, improprement nommés aussi *Raiforts*, qu'on entresème quelquefois dans les Navets et qui, pa-reils à ceux-ci, se conservent en jauge ou en silos, et res-tent comestibles jusqu'aux mois de mai et juin.

Fig. 346. — Radis d'automne
rose de Chine.

Fig. 347. — Radis d'automne écarlate de Pamir.

Nous avons obtenu d'excellents résultats en repiquant ces radis à 15 c. de distance lorsque les jeunes plants avaient encore leurs cotylédons.

La culture automnale du petit Radis de printemps est trop peu pratiquée. Semés après les grandes chaleurs, com-mencement de septembre, ils donnent jusqu'en novembre. C'est un produit très agréable, dont on n'a dû suspendre le semis au printemps que parce que la chaleur mettait obstacle à leur bonne venue.

Le *R. de Chine* mis à pousser à chaud et à l'obscurité,

développe des feuilles étiolées, rosées, ayant un léger goût de Cresson, qui constituent une bonne fourniture de salade d'hiver ; les feuilles du *R. noir d'hiver* obtenues dans les mêmes conditions sont moins tendres.

Porte graines.

Sur nos marchés, nous trouvons beaucoup de Radis dégénérés tant sous le rapport de la forme que de la qualité; cette dépréciation est due à la négligence dans le choix des porte-graines. Le plus souvent on ne fait aucune sélection,

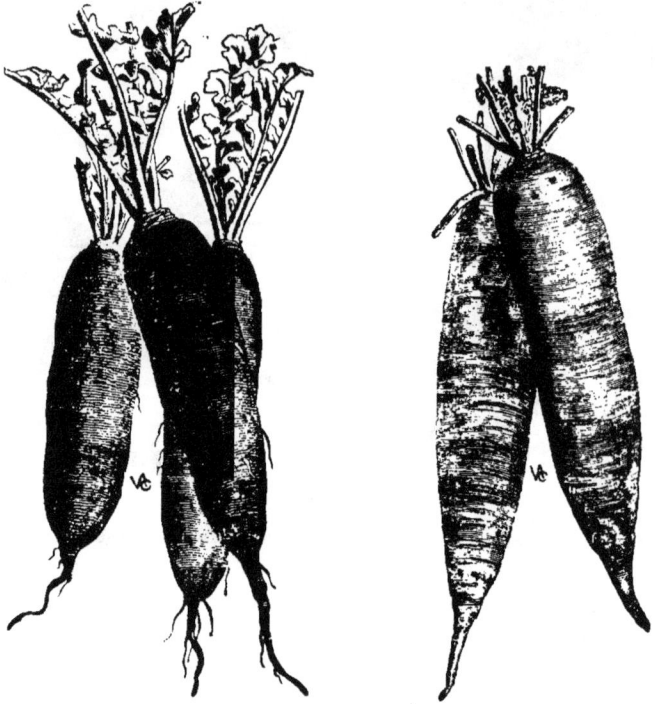

Fig. 348. — Radis d'hiver noir long.   Fig. 349. — Radis d'hiver violet de Gournay.

surtout pour les Radis de printemps et d'été, laissant çà et là monter les premières plantes venues. Pour procéder rationnellement, il faut arracher les Radis et choisir ceux à racines lisses, brusquement terminées par une queue très fine et à feuilles peu nombreuses et courtes.

On les replante à 30 c. de distance, on serre bien la terre autour de la racine en ayant soin de ne pas enterrer les feuilles jusqu'au cœur. On arrose, et pendant quelques jours, les plantes sont ombragées au moyen d'une feuille de Chou, par exemple. Les siliques ne s'ouvrant pas à la maturité, on laisse la graine bien mûrir sur pied, après quoi on arrache les tiges pour les suspendre aux combles.

Fig. 350. — Radis d'hiver noir rond.

Les porte-graines de Radis d'automne et d'hiver se plantent en place au moment de la récolte en octobre-novembre. Le *R. de Chine* n'étant pas complètement rustique, demande un abri de feuilles mortes, à moins d'être planté au printemps.

Comme toutes les graines oléagineuses, les graines de de Radis doivent être conservées dans des sacs en tissus.

Rhubarbe.

La plante type qui a produit les races potagères et plusieurs variétés ornementales, est le *Rheum palmatum* (fig. 351), introduit de Mongolie.

On reste stupéfait devant les quantités prodigieuses de pétioles de Rhubarbe qui apparaissent en mai à Covent-Garden, et on a peine à croire alors que ce légume était à peine connu des Anglais il y a un demi-siècle.

Ils font une énorme consommation de Rhubarbe, dans les tartes à confitures et dans leurs poudings si appétissants; ils en fabriquent même du vin.

La Rhubarbe Burbank qui devait produire en plein air tout l'hiver et se reposer en été, est allée rejoindre les *Wonderberries* et autres merveilles de ce genre.

Les jardiniers anglais ont obtenu des variétés potagères qui se caractérisent par la précocité, le volume, la consistance et la saveur des pétioles.

Dans les dernières années la consommation de ce produit s'est accrue rapidement, même parmi le peuple, mais on rencontre encore beaucoup de pétioles médiocres.

La *R. Paragon* est le produit le plus parfait qu'on pût

Fig. 351. — Rhubarbe comestible type.
(*R. Palmatum*).

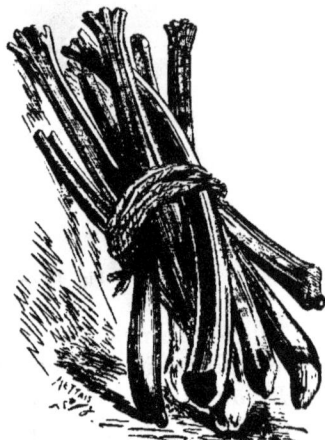

Fig. 352. — Pétioles de Rhubarbe.

jamais entrevoir. Elle éclipse toutes les autres variétés telles que la *R. Mitchell's royal Albert*, et la *Victoria*, qui étaient jadis les plus estimées.

Elle possède non seulement une saveur plus vineuse, moins acide, mais elle produit en abondance des pétioles gros et charnus (fig. 352), qui atteignent jusqu'à 60 c. de longueur sur une plante en quelque sorte inépuisable. Cela tient au fait que jamais elle ne produit la moindre apparence de tige florale. Par sélection on a obtenu une sous-variété ayant toutes les qualités de la *R. Paragon*, mais, qui s'en distingue par 8 à 10 jours de précocité ; on l'a nommée *R. Princesse royale*.

La nouvelle variété *R. Monarch*, se distingue par les dimensions colossales des pétioles et l'envergure énorme de la plante qui en fait en même temps une bonne variété ornementale. Elle est de bonne qualité mais elle n'est pas encore entièrement affranchie de la montée en graines.

Les Rhubarbes qui ne donnent point de graines se multiplient au printemps d'éclats munis d'un bourgeon au moins. Pour les anciennes variétés qu'on devrait abandonner peu à peu, on doit semer les graines au mois de juillet, immédiatement après leur maturité, clair sur une plate-bande terreautée et un peu ombragée ; on couvre la graine de 2 c. de terre, au moins, et on entretient le sol à un bon degré de fraîcheur, au moyen de bassinages et de paillis.

La Rhubarbe croît par préférence dans un terrain fertile et frais. Elle n'aime ni le sable, ni l'argile et elle exige beaucoup d'engrais.

Au printemps, avant l'entrée en végétation, les jeunes plants sont plantés en trous carrés, bien fumés comme ceux destinés aux Artichauts, aux Cardons, aux Choux-marins et on les espace les uns des autres à une distance de 70 centimètres. Pendant l'été on tient le sol propre et on coupe jusqu'au cœur de la plante, les tiges florales qui pourraient se présenter. Dans les grandes cultures anglaises que nous avons rencontrées dans le Kent, on utilise la première année les champs de Rhubarbe par une entreplantation de P. de terre hâtive (*Royale Ash-leaved Kidney*), genre Marjolin.

A la deuxième année, on peut déjà récolter une demi douzaine de feuilles par plante, à condition de les avoir abondamment fumées d'engrais liquide ou de fumier d'étable au printemps ; cette fumure doit se faire lors du nettoyage et du serfouissage qui constituent la toilette annuelle du carré de Rhubarbes. La troisième année, les plantes sont toutes formées et on peut en faire une abondante cueillette ; celle-ci se pratique en saisissant les pétioles contre terre et en les tirant vivement à soi pour les désarticuler à leur point d'insertion, sans les briser. On coupe immédiatement le limbe des feuilles pour mettre en bottes (fig. 352). Dans notre pays beaucoup de jardiniers ont le tort de s'obstiner à livrer la Rhubarbe munie de ses feuilles.

Un carré de Rhubarbe, surtout de *R. Paragon*, produit, sans en souffrir ni décliner, pendant 5 années au moins.

On améliore la qualité des pétioles et on les rend plus précoces, en buttant les plantes avec de la terre ou mieux encore avec de la sciure de bois ou du tan usé ; cela n'empêche qu'à défaut de ce soin, les produits ne soient très bons.

On peut aussi hâter la production en couvrant de cloches ou de pots à choux marins dont on remplace le couvercle par une petite feuille de verre, pour éviter l'étiolement complet.

Salsifis.

Origine.

Se rencontre dans les prairies en France, en Grèce, en Dalmatie, en Italie et en Algérie.

Cette plante (fig. 353), diffère de la Scorsonère, par sa racine blanche, sa feuille étroite et lisse, sa fleur pourpre ; de plus, elle est franchement bisannuelle, tandis que la Scorsonère peut vivre plusieurs années.

Le *S. blanc* a sa raison d'être parce qu'il réussit dans les terres froides et compactes ; il y atteint en peu de temps de fortes dimensions, tandis que la Scorsonère se développe peu et se fourche dans ces sortes de terrains. On sème en février, en rayons profonds de 5 c. On garantit le semis contre l'attaque des oiseaux, au moyen d'une petite tenderie de cordelettes comme nous l'avons expliqué pour la culture des Pois.

Lorsque les plantes ont quatre feuilles, on les éclaircit de manière à ce qu'elles se trouvent à 10 c. dans les rangs ; peu de temps après, on enlève les entresemis de Radis et de Laitues. On peut commencer à récolter les Salsifis dès le mois de septembre, et, à la fin d'octobre, les arracher en masse pour les conserver en cave ou en jauge.

Les racines mises en piles dans un endroit chaud et obscur, à la manière de la Chicorée, se mettent à pousser et produisent une belle salade blanche du genre de celle dite Barbe de Capucin, mais plus tendre, douce et très savoureuse ; elle se mélange à la Mâche et à des tranchettes de Betteraves, relevées de fines herbes.

Porte-graines.

A l'automne, on choisit les plus belles racines qui se plantent à 20 c. de distance. La graine se récolte à mesure que les capitules montrent leurs aigrettes plumeuses. Le

Fig. 353. — Salsifis blanc.

vent et les oiseaux y causent de grands dégâts quand on ne cueille pas assidûment.

Scorsonère.

Origine.

Spontanée dans toute l'Europe, depuis l'Espagne jusqu' au Caucase et en Sibérie.

La culture de cette plante a beaucoup de rapport avec celle

du Salsifis, mais elle réclame une terre fertile et profondément labourée, redoutant surtout le fumier pailleux. On ne saurait dans la culture de cette plante trop diviser, ameublir, ni émietter le sol à une grande profondeur à cause de sa tendance à se fourcher.

On sème vers le milieu du mois de février en rayons, à raison de 100 grammes par are. On peut, sans inconvénient, y entresemer des Carottes grelot qui seront récoltées avant d'avoir pu causer le moindre préjudice aux Scorsonères. Le jeune plant résiste bien aux froids qui pourraient encore survenir après la levée ; la plante de cette façon, dispose de tout l'été pour atteindre son développement complet, ce qui est le but à atteindre dans cette culture. Par une erreur routinière, on ne se hâte jamais de semer, sous prétexte qu'on ne peut récolter que la 2e année. Les raci-

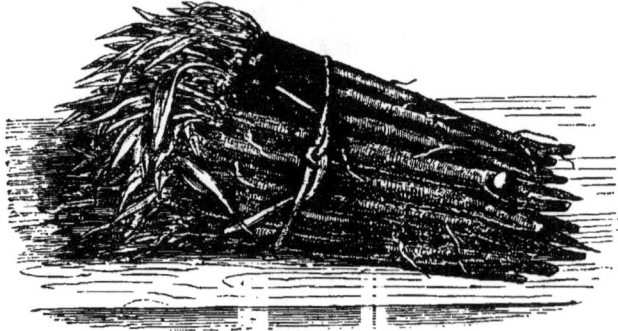

Fig. 354. — Scorsonère.

nes de l'année étant plus tendres que celles de deux ans, on ne doit pas leur laisser atteindre cet âge, à moins que le développement n'ait été imparfait la première année; dans ce cas, il faut supprimer à ras de terre les tiges florales à mesure qu'elles se montrent. Ce conseil doit être suivi, même pour les plantes qui montent dès la 1re année.

Comme à toutes les plantes racines, le serfouissage est très favorable au développement des Scorsonères. En temps de sécheresse on arrose, en ayant soin de mouiller chaque fois à fond.

On peut aussi, pendant l'hiver, faire pousser les feuilles à l'obscurité et les employer en salade, sans que la racine ait de ce fait perdu toutes ses qualités.

A l'automne, on ne doit mettre sous abri ou en tranchées que la quantité de Scorsonères nécessaire pour ne pas en être privé lorsqu'il gèle : la plante étant d'une rusticité à toute épreuve, le gros de la provision peut rester sur place, où les Scorsonères se conserveront avec toutes leurs qualités, si on les préserve de la gelée ; celle-ci, sans toutefois les détruire, en modifie singulièrement le goût et la consistance.

Vers l'automne, cette plante est presque toujours atteinte par le *blanc*, maladie cryptogamique qui a beaucoup d'analogie avec le blanc des pois. On peut en débarrasser les plantes avec la bouillie bordelaise lorsque l'on s'y prend au début.

Nous n'avons jamais constaté que le *blanc* altère le produit d'une manière appréciable.

Porte-graines.

Au commencement de novembre, on choisit quelques-unes des racines les plus lisses et les plus fortes, parmi les plantes qui n'ont montré aucune tendance à monter en graines et on les plante à 30 c. de distance. En été, la graine se cueille au fur et à mesure que se montrent les aigrettes plumeuses, facilement emportées par le vent ; les chardonnerets, les linottes et les pinsons en sont d'ailleurs très friands. Ces porte-graines peuvent rester en place pendant plusieurs années, la quantité et la qualité de la graine ne peuvent qu'y gagner. Celle-ci doit être soumise à un nettoyage sévère pour chasser tout grain léger ou imparfaitement formé, car, ne l'oublions pas, ce sont les graines faibles qui donnent naissance aux plantes montant prématurément en graines.

Tétragone.

Origine.

Cette plante est originaire de la Nouvelle-Zélande, d'où elle fut rapportée lors du voyage du capitaine Cook ; on l'a trouvée au Japon et au Chili. C'est une succédanée de l'Épinard qui mérite de figurer au premier rang des plantes alimentaires.

Au mois de mars, on sème une vingtaine de graines (fruits), chacune dans un petit pot, ou bien toutes ensemble dans une terrine qu'on met sur couche chaude ou en serre. Pendant les premiers jours de mai, on les plante à 80 c. de distance dans un trou ou capot de 25 c. en tous sens, rempli de terreau. Cette plante vient surtout bien à une exposition chaude, aussi est-il recommandable de la mettre sur une planche élevée en ados.

La Tétragone produit un grand nombre de tiges traînantes, qui se couvrent de feuilles grasses, moins fondantes cependant que celles de l'Epinard, de la Bette et de

Fig. 355. — Tétragone.

l'Arroche. Comme ses feuilles repoussent sans cesse sur de petits rameaux latéraux et ne fondent guère par la cuisson, une douzaine de plantes suffisent pour alimenter la cuisine d'un menage bourgeois, pendant les mois de juin juillet, août, septembre et octobre. Cette plante a pour grand mérte de produire d'autant plus de feuilles fraîches et succulentes, qu'il fait plus chaud.

Quand le thermomètre descend à 3°, la Tétragone est entièrement réduite en fumier. Il importerait de l'abriter si on voulait en prolonger la durée plus longtemps que l'automne.

Tomate.

(Voir *Culture forcée*).

PLANTES D'ASSAISONNEMENT.

Ces plantes servent uniquement à relever le goût d'autres légumes ou de divers mets ; ce sont, les épices du potager. Quelques-unes sont presque indispensables, aucune ne manque d'utilité. Elles réclament à peu près des soins identiques ou, pour mieux dire, elles n'en exigent pas. Un grand nombre sont vivaces et rustiques, souvent plus difficiles à détruire qu'à cultiver. Il est bon de les réunir en collection, en plantant sur une planche ou une plate-bande divisée en petits carrés, quelques touffes de chacune d'elles. La place des espèces annuelles reste libre l'hiver et, à chaque printemps, on les resème dans leur compartiment respectif. On rougirait de ne pas connaître l'*Arec* des Indiens, l'*Anata* des Arabes et le *Koudzou* des Japonais, mais, dans bien des jardins, on rencontre à peine quelques uns des condiments presqu'aussi indispensables que le poivre et le sel, qu'on foule pour ainsi aux pieds. Pour en faire des provisions d'hiver, il faut les récolter vers le moment de la floraison, les sécher rapidement, les réduire en poudre et les conserver en vase clos.

Ail.

(Voir page 187).

Angélique.

Grande plante vivace qui aime un terrain frais et fertile ; se multiplie de graines et par séparation de touffes. On mange ses côtes confites ; les feuilles et les graines entrent dans la composition de certaines liqueurs. Elles sont l'ingrédient dominant dans la liqueur « La Chartreuse ».

Basilic.

Petite plante annuelle, dont à chaque printemps on sème une potée sous châssis, pour être repiquée à sa place au mois de mai.

Cerfeuil musqué.

Plante vivace, dont il faut planter une dizaine de touffes. Ses jeunes feuilles, ont un goût plus prononcé que le Cerfeuil ordinaire, de sorte qu'il faut en employer moins. Quand on possède ce condiment, on peut à la rigueur se passer du Cerfeuil ordinaire. On coupe de temps en temps les feuilles, pour en faire pousser des fraîches. La multiplication se fait de graines à semer immédiatement après la récolte. La durée des plantes est presque indéfinie.

Ciboule et Ciboulette.

(Voir page 188).

Citronelle.

Plante vivace dont on ne doit cultiver que 2 ou 3 touffes ; il faut l'empêcher de trop s'étendre en la rognant de temps en temps à la bêche sur la limite de l'emplacement qui lui est affecté. Elle conserve bien ses qualités étant séchée.

Cresson alénois.

Depuis le mois de février jusqu'au mois de septembre, on sème cinq à six fois de ce Cresson. On donne la préférence au *C. alénois doré* (fig. 356) qui monte moins vite en graine, ou au *C. frisé* (fig. 357). On lui réserve deux carrés de deux mètres pour en avoir une partie à récolter, une autre fraîchement semée.

Cresson de fontaine.

La culture en est possible même quand on ne dispose pas de fossés ni de ruisseaux ; on peut la semer à l'ombre ou en conserver quelques plantes dans des terrines remplies d'eau et enterrées.

Cresson de terre.

Plante vivace, qui produit en plein hiver quand le Cresson alénois ne s'obtient pas en plein air (novembre à mars).

Fig. 356. — Cresson alénois doré.

Fig. 357. — Cresson alénois frisé.

Fig. 358. — Cresson de fontaine.

Fig. 359. — Cresson de terre.

Estragon.

Plante condimentaire indispensable pour les salades, les conserves de cornichons et pour parfumer le vinaigre. Elle

Fig. 360. — Estragon.

est vivace, trace beaucoup et ne périt que par une humidité continuelle et excessive.

Fenouil.

Plante vivace dont trois ou quatre touffes suffisent. Les feuilles qui ont le parfum de l'Anis, et les ombelles florales servent d'assaisonnement aux concombres.

Herbe aux Anguilles.

Est une plante condimentaire spécialement appropiée à assaisonner les anguilles et autres poissons d'eau douce. Réclame une place humide et ombragée.

Origan.

Même usage et mêmes qualités que la Marjolaine ; elle est plus rustique et elle est très mellifère.

Raifort.

C'est le *Cranson* ou la *Moutarde des Capucins*, dont les racines ont une forte saveur de Moutarde. On en cultive quelques touffes et on les empêche de s'étendre au-delà de la place qui leur est assignée.

En Bohème, cette plante fait l'objet d'immenses cultures
qui donnent un bénéfice considérable.

Fig. 361. — Reine des bois.

Fig. 362. — Origan.

Fig. 363. — Sarriette vivace.

Fig. 364. — Thym.

Reine des bois.

Herbe aromatique formant de jolies bordures. Les Allemands la nomment *Waldmeister* et s'en servent pour aro-
matiser les vins blancs (Mai-Trank).

22

Sarriette.

Il en existe une espèce annuelle, mais il est préférable
de cultiver l'espèce vivace ; on en conservera une demi
douzaine de touffes pour servir d'assaisonnement aux Haricots verts et surtout aux Fèves.

Sauge.

Plante vivace dont on cultive quelques touffes, pour as-

Fig. 365. — Sauge.

saisonner les Haricots et les Fèves. les pigeonneaux, les
grives ; elle sert aussi à parfumer le lait.

Thym.

On plante quelques touffes de *Thym ordinaire*, de *T. à
odeur de Citron* ou de *T. Serpolet* ; ce sont de petites
plantes vivaces formant de belles bordures ; elles servent
d'assaisonnement aux Fèves, aux Haricots verts et aux
jambons. Leurs feuilles séchées conservent tout leur arôme.

On compte encore parmi les plantes d'assaisonnement :
l'*Anis*, la *Capucine* dont on utilise le fruit en guise de
Câpres, la *Lavande*, la *Menthe anglaise*, qui forme la base
de la fameuse *Mint-sauce*, dont les Anglais font un grand
usage, et le *Romarin*.

CULTURES COLONIALES

Les Légumes au Congo.

A la suite de la publication « Le potager de Karéma » parue dans le mouvement géographique, d'après les notes fournies par le lieutenant Storms sur les premiers essais de culture potagère au Congo, nous avons écrit en 1885, une série d'articles réunis en brochure, commentant le travail de l'auteur. Ce courageux colonisateur a eu le grand mérite d'avoir tenté des essais qui ont donné un résultat très appréciable, alors qu'il n'avait aucun document pour se guider ; M. Storms était uniquement animé du désir d'introduire une améltoration dans l'alimentation de ses hommes et n'avait, comme il le reconnaît lui-même, que des connaissances techniques très insuffisantes.

En se rendant au Congo, M. Storms avait apporté des graines de légumes européens choisis un peu au hasard.

La différence de sol et du climat surtout, imposaient un choix des espèces limité, en règle générale, aux plantes pouvant s'accommoder d'une température élevée, trop frileuses pour nos régions. Il est indispensable de faire venir d'Europe des graines aussi fraîches que possible et de les placer pour le trajet dans des boîtes en fer blanc hermétiquement soudées, d'où elles ne seront retirées qu'au moment de les confier à la terre ; le moindre séjour dans l'atmosphère chaude et humide des pays tropicaux est fatal à la faculté germinative des graines.

Depuis les expériences de M. Storms, la culture au Congo a fait de grands progrès, aussi bien au point de vue du choix des espèces et des variétés qu'à celui des soins culturaux mieux adaptés aux exigences du climat. Les élèves de nos écoles d'horticulture qui se sont rendus au Congo y ont fait de la culture raisonnée en appliquant les principes puisés à nos cours. Un ouvrage très intéressant a paru sur la culture coloniale des plantes vivrières, potagères et fruitières et sur l'élevage des animaux domestiques, publié par le Gouvernement.

A en juger par ce traité les questions qui se rattachent à la culture en général ne diffèrent guère des règles que nous exposons dans notre traité, concernant le choix du terrain, le drainage, les labours, les divers travaux de culture et des soins que les plantes potagères exigent pendant leur croissance ; la fertilisation du sol, les différents engrais, les assolements, les cultures dérobées et intercalaires, le binage, le buttage, le sarclage, l'arrosage, le tuteurage, etc. etc. se ramènent aux principes généraux de nos cultures. D'ailleurs un praticien éclairé a vite saisi les modifications exigées par des conditions climatériques spéciales pour appliquer dans des circonstances diverses, les connaissances fondamentales de la culture s'il les possède à fond. Les intéressés à la culture coloniale consulteront donc avec fruit, toutes les matières traitées dans notre ouvrage.

Nous ne nous occuperons donc pas ici des détails de culture qu'on trouvera d'ailleurs dans le présent ouvrage. Nous passerons en revue les principales plantes potagères les plus utiles en procédant par l'ordre alphabétique.

Ail.

Cultiver la variété *A. rose hâtif*.

Amarante de Chine.

Excellente plante à employer comme épinard, ne venant bien que dans les pays chauds.

Ananas.

La variété *A. de Cayenne* à feuilles inermes est la plus recommandable. On pourrait peut-être comme en Floride, essayer au Congo la culture en grand en plein champ. Le fruit supportant bien le voyage, à la condition d'être cueilli un peu avant maturité complète, pourrait faire l'objet d'une grande exportation.

Fig. 366. — Ananas de Cayenne.

Fig. 367. — Ansérine Amarante.

Ansérine.

Il y a plusieurs espèces d'Ansérines, mais la plus intéressante est la variété nouvelle A. Amarante (Chenopodium amaranticolor).

C'est une plante annuelle d'une remarquable vigueur, pouvant atteindre en bonne terre 2 m. de hauteur. Ses feuilles accommodées à la façon des épinards sont excellentes ; on leur a trouvé une saveur plus fine et plus délicate que les Epinards ordinaires. Bonne acquisition pour notre colonie, la plante exige un climat chaud. La coloration des jeunes feuilles lui donne un aspect ornemental. Cette plante cultivée à l'exposition du midi a fourni, dans nos cultures, grâce à l'été exceptionnel de 1911, une végétation très vigoureuse. Certains pieds ont atteint près de 2 m. de hauteur, formant des touffes d'un mètre de diamètre, couvertes d'une abondance de feuilles dont le goût surpasse en finesse celui de l'Epinard ordinaire et de tous ses succédanés, y compris la Tetragone.

Artichaut

Cultiver la variété *A. vert de Provence* qui résiste le mieux aux chaleurs.

Asperges.

On peut parfaitement introduire au Congo des griffes d'Asperges d'Europe. Il suffit de bien laisser ressuyer les plantes en les étendant sur la paille ou sur un plancher pendant plusieurs jours. On les emballe ensuite comme les autres bulbes et griffes dans de la balle de sarrasin ou des rognures de liège. Nous avons conservé des plantes d'Asperge à sec pendant trois mois, sans qu'elles eussent subi la moindre altération.

Aubergine.

A cultiver surtout la variété *Violette longue* (fig. 368) la plus appropriée aux usages culinaires dans tous les pays où les étés sont longs et chauds. Ces fruits sont d'une grande ressource pour les pays méridionaux. On les mange coupées en tranches frites à l'huile, ou cuites à l'eau, ou farcies, aussitôt que les fruits ont pris une belle teinte violette. Ces

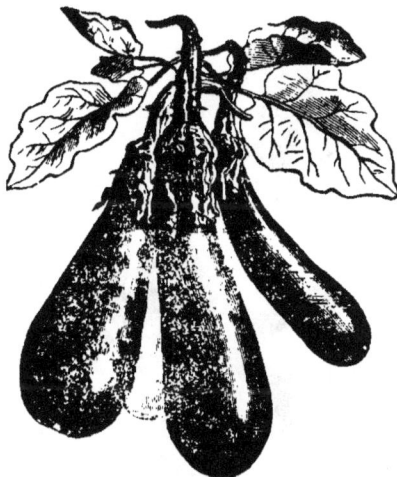

Fig. 368. — Aubergine violette longue.

plantes croissent avec la plus grande facilité dans les pays chauds.

Baselle-blanche.

Plante à feuilles épaisses et charnues venant sans soins et pouvant remplacer le pourpier et servir d'Epinard. Plus il fait chaud plus elle produit.

Betterave rouge longue de Whyte.

A cause de la longueur de sa racine, elle est préférable à toute autre variété comme résistant le mieux à la sécheresse.

Câprier de Provence.

Petite plante vivace sous-ligneuse dont les boutons à fleurs confits, bien connus sous le nom de Câpres, servent d'assaisonnement.

Capacho de Venezuela. (*Canna edulis*).

Les rhizomes de ce Balisier sont alimentaires et fort en usage dans le Vénézuela. Cuits d'abord à l'eau salée comme l'artichaut, puis pelés et assaisonnés de même, ils constituent un bon légume un peu féculent et la plante est très productive.

Cardon.

Fig. 369. — Cardon Puvis.

Plante méridionale. Cultiver la variété *C. Puvis.* Arroser très abondamment.

Champignon.

Il supporte 30° C. et au delà ; doit réussir étant cultivé sous des toits de paille à l'ombre.

Choux.

Les choux cabus blancs hâtifs sont à préférer. D'après M. Ph. de Vilmorin les choux-fleurs ont donné un résultat complètement négatif, au poste de Kangaba, tandis que le *Chou de Milan hâtif* a donné des pommes bien pleines et dures au bout de très peu de temps. Les Chou-raves et les Choux-navets réussissent également bien.

Concombres.

Les variétés à fruits longs mentionnées à la page 174 sont bien adaptées à la culture coloniale. En pays chaud ils se trouvent pour ainsi dire dans leur élément naturel. On cultivera surtout les variétés *Duke of Bedford* et *Rollisson's Telegraph*.

Nous devons ajouter spécialement pour la colonie le *C. des Antilles* (fig. 370) plante grimpante qui donne une grande abondance de petits fruits qu'aux Indes on mange cuits ou confits au vinaigre.

Fig. 370. — Concombre des Antilles.

Parmi les autres cucurbitacées nous recommandons le *Potiron rouge d'Etampes*, dont la chair assaisonnée de rhum et de sucre fournit une marmelade rappelant la compote d'Abricots. En purée on en fait de bons potages. Une petite quantité ajoutée à la pâte de farine, produit un pain jaune, agréable et se conservant longtemps frais.

Les autres espèces mentionnées page 178 sont également recommandables dans le cas qui nous occupe.

Nous devons une mention spéciale à la Courge du Congo, variété encore récente.

Elle appartient à la série des *Cucurbita moschata*. Son petit fruit blanc crème, est de forme très particulière, ainsi que l'indique la figure 371.

Le fruit a la chair compacte, très farineuse, d'une qualité bien supérieure aux autres espèces, plus sucrée et beaucoup plus fine de goût. Sa pulpe, très extensible, don-

Fig. 371. — Courge du Congo.

ne à la cuisson un produit remarquablement abondant, eu égard au volume relativement minime du fruit.

Melon.

Fig. 372. — Melon d'eau.

Ce fruit appartient aux pays chaud, il ne peut manquer

de réussir sans peine dans notre colonie. Outre les variétés mentionnées aux cultures forcées, on pourra y essayer les variétés plus difficiles à cultiver ici, telles que *M. de Malte, M. Ananas d'Amérique, M. de Chypre*. Le Pastèque ou melon d'eau (fig. 372) au suc abondant est une véritable pomme pour la soif dans les pays chauds.

Fenouil de Florence.

L'abbé Rosier dans son cours complet d'Agriculture paru en 1786, fait mention de cette plante potagère. Elle est toujours restée ignorée ou rarement cultivée.

Le F. doux d'Italie se cultive comme plante annuelle. A Naples, surtout dans les Etats romains et du côté de

Fig. 373. — Fenouil de Florence.

Venise, on fait un usage général du Fenouil ; il n'est aucune table où il n'en soit servi.

En Espagne, aux Açores et sur la côte d'Afrique, le Fenouil n'est pas moins apprécié.

On sème le Fenouil en février et en mars et on le plante à 35 c. sur le terreau ou sur une planche richement fumée. La partie comestible est l'aggloméré de la base des feuilles qui forme une masse charnue, qu'on fait blanchir par un buttage.

Pour la table on le fait bouillir à l'eau et on l'accommode à la crème, au jus, au parmesan ou au macaroni. Il est aussi très bon à la sauce blanche comme le céleri et même confit comme les côtes d'Angélique.

Haricots.

Les H. nains se cultivent avec succès mais les Doliques (fig. 374), surtout donnent des produits abondants. M. Ph. de Vilmorin rapporte dans sa Revue des cultures coloniales, que les Haricots produisent une récolte si abondante en vert, que l'Officier qui commandait les postes du Haut-Niger, avait défendu à son cuisinier de lui en servir plus de trois fois par semaine. Il serait intéressant de faire des essais avec certaines variétés de H. à rames qui appartiennent aux climats chauds tels que les *H. de Lima* (fig. 375).

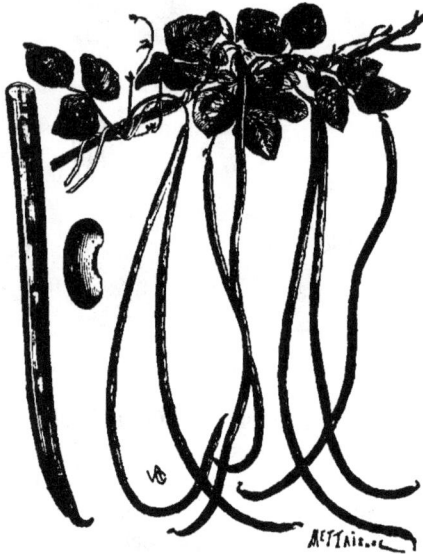

Fig. 374. — Dolique de Cuba.

La sous-variété naine du H. de Lima est un des légumes d'automne les plus apprécié en Amérique. Il est franchement nain, ce qui en simplifie la culture.

Nous possédons dans nos cultures un haricot à demi rames (H. de Transylvanie), qui sans aucun doute serait précieux pour les cultures coloniales. C'est un *Haricot Beurre* à larges cosses à fleurs pourpres et à grain brun.

Les cosses très charnues et tendres sont d'excellente qualité.

Une autre plante de la famille des légumineuses qui offre un sérieux intérêt, et dont les grains se consomment fraîches ou sèches à la manière des haricots, ou servent à quelques préparations culinaires, c'est le *Soya*.

Fig. 375. — Haricots à rames de Lima.

Le Soya d'Etampes, est la variété la plus recommandable pour la culture coloniale, parce qu'elle est notablement plus productive que les autres espèces et variétés et le grain en est plus gros. Toutes les parties de la plante sont plus amples et plus fourrageuses.

Le Soya est originaire du sud de l'Inde. Ce sont les fèves de Soya qui fournissent le fameux lait végétal, qui

Fig. 376. — Soya d'Etampes.

joue un si grand rôle dans la vie alimentaire des Chinois et des Japonais.

Helianthi.

Nous en donnons une description complète page 242 ; pourra probablement prendre rang parmi les végétaux utiles pour notre colonie.

Laitue.

Les variétés croquantes, *L. Bossin*, *Batavia blonde* et les *L. romaines* résistent le mieux aux chaleurs et à la sécheresse

Lentille

Variété *large blonde*, se mange en grain sec, c'est une nourriture agréable et très fortifiante; la plante d'ailleurs exige peu de soins.

Maïs.

Jusqu'ici la culture du Maïs pour l'emploi culinaire, n'était guère connue qu'en Amérique, mais elle s'est propagée en Algérie et tout permet de supposer que ce produit

Fig. 377. — Maïs sucré.

serait une bonne acquisition pour le Congo. Il s'agit de Maïs spécial à grain ridé très sucré, dont il existe déjà plusieurs variétés.

Sucre nain très hâtif.

Très hâtif et très sucré. Les épis sont bons à utiliser deux mois après le semis.

Sucré nain hâtif Mammouth.

Très hâtif et très sucré. Les épis sont utilisables deux mois après le semis.

Sucré demi-précoce.

Demi-hâtif, gros grains larges, tendres, sucrés, d'excellente qualité.

Sucré hybride demi-tardif.

Variété trapue, ne dépassant guère 1 m. 80 de hauteur, à épis placés bas sur la tige et garnis de grains de grosseur moyenne, tendres et restant bien blancs à la cuisson.

Sucré toujours vert, tardif.

Variété très productive, rustique, vigoureuse, à épis de 20 c. de long, portant de 16 à 20 rangs de beaux grains très tendres et sucrés, restant plus longtemps tendres que dans les autres variétés.

On consomme les grains à l'état jeune, c'est-à-dire encore laiteux. Il suffit de jeter dans l'eau bouillante les épis qui, une fois cuits, doivent être servis avec une sauce au beurre.

Navet.

Ce légume ne prospère pas dans les pays chauds ; mais fait curieux, certains gros radis y réussissent, et ce au point, que dans le Fouta-Djallon, notre *Radis blanc géant* de Stuttgard a pu être utilisé en guise de Navet. C'est un très gros radis blanc en forme de toupie, à chair blanche, ferme et juteuse.

Oignon.

Les gros oignons doux, *O. de Tripoli* ou *de Madère*, viennent mieux en pays chaud que les variétés ordinaires et peuvent y atteindre un gros volume. Les variétés ordinaires ne donnent en pays chaud qu'un maigre résultat.

Oxalide.

Les tubercules (fig. 379), ont un goût agréable, si après la récolte on les laisse séjourner au soleil pendant 2-3 jours dans des sacs ce qui leur fait perdre leur acidité. Les ti-

CARTERS'
GOLDEN GLOBE
TRIPOLI ONION

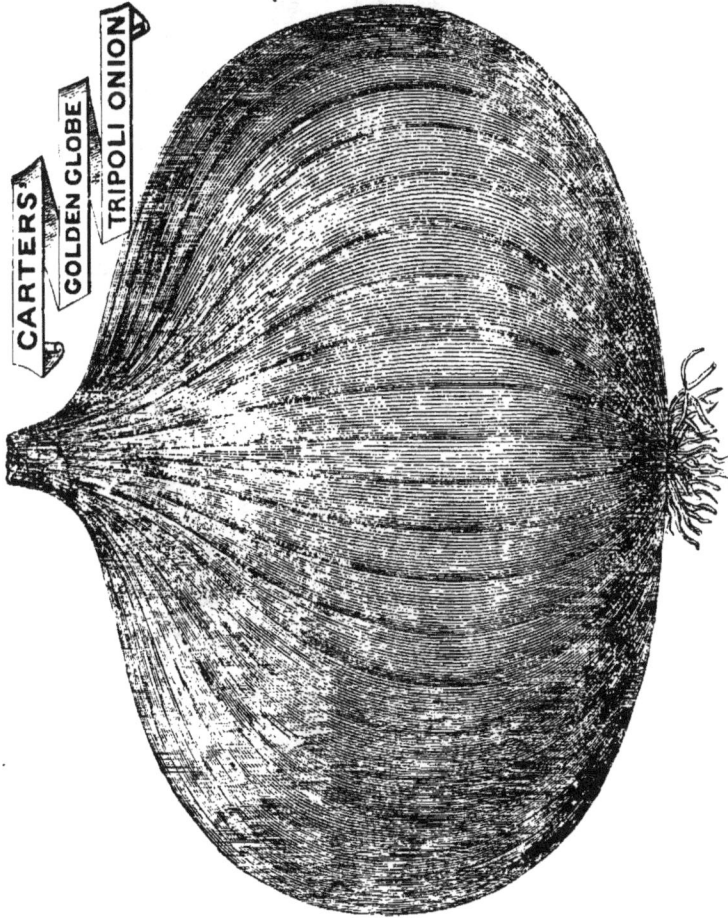

Fig. 378. — Oignon géant de Tripoli.

25

ges très succulentes, sont rampantes ce qui fait qu'il faut les couvrir de terre à mesure qu'elles s'allongent pour favoriser la formation des tubercules. Ceux-ci sont très esti-

Fig. 379. — Oxalide (Oka) réduit au tiers.

més au Pérou et en Bolivie. Les feuilles peuvent être utilisées en guise d'Oseille.

Patate douce.

Plante grimpante produisant une bonne récolte de tuber-

Fig. 380. — Patat rose de Malaga.

cules dans les pays chauds. On donnera la préférence à la *P. rose de Malaga* (fig. 380).

Pois.

Tous les auteurs qui ont écrit sur les plantes potagères propres aux pays chauds, sont d'accord pour déclarer que cette légumineuse donne un produit peu en rapport avec les soins qu'elle exige. Il resterait à essayer les *P. mange-tout*, dont les cosses à peine nouées, peuvent être consommées.

Pourpier.

Si, comme il paraît, ce légume ne réussit pas, on pourrait lui substituer la *Baselle*, ou mieux encore la *Glaciale*

Fig. 381. — Glaciale *(Mesembryanthemum cristallinum)*.

(fig. 381). Cette plante grasse tient bon dans les terrains les plus chauds et les plus secs.

Souchet comestible.

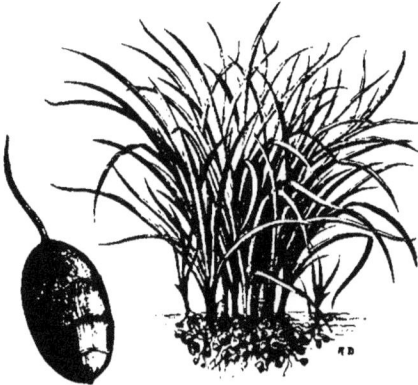

Fig. 382. — Souchet comestible.

Cette plante qui n'est que d'une importance secondaire a

beaucoup de ressemblance avec une espèce qui croît naturellement au Congo. Elle produit de nombreux petits tubercules ayant une chair blanchâtre farineuse sucrée, d'un léger goût d'amande, qu'on mange crus ou grillés. On plante les tubercules au printemps à 25 c. de distance et on récolte en octobre.

Pour la culture des Piment, Poireau, Rhubarbe, Tetragone, ainsi que pour d'autres plantes dont la culture pourrait présenter certain intérêt pour les colonies, nous renvoyons aux cultures générales.

Nos courageux colonisateurs en s'inspirant des principes de culture développés dans le présent ouvrage et en y apportant successivement les modifications que l'expérience leur suggèrera, pourront arriver à une réussite complète et allonger encore la liste des plantes utilisables dans la colonie.

CULTURE FORCÉE.

Généralités.

Le forçage est l'art de la culture dans les locaux chauffés ou, tout au moins, abrités, de certaines plantes qui ne résistent pas aux rigueurs de notre climat, ainsi que de celles qu'on désire se procurer avant ou après leur époque normale de production.

On considère généralement la *culture forcée* ou *artificielle* comme une pure fantaisie, voir même comme un luxe. Certes on peut installer et conduire une forcerie dans des conditions très dispendieuses ; mais en thèse générale, la production des principales primeurs, outre les jouissances qu'elle procure, doit être considérée comme une nécessité dans toute exploitation potagère : elle nous procure, à côté des produits qui sont toujours recherchés, une ample provision de terreau, élément puissant de fertilité dans tous les genres de culture.

Au point de vue de la spéculation commerciale, cette culture a certainement perdu beaucoup de son importance, par suite du transport facile et rapide des produits du midi, vers les contrées moins favorisées par le climat. Les services internationaux des chemins de fer ont pour ainsi dire supprimé les grandes distances. Le perfectionnement et l'immense développement de l'industrie des conserves alimentaires, trop peu exploitée encore en Belgique, ont contribué pour une grande part, aussi, à diminuer l'importance de la culture des légumes au moyen de la chaleur artificielle.

Toutefois, il reste encore des bénéfices à réaliser par

quelques spécialités et par la culture aidée d'abris et de châssis à froid, c'est-à-dire par la forcerie de dernière saison ou par la simple culture hâtée, qui entraîne peu de frais et n'exige guère de connaissances spéciales. Elle est d'ailleurs sujette à moins de vicissitudes et les produits ne se trouvent plus en concurrence directe avec les légumes importés et ils trouvent un placement plus facile. en raison de leur prix plus accessible à la masse. Enfin leur qualité est généralement supérieure à celle des produits de haute primeur.

La culture forcée est un art auquel l'esprit d'observation et l'application rationnelle des remarques que suggère la végétation naturelle joints à un peu d'expérience, apportent le principal appoint.

Pour le reste, il n'y a plus qu'à tenir compte de menus détails et des petits soins de certaine importance sans doute, puisque souvent une grande partie du succès en dépend.

Il faut aussi faire la part des éventualités contre lesquelles viennent échouer le vieux praticien aussi bien que le simple débutant. Telles sont p. ex. l'absence de rayons solaires, car la lumière, est un élément principal de la vie organique des plantes ; les pluies prolongées, la fonte de neige, des gelées intenses et soutenues qui refroidissent les couches.

Mais dans la marche normale des saisons, en ne s'y prenant pas trop tôt, en commençant à une époque où on ne doit plus lutter longtemps contre les éléments défavorables à la culture, où le nombre d'heures de nuit n'est plus sensiblement supérieur, à celui des heures du jour, et surtout en appliquant le chauffage au thermosiphon on arrive sans grandes peines à des résultats satisfaisants. En se rendant compte, par exemple, que le Fraisier fait ses premières feuilles en mars (1) tandis que le Haricot ne germe et ne se développe bien qu'en mai, n'a-t-on pas là un renseignement précieux pour la mise en train de ces plantes dans la culture forcée ?

Voici pour gouverne, la température moyenne de chaque mois de l'année pour notre climat :

---

(1) Toutes nos indications pour le règlement de la chaleur se rapportent au thermomètre Celsius ou centigrade.

Mois de	Température moyenne maximum	Température moyenne minimum
Janvier	7º10	4º41
Février	7º08	0º96
Mars.	9º94	2º66
Avril.	12º70	5º69
Mai	17º61	10º98
Juin.	21º19	14º42
Juillet	21º10	16º93
Août. . . . . . - .	21º20	16º46
Septembre . . · . . .	17º87	13º74
Octobre.	14º73	9º46
Novembre	10º15	4º74
Décembre	7º93	3º53

La construction des couches, le règlement de la chaleur et la composition des terres doivent aussi être en rapport avec ces données. Tout jardinier ne sait-il pas que le Fraisier se plaît dans une terre un peu compacte, grasse, fraîche et très fertile, tandis que le Haricot affectionne un sol léger, calcaire, sec et riche en sels de potasse ? Il doit en tenir compte dans la préparation des composts de terre qu'il emploiera en culture forcée. Il observera les soins les plus minutieux quant à l'aérage et à l'éclairage de ces plantes et évitera de les entourer d'une atmosphère chargée d'humidité lors de leur floraison. Il mettra tout en œuvre pour faciliter la dispersion du pollen, sachant que le vent et les insectes, ces auxiliaires naturels, lui font défaut dans la culture forcée.

On multiplierait à l'infini des considérations similaires mais la simple réflexion ou l'observation de la nature mettent le jardinier sur la voie à suivre. Nous croyons toutefois plus utile d'établir ces points de comparaison entre la culture naturelle et le forçage, pour chaque culture qui nous occupera en particulier.

Aménagement d'une forcerie.

Lorsqu'une forcerie a quelque étendue, on doit l'établir sur un carré de terre battue et sèche, que les spécialistes appellent le *plancher* ; il doit être clos de tous côtés, à l'exception du côté du midi.

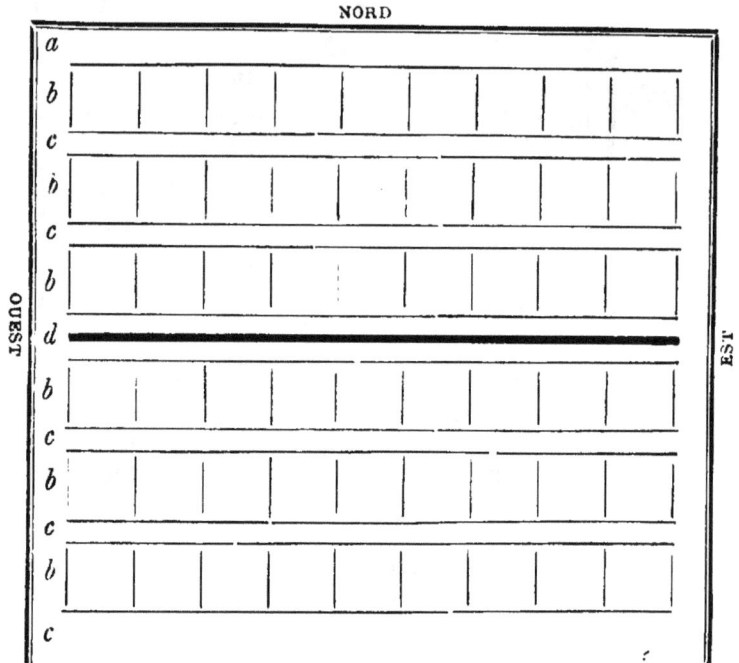

Fig. 383. — Carré de couches.

Les clôtures ou abris peuvent s'établir absolument de la même manière et avec les mêmes matériaux que ceux renseignés pour la clôture d'un potager. Si la forcerie a une grande étendue, il faudra la diviser en plusieurs compartiments par des abris de refend, dirigés de l'est à l'ouest comme l'indique le plan fig. 383 : *a*) chemins, *b*) couches, *c*) sentiers (réchauds), *d*) abri intermédiaire.

Les abris consisteront en paillassons en roseau attachés à une charpente en fer fixée dans le sol (fig. 384).

La place où l'on installe les couches sera sèche et bien

aérée, de préférence élevée au dessus du niveau général du sol.

Ordinairement les couches sont montées tous les ans au même endroit, à l'emplacement le plus favorable. Cependant, lorsqu'on n'en installe annuellement qu'un petit nombre et là surtout où l'on ne dispose pas d'une place particulière-

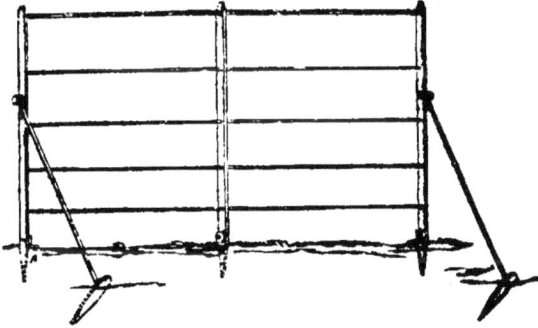

Fig. 384. — Charpente pour abris démontables.

ment propice, on peut choisir chaque année un autre carré pour y établir la petite forcerie qu'on entourera d'une palissade mobile en paillassons ou en nattes de roseau comme il est dit plus haut.

La place qui a été occupée une année par les couches, se trouve dans d'excellentes conditions de fertilité pour être rendue à la culture ordinaire.

Matériel.

Dans presque toutes les propriétés d'amateurs, on construit, pour y établir les couches, un encaissement en maçonnerie de 2 m. 40 de largeur intérieure ; il s'élève à 30 c. hors terre et il est enterré à une profondeur de 40 c. Dans les terrains secs on peut l'enterrer de 50 c. et le laisser dépasser le niveau de 20 c. Le fond doit être bien damé ou pavé de briques posées à sec. Cet encaissement est divisé, par des murs d'une brique d'épaisseur, en compartiments de 7 m. 25 c. de longueur intérieure, de façon à pouvoir contenir deux coffres de trois châssis ou trois de 2 châssis.

Ces dimensions en longueur et en largeur sont prises sur la proportion des coffres et des châssis que nous recommandons plus loin.

On peut construire ces encaissements sans cloisons intérieures et assez larges pour recevoir deux rangées de couches (fig. 385).

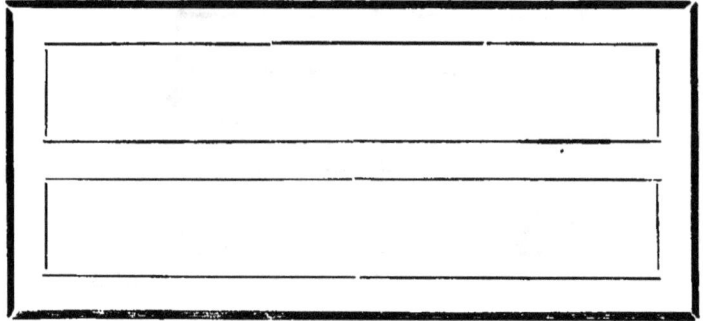

Fig. 385. — Encaissement pour deux rangées de couches.

Ces encaissements, d'une installation assez onéreuse, offrent par contre de sérieux avantages. Dès l'époque de la chute des feuilles on peut y rassembler celles qui devront entrer pour une bonne part dans la confection des couches. Les murs garantissent les couches contre le refroidissement, permettent d'y entasser une grande quantité de feuilles et

Fig. 386. — Pièce à taupes.

de litière et donnent à l'installation un aspect plus propre que les couches montées à découvert.

L'introduction des taupes, des mulots et des courtillières qui font tant de dégâts dans les couches est rendue plus difficile. Si cependant il s'en trouvait, il faudrait leur faire activement la chasse en employant pour les taupes le même piège que celui qu'on emploie au jardin.

Couches.

Former une couche c'est disposer une certaine quantité de fumier mêlé à d'autres matières, de telle façon qu'une fermentation uniforme se produise dans toute la masse. L'intensité et la durée de la chaleur dépendront de l'épaisseur des couches, de la nature des matériaux employés, ainsi que de la saison à laquelle on opère. Construire une couche n'exige pas plus d'art que de disposer un tas de fumier destiné à produire un compost sous forme de terreau : 1° On choisit pour les couches à nu un endroit légèrement élevé au dessus du niveau du sol, sec et fortement battu. 2° On y étale un premier lit de matières inertes : feuilles, litière, fougères, bruyère etc. 3° On dispose ensuite litières et fumier, intimement mêlés, bien secoués et divisés en couches successives qu'on a soin de tasser. 4° Si le tout paraît sec, on bassine au fur et à mesure pour que tout le tas soit uniformément humecté. 5° Il

Fig. 387. — Couche bombée.

faut battre et raffermir les flancs des couches à nu afin que le fumier ne se dessèche pas sur les côtes. 6° Le tas fermentant plus vivement au milieu, il faut y amener tout ce qui se réduit le moins facilement, et terminer en surface bombée (fig. 387), en prévision de l'affaissement du milieu de la couche. Enfin il faut couvrir le tout d'une couche de terre ou de terreau où viendront se condenser les vapeurs et s'arrêter les gaz qui se perdraient dans l'atmosphère. Ces mesures prises, supposons qu'on surmonte un tas de fumier ainsi formé, d'un coffre et de châssis, n'avons-nous pas là une couche parfaite ?

Si on fait usage de fumier d'écurie frais et pur, ou mêlé à d'autres matières susceptibles d'une vive fermentation, telles que le tan, le houblon des brasseries, la poussière de coton, les déchets de teillage de lin ou de chanvre et qu'on en forme un lit de 70 c. d'épaisseur, on obtiendra une *cou-*

che chaude. Les quatre dernières matières sont susceptibles
de produire seules, ou mêlées entr'elles, une chaleur très
vive, à la condition de n'être pas exposées à un excès d'humidité. Le fumier mêlé par parties égales à des matières
étrangères et entassé à l'épaisseur de 60 c., produira une
chaleur modérée, *couche tiède*. Enfin si le fumier employé
a déjà subi une première fermentation et qu'on y ajoute une
grande quantité de feuilles, vieux tan, aiguilles de Pins,
bruyères, etc., on n'obtiendra qu'une chaleur latente, peu
appréciable, mais réelle cependant ; on aura en un mot formé la *couche sourde*. L'utilité de la couche sourde s'explique par la chaleur peu appréciable qu'elle développe,
mais surtout par le fait qu'elle emmagasine la cha-

Fig. 388. — Paillasson avec cadre de support.

leur solaire, qu'elle est interposée entre le sol froid
et humide et la terre dans laquelle on cultive, fait
mieux profiter celle-ci des rayons solaires et l'empêche
de souffrir d'un excès d'humidité. La couche sourde
est, en quelque sorte, une côtière perfectionnée. La couche
sourde et la simple côtière, peuvent être d'une grande utilité dans la culture hâtée, même sans le secours de coffres
ni de châssis, pourvu qu'on les abrite au moyen de paillassons, placés à terre du côté du Nord, inclinés oblique-
quement vers le Sud. Ces paillassons sont soutenus par un
châssis en bois grossièrement construit (fig. 388).

Il y a rarement avantage à enterrer les couches,
excepté la couche sourde qu'on établit tard, en mars-

avril, et qu'on désire monter avec une grande quantité de déchets de toutes sortes, en vue d'obtenir beaucoup de terreau. Dans ce cas une tranchée de 30 c. de profondeur sera faite et la terre extraite sera étendue en pente autour de la couche (fig. 389). Le fond du creux sera rempli de préférence de matières diverses : ramilles de haies, tiges de porte-graines, déchets variés dont les jardins se trouvent souvent encombrés.

On peut, jusqu'à un certain point, construire des cou-

Fig. 389. — Tranchée pour couche enterrée.

ches, produisant une chaleur assez sensible en remplaçant le fumier par des déchets de lin ou des hachures de paille et des feuilles qu'il faut tasser très fortement et qu'on arrose avec une dissolution de sulfate d'ammoniaque. Pour deux coffres à 3 châssis, on emploie 150 litres d'eau contenant 10 kilogrammes de sulfate d'ammoniaque, puis on couvre la couche de la façon ordinaire. La chaleur produite n'est pas très forte, mais elle se maintient longtemps.

Terres et composts.

Une partie du succès en culture forcée dépend de la qualité de la terre dont on garnit les couches. Les plantes forcées doivent, plus que toutes autres, rencontrer un sol fertile dont la composition et la consistance varieront suivant la prédilection que les végétaux montrent pour telle ou telle terre lorsqu'ils sont cultivés en plein jardin.

La préparation des terres et composts doit faire l'objet de soins minutieux de la part du jardinier-primeuriste, en ce sens qu'il doit en distraire tous les corps étrangers tels que bois, pierrailles, tessons, etc. Il usera à cet effet, de la claie ou crible représentée figure 390, un ustensile indispensable dans toute exploitation horticole.

Les anciennes couches fournissent le principal appoint aux composts. A mesure que celles-ci se démontent, on en divise et on en mêle bien toutes les matières pour les disposer à l'ombre en meule conique et non tassée. On les remanie en été et en hiver ; si leur pouvoir fertilisant paraissait trop faible, on les arroserait d'engrais liquide. Les limons des pièces d'eau qui ont séjourné un an en plein air et qui ont été remués une couple de fois, constituent un bon ingrédient à mêler aux terreaux destinés à certaines plantes, ainsi que les gazons provenant de pâtures en terre franche et les boues de ville ou immondices des rues. Une légère addition de chaux vive (un quart d'hectolitre par mètre cube de limon) est très recommandable :

Les feuilles mortes mises en tas et travaillées comme les

Fig. 390. — Crible en métal déployé, pour les terreaux.

terreaux, sont un appoint qui n'est pas négligeable ; le terreau de feuilles peut contenir jusqu'à 10 % de potasse.

Le chargement de la couche de terre se fait en deux fois: lorsque la couche est terminée on y place les coffres et on y étend 10 à 15 c. de terreau et, dès que ce premier chargement est pénétré par la chaleur, on l'achève à l'épaisseur voulue : celle-ci varie suivant le genre de plantes qu'on se propose d'y forcer.

La terre du chargement doit avoir une légère inclinaison dans le sens de la pente des châssis. En haute primeur surtout, il est très utile que dans le bas du coffre elle soit appuyée contre une petite bordure en planches ou en ardoises, de façon à laisser entre cette bordure et la paroi inférieure du coffre un intervalle vide, ne fût-il que de 5 à 6 centimètres.

Là où on est en lutte avec la terrible Courtilière ou Taupe-grillon (fig. 391). il est bon de s'assurer qu'il ne s'en trouve pas dans la terre des couches. Avant de semer ou de planter, on nivelle et on plombe légèrement la terre, puis on arrose. S'il y a des courtilières, elles ne tarderont pas de creuser des galeries qui trahiront leur présence et permettront de les détruire. Cet insecte est un grand fléau pour la culture maraîchère en pleine terre, à plus forte raison, pour les couches.

Comme pour les maux sans remède, on a préconisé de nombreuses recettes de destruction. L'eau savonnée (50 grammes savon mou dans un litre d'eau) versé à raison d'une cuillerée dans leur trou semble être un remède efficace pour les petites surfaces envahies. Voici encore un remède choisi dans le tas et qui est assez pratique :

Fig. 391. — Courtilière.

En saison d'hiver, les carrés de couches sont dégarnis de leurs cultures et il est d'usage de procéder au relèvement et à la mise en tas des terreaux et des couches de fumier, lesquels, mélangés, passent ainsi l'hiver, pour être ensuite employés au printemps suivant, c'est-à-dire en janvier, février et mars, pour les cultures de première et de dernière saisons sous châssis. Les courtilières viennent y chercher un refuge pour l'hiver. Il est facile de reconnaître la présence des insectes dans le sol à une infinité de petits trous d'un centimètre de diamètre environ qui trahissent leur présence. C'est à ce moment-qu'on remplira complètement ces trous d'eau, qu'on fera suivre d'une petite quantité d'huile ordinaire. Quelques minutes après, on voit apparaître, à l'entrée de chaque trou, l'insecte qui remonte lentement à la surface : après quelques contorsions, il reste inerte sur le terrain, il est asphixié. On peut en détruire par ce moyen, de très grandes quantités.

On a préconisé contre les Courtilières l'emploi de maïs bouilli avec de l'Arsenic et des pilules phosphorées qu'on dépose dans leur galerie.

Fig. 392. — Cornet en métal perforé.

Le petit récipient en zinc fig. 392, qui mesure 20 c. de hauteur sur 8 c. de largeur, enterré jusqu'au bord dans les endroits fréquentés par les Courtilières sert de trappe ; elles y tombent et n'en peuvent sortir.

C'est le même engin qu'on peut enterrer au pied des plantes qu'on veut alimenter spécialement d'engrais liquide.

Fig. 393. — Larve de l'Oryctes nasicornis.

La larve figure 393, *Oryctes nasicornis*, qu'on trouve souvent dans le terreau de fumier (d'où le nom de Bousier), est très nuisible. A l'état d'insecte parfait, c'est un gros coléoptère brun portant une corne sur la tête, ce qui lui a valu la dénomination populaire de *Rhinocéros*.

Accots et réchauds.

Ce travail fait, on borde extérieurement le coffre à la hauteur de celui-ci, d'un accotement de terre, litière, feuilles, pour empêcher la chaleur de s'échapper et le froid de pénétrer ; cette bordure se nomme *Accot*. Lorsqu'il s'agit, non seulement d'abriter les parois du coffre, mais de suppléer à la chaleur insuffisante de la couche, on forme ces bordures au moyen de fumier frais. Ces *réchauds* sont d'une grande ressource pendant les froids rigoureux et pour les plantes dont la végétation est d'une durée telle, que la couche ne peut, jusqu'au bout, leur procurer la chaleur nécessaire. On remanie et on renouvelle totalement ou partiellement ces réchauds autant de fois que le besoin s'en fait sentir.

Coffres.

Les bâches fixes en bois ou en maçonnerie ne sont pas recommandables ; les châssis ne pouvant suivre le mouvement d'affaissement du fumier, ni celui de la croissance des plantes, celles-ci finissent par être trop éloignées ou trop près du vitrage. Mieux vaut donc se servir de coffres portatifs qu'on pose directement sur le fumier, sur lesquels se

Fig. 394. — Coffre à 2 châssis.

placent les châssis. On les exhausse en plaçant en dessous, aux quatre coins, un ou plusieurs tas de briques et en relevant les *réchauds*. C'est une condition essentielle de réussite dans la culture forcée, pour les plantes de se trouver et de rester, dès le moment de leur levée, rapprochées du vitrage.

Le coffre est à deux ou à trois châssis ; celui à deux châssis (fig. 394) est préférable dans les cultures peu étendues et pour les forceries de haute primeur, parce qu'on y maintient plus facilement la chaleur. Il se compose de parties mobiles, qu'on agence au moyen de tire-fonds ou au moyen de clavettes en bois dur passant dans des œillets en fer de cercle galvanisé solide.

Le coffre doit être construit en bon bois : celui qui résiste le mieux à l'humidité et à la chaleur est le Pitch-Pine. Les planches doivent avoir au moins 4 c. d'épaisseur; celle de devant a 25 c. de largeur, celle de derrière 35 c., de manière à produire une pente suffisante pour le déversement des eaux de pluies et surtout des buées condensées à l'intérieur, dont l'écoulement est plus difficile. Les pièces

Fig. 395. — Couches à 2 versants démontable.

latérales sont façonnées de manière à suivre la pente. Une ou deux traverses mobiles creusées en gouges, taillées en queue d'aronde à leur extrémité et s'ajustant dans les entailles *ad hoc*, faites dans les planches supérieure et inférieure, servent de couvre-joint à la partie inférieure des châssis et empêchent les parois du coffre de se déjeter en dedans ou en dehors.

Pour la haute forcerie, les coffres n'auront que 1.30 m. de largeur et 1.75 m. pour les autres saisons.

La couche à 2 versants construite par M. A. Gistelinck, constructeur de serres, rue Van Oost à Gentbrugge, représente ce qu'il y a de plus parfait pour fleurs et primeurs (1).

Chaque subdivision a 3 m. de longueur, 52 c. de hauteur au milieu et 23 c. sur les côtés et porte 6 châssis.

Au meeting horticole de Bruxelles en juin 1907, à l'exposition de St. Trond et à celle de Gand tenue en octobre 1909, on a pu voir des coffres démontables en ciment armé. Lorsque ce genre de construction sera perfectionné on pourra dans bien des cas en faire un usage utile. Il est superflu d'insister sur la durée ; dans mon établissement horticole, il existe des couches fixes en ciment armé, construites depuis 33 ans ; elles sont encore en parfait état et n'ont jamais exigé la moindre réparation.

Bâches chauffées au thermosiphon.

Quelquefois les couches et les coffres sont remplacés par des bâches chauffées au thermosiphon ou par l'air chaud. Ces installations, assez coûteuses, sont cependant très pratiques en ce sens qu'elles nous laissent toujours maîtres de la température et partant, du degré d'humidité, d'air et de lumière à donner aux plantes. Or, ce sont là les 4 principaux éléments de succès, dont il faut surtout tenir compte. C'est pour la culture des plantes qui mettent longtemps à donner leur produit, telles que les Fraisiers, Asperges, Haricots, Concombres, Melons, Witloof, qu'on a recours au thermosiphon. Quoique ce mode de chauffage soit applicable à toutes les autres plantes potagères, on peut à la rigueur suffire en se servant de couches de fumier.

Le désavantage signalé plus haut pour les couches fixes est très facile à combattre.

Dans la 1re période de culture, les châssis sont placés directement sur la *sablière*. Le vitrage est alors éloigné d'environ 0.15 m. des plantes (fig. 396). Dès que celles-ci commencent à toucher le verre, on soulève les châssis ; on pose sur la *sablière* un coffre, ou hausse de 0.15 m. de

---

(1) A obtenu le Grand Prix à l'Exposition internationale de floriculture, de pomologie et de culture maraîchère, à Gand en 1909 et une médaille d'argent à l'exposition internationale de Bruxelles.

hauteur, pour y replacer ensuite les châssis. Plus tard on remplacera le coffre de 0.15 m. par un autre de 30 c. et, si le développement des plantes l'exige, on pourra faire usage des deux coffres superposés, de telle sorte que l'espace donné aux plantes atteigne 0.45 m. ; on pourrait même arriver à une hauteur de 75 c. en superposant deux coffres de 30 c. sur celui de 15 c.

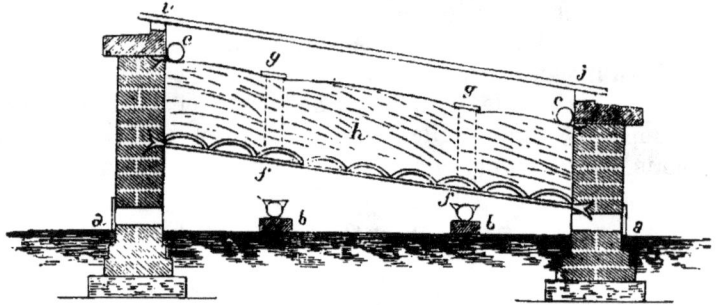

Fig. 396. — Bâche chauffée au thermosiphon, première période.

Voici la légende explicative des détails de cette construction aussi ingénieuse que pratique.

a) Bouches d'aérage pour l'introduction de l'air froid.

b) Tuyaux-gouttières pour le chauffage du fond, et pour produire au besoin une évaporation lente.

c) Tuyaux pour le chauffage de l'air à l'intérieur de la bâche.

f) Traverses en fer couvertes de tuiles bombées, ou autre pavement.

g) Bouches à fermoir pour donner accès à l'air chauffé qu'on a laissé pénétrer par les clapets *a*.

h) Terre dans laquelle on cultive.

j) Châssis.

Cette construction, dans laquelle tout a été prévu, pour la bonne réussite de toutes les cultures, est susceptible de modifications que chacun pourra y apporter, suivant le but qu'il se propose.

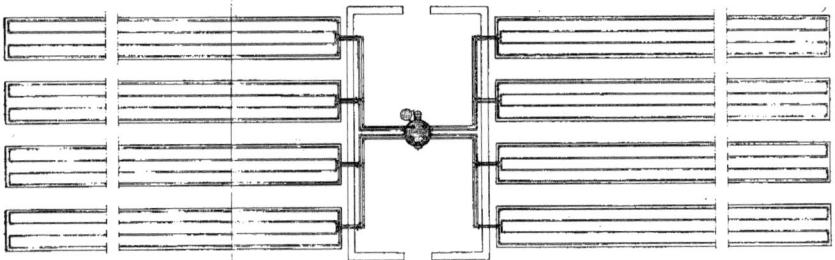

Fig. 1. — Installation-type pour thermosiphon.

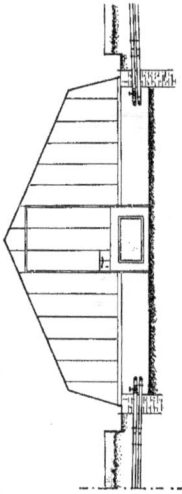

Fig. 2. — Serre à deux versants.

Fig. 3. — Coupe à travers les coupoles.

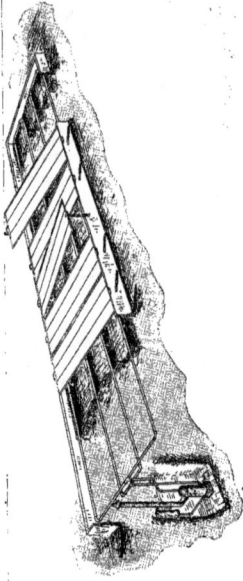

Fig. 4. — Chauffage par au-dessus.

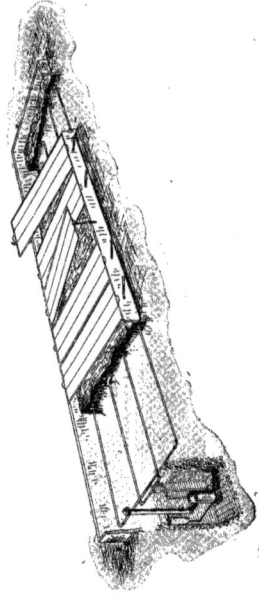

Fig. 5. — Chauffage par en-dessous.

CULTURE GÉOTHERMIQUE.

Dans les derniers temps on s'est beaucoup occupé de la question du chauffage au thermosiphon en remplacement des couches de fumier ; ce sont les cultivateurs de Witloof qui les premiers ont appliqué ce mode de chauffage géothermique. M. Elie Français, jardinier-démonstrateur à l'institut agricole de l'Etat à Gembloux, a rédigé sur l'emploi du thermosiphon pour la culture forcée des légumes une notice très complète et très documentée, qui a été publiée par l'Office rural du Ministère de l'Agriculture.

Comme le fait justement remarquer l'auteur de la notice la culture forcée des légumes sur couches de fumier n'est généralement pas économique. Le montage des couches exige un travail laborieux et une main-d'œuvre habile et coûteuse, et on ne parvient pas toujours à se procurer la grande masse de fumier nécessaire ; ce fumier est souvent payé très cher et sa fermentation n'est pas assez durable pour les espèces qui mettent un temps relativement long à donner leur produit. De plus elle n'est pas uniforme et on ne peut que difficilement la régler.

Les couches de fumier peuvent chauffer très fort lorsque la température extérieure est relativement élevée, et la chaleur, ainsi obtenue, peut être inutile ou nuisible ; d'autrefois la fermentation est arrêtée, le fumier ne chauffe plus lorsque le temps s'est refroidi ; il est nécessaire alors de réchauffer les couches, opération qui exige encore du travail et un supplément de fumier chaud. La végétation se ralentit ou est arrêtée même pendant plusieurs semaines ; les plantes souffrent, on n'en obtient qu'un médiocre produit.

La fermentation du fumier produit une humidité souvent excessive, qui ne s'évapore que très lentement, attendu que l'on ne peut pas aérer régulièrement le soleil faisant souvent défaut. Il en résulte une végétation anormale, l'avortement des fleurs, une production de parasites et des pourritures bactériennes diverses.

Le maraîcher-primeuriste doit avoir un système de chauffage pratique, simple, solide, durable, relativement peu coûteux, facile à installer et à déplacer au besoin, qui n'exige pas trop de surveillance et qui permet d'obtenir économiquement la chaleur exigée. Ce ne sont pas les modèles qui manquent et dans les centres horticoles comme Gand, on trouve des constructeurs très expérimentés, spécialisés dans la partie. La chaudière en fer à cheval simple pour les petites installations, à retour de flamme ou tubulaire et assez grande pour des cultures plus étendues, sont les plus en usage. Il y a aussi des chaudières verticales très pratiques qui exigent peu de surveillance et qui sont très recommandables pour les chauffages démontables.

Les tuyaux des couches sont en fer étiré de 48 mm. de diamètre, ils peuvent même être d'un calibre plus petit pour les couches dont la longueur ne dépasse pas 15 m. Ils sont raccordés à des tuyaux collecteurs de départ et de retour ajustés à la chaudière. Les détails de l'appareil étant du ressort des constructeurs, nous n'y insisterons pas davantage.

Pour chauffer uniformément une couche de 1.50 m. de largeur il faut quatre rangées de tuyaux placés à 45 c. de distance. Les deux tuyaux de départ longent les côtés de la couche ; les deux de retours traversent le milieu.

Afin d'obtenir une égale repartition de la chaleur, on dépose sur les tuyaux un lit de fumier court ou de grosses cendres de 10 c. d'épaisseur. Cette disposition convient au forçage de toutes les plantes qu'on sème ou qu'on plante au moment du forçage. Celles qui sont en place comme les fraisiers, les asperges, les choux-marins, etc., doivent être forcées par des tuyaux qui passent au dessus de la terre.

Le chauffage avec tuyaux enterrés est le plus économique ; la terre se chauffe vite en retenant plus longtemps la chaleur. Il suffit de chauffer la même couche un jour sur deux pour obtenir et y maintenir une température constante de 15° à 20°.

Les figures du tableau ci-contre qui accompagnent le travail de M. E. Français, que le Directeur général de l'Office Rural, M. Vernieuwe, a bien voulu nous autoriser à reproduire, indiquent clairement tout le système et son application aux diverses cultures.

L'installation type maraîcher-primeuriste comprend une serre à deux versants et 8 couches de 30 m. chauffées au thermosiphon.

La chaudière est placée au milieu de la serre où se trouvent les tuyaux collecteurs. La serre profitera de la chaleur de ces tuyaux et de celle dégagée par la chaudière ; elle pourra être utilisée pour vignes, pour pêchers ou d'autres produits tels que concombres, tomates ou fraisiers en pots. Au printemps on y récoltera des laitues, des choux-fleurs, des pois, des haricots nains et autres produits suivant la saison ; en automne elle servira à l'hivernage des céleris, des scaroles, etc.

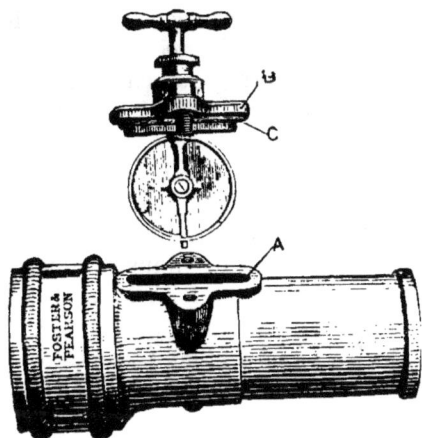

Fig. 397. — Soupape ou valve pour interrompre la circulation de l'eau.

On adapte des clefs ou valves, (fig. 397) à chaque réseau de tuyaux afin de pouvoir y empêcher, selon besoin, la circulation de l'eau chaude.

La surface des couches mesure 360 mètres carrés. Les coffres sont en bois, la planche de derrière mesure 0.25 m. de hauteur ; celle de devant, 0.20 m., pour que après assemblage, il y ait l'inclinaison nécessaire. Les chassis mesurent 1.50 m. de longueur et 1 mètre de largeur ; le cadre est en bois de sapin ; il supporte trois rangs de vitres posées sur deux tringles en fer ou en bois (fig. 398).

En octobre-novembre, les tranchées peuvent recevoir 30 mille kilogrammes de racines préparées de chicorées à witloof ; c'est le produit de deux hectares, susceptible de fournir un minimum de 20.000 kilogrammes de chicons, que l'on peut obtenir, après dix ou quinze jours, en chauffant par en dessous. On comprend qu'il est facile d'échelonner cette production pour récolter successivement et au moment qui paraît le plus avantageux ; de plus, par ce mode de forçage, le witloof, étant parfaitement abrité, dans de la terre sèche, peut rester plusieurs semaines dans les couches sans s'altérer, ce qui permet de l'écouler en temps utile.

Après la récolte du witloof, en janvier, on prépare le sol pour la culture des primeurs printanières ; on dispose un lit de court fumier ou de grosses cendrées sur les tuyaux, puis on comble les tranchées et les coffres des couches avec du terreau spécialement préparé pour chaque culture et on place les châssis. Après deux ou trois jours de chauffage le terreau possède la température nécessaire pour pouvoir y faire les semis et les plantations, il suffira, pour l'entretenir, de chauffer chaque groupe de 4 couches un jour sur deux.

On conçoit que les installations peuvent être plus ou moins importantes. Celle que nous venons de décrire représente un capital de 6.000 francs, à décomposer comme suit :

8 coffres de 30 mètres à 50 francs . .	400 francs.
240 châssis à 10 francs	2,400 —
Une serre à deux versants	800 —
Thermosiphon avec 8 réseaux et 4 tuyaux .	2,400 —
Total. .	6.000 francs.

Les espèces potagères auxquelles on peut le plus avantageusement appliquer ce mode de culture sont : l'asperge, le chou-marin,, le witloof, le fraisier, les laitues, les céleris, les endives, les carottes, les navets, les radis, les haricots nains, le pourpier, le chou-fleur, le melon, la tomate, les concombres, les pois nains, les pommes de terre ; mais, comme nous l'avons déjà fait remarquer, la culture forcée des produits qui nous parviennent facilement et en bon état de régions où on les obtient plus économiquement que dans nos contrées, n'est pas rémunératrice.

Châssis, cloches et autres abris.

La construction du châssis est d'une très grande importance ; une bonne combinaison dans la confection n'en augmente pas le coût et en prolonge la durée. Le châssis pour la forcerie ordinaire doit avoir une dimension de 1.75 m. sur 1.13 m. Le cadre en bon bois de Pitch-Pine doit avoir 7 c.

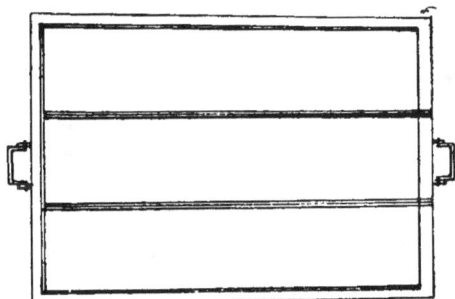

Fig. 398. — Charpente du châssis à 3 rangs de carreaux.

d'épaisseur et 5 c. de largeur ; l'entaille ou la rainure de ce cadre pour la pose du vitrage doit être de 2 c. de profondeur sur 1 c. de largeur.

Le châssis doit avoir 3 ou 4 rangées de carreaux en verre blanc demi-double, spécialement fabriqué pour cet usage.

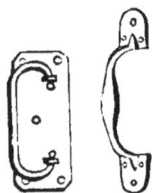

| Fig. 399. — Manettes pour châssis. | Fig. 400. — Cloche en verre. | Fig. 401. — Crémaillère d'aérage. |

Les tringles à carreaux peuvent être en fer ou en bois, Ces derniers présentent l'inconvénient de prendre un peu plus de lumière, mais en revanche ils ne rongent pas le bois des cadres ; le Pitch-Pine, surtout, est sensible au contact du fer. De plus, le carreau en bois ne cause guère de vibrations pendant le maniement du châssis et occasionne moins de condensation de buée. En résumé on ne peut pas se prononcer d'une manière absolue dans cette question de pur détail et de convenance personnelle, mais nous ne saurions assez nous récrier contre l'usage des châssis *tout en fer.*

Les châssis doivent être munis, à chaque extrémité, d'une manette ou poignet solide.

Cloches.

Ces engins sont d'un grand secours dans certaines cultures de primeurs, quand il ne s'agit que d'abris temporaires qui permettent de récolter un peu plus tôt au printemps et un peu plus tard à l'automne que par la culture ordinaire. La culture sous cloche est la forcerie réduite à sa plus simple expression.

Les maraîchers de Paris en font un grand usage et en tirent un parti fort utile ; aussi, dans certaines exploitatations on en compte 3 à 4.000 et 1.500 châssis.

Ces cloches, malgré le développement qu'a pris notre in-

Fig. 402. — Châssis-cloche à deux versants.

dustrie verrière, ne sont guère fabriquées ici. Dans les environs des verreries on se sert de bouts de cylindres qui, lorsqu'ils sont recuits, font assez bon usage. Les véritables cloches parisiennes se vendent 27 fr. les 20, sans bouton et 22 fr. les 12 surmontées d'un pommeau de verre. Prises en grand nombre, leur prix est de 1 fr. par cloche ; elles mesurent 40 à 42 c. de diamètre à la base, 20 au sommet et 33 à 34 c. de hauteur.

Dans beaucoup de jardins, on les remplace par des verrines de forme et de dimensions variables ou par des petites constructions mobiles appelées *Châssis-Cloches* (fig. 402). C'est une petite toiture vitrée construite en fer léger laminé qu'on place sur des briques posées à sec, soit au-dessus des

Fraisiers, des Concombres, des Melons ou tout autre produit qu'on désire protéger et hâter. On aère par les châssis qui sont à charnières.

On fabrique aussi le demi châssis-cloche, pour être adapté sur une côtière le long d'un mur. Ces châssis-cloches, à simple ou double pente, se composent de plu-

Fig. 403. — Serre-bâche.

sieurs pièces d'un mètre, s'alignant en nombre, à volonté, et fermant aux deux extrémités par un pignon. Toute la surface, les côtés comme la toiture et les pignons, est vitrée.

On appelle *serre-bâche*, de petits locaux très bas adossés ou à 2 versants (fig. 403), qui sont transportables; on peut

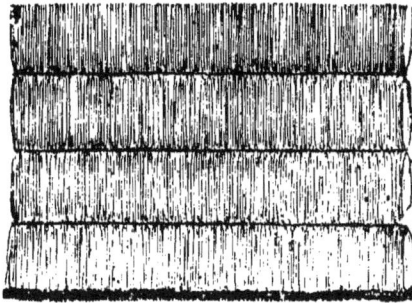

Fig. 404. — Paillasson.

les chauffer et elles se prêtent bien à la culture des Fraisiers, Tomates, des Melons et des Concombres palissés.

Les divers genres de couvertures telles que *Paillassons* (fig. 404), *Nattes*, *Lattis* (fig. 405), *Panneaux*, comptent aussi parmi les auxiliaires de culture. Les paillassons se confectionnent ordinairement au jardin même, avec de la paille de seigle battue au fléau, bien épurée de toutes les herbes et menus brins, qu'on étend en couche assez épaisse, les épis tournés vers le côté intérieur, sur 3 ou 4 ficelles triple-corde, tendues sur un plancher à 35 ou 40 c. de distance. On tresse le paillasson en passant autour de chaque mèche de paille composé d'une vingtaine de chaumes, un tour de ficelle de la même qualité que la ficelle tendue, enroulée sur une navette. On peut tresser le paillasson à une longueur indéterminée, mais il est plus pratique de ne lui donner que 60 c. de plus que les châssis auxquels il doit servir. L'utilité du paillasson en culture forcée et de primeurs est généralement reconnue. On confectionne aussi des couvertures avec des lattes de refend en bambou, des tiges sèches de Maïs, d'après le même mode que le paillasson, mais de préférence sur un métier, formé

Fig. 405. — Lattis roulant.

de 4 lattes, posé obliquement contre le mur. On se sert aussi des nattes de Russie ou de gros tissus d'emballage et de panneaux en légères planches de sapin ou des châssis en carton goudronné ou en papier-toile.

L'usage des paillassons en roseaux, si général en horticulture est plus rare dans la culture forcée des légumes à cause de l'inconvénient des esquilles qui s'en détachent et se mêlent au terreau. Comme elles se décomposent lentement, elles offrent un grand inconvénient pour les manipulations du terreau, les plantations et autres façons de la terre.

Toutes ces couvertures font long service quand on a soin de les manier avec un peu de précaution et de les remiser à sec pendant la morte-saison. Ajoutons à cette nomenclature d'abris, les cages en osiers ou en lattes, les châssis en toile ou en papier huilé.

Chaleur, air, lumière.

Les deux derniers éléments les plus indispensables à la vie font souvent défaut dans la culture forcée ; le souci de conserver la chaleur oblige quelquefois à tenir les locaux fermés et à placer des couvertures sur les châssis.

On doit donc profiter de tous les instants où le soleil nous vient en aide pour aérer, en soulevant plus ou moins les châssis au moyen de crémaillères ou de cales ayant 30 c. de longueur, 8 c. de largeur et 4 c. d'épaisseur, échancrées comme le montre la fig. 407. Il faut toujours aérer du côté opposé à la direction du vent et n'ouvrir que juste un cran et pendant le temps voulu pour ne pas lais-

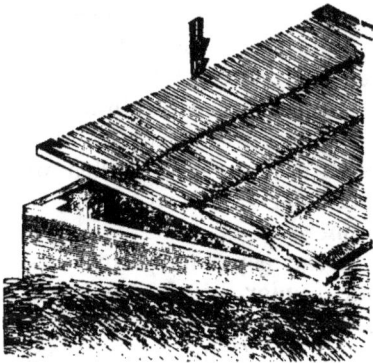

Fig. 406. — Couche aérée,
couverte de châssis et de paillassons.

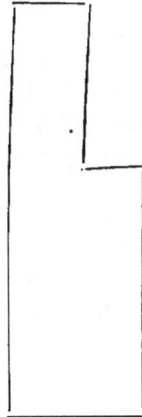

Fig. 407. — Cale
d'aérage.

ser échapper trop d'air chaud. Si la direction du vent l'exige, il faut, au lieu de les soulever en bas ou en haut, aérer en ouvrant alternativement un châssis sur le côté ; on ouvre en bas, et en haut quand on veut établir un courant d'air; ce mode d'aérage se pratique quand la terre de la couche est devenue trop humide. Beaucoup de jardiniers commettent la faute de ne soulever les châssis que du côté le plus haut du coffre et cependant les couches ont plus besoin d'être aérées du bas que du haut, car la terre y est plus exposée à un excès d'humidité. Des crémaillères *fixées* au haut des coffres constituent une faute de construction.

Si la rigueur du temps s'oppose à l'aérage et qu'on dé-

sire toutefois ouvrir un peu, on couche la crémaillère sur
le flanc entre le coffre et le châssis en laissant pendre un
bout du paillasson devant l'ouverture. Si on ne pouvait absolument pas aérer, il faudrait le matin de bonne heure,
pendant quelques secondes, soulever successivement l'un
châssis après l'autre, afin de laisser sortir une bonne bouf-
fée de vapeur ou buée, qui, restant renfermée, serait mor-
telle pour certaines plantes.

Dans la haute primeur on place parfois un tuyau qui
plonge par l'une extrémité dans l'air de la couche et par
l'autre dans l'air libre. Le dernier orifice est bouché au
moyen d'un tampon, qu'on enlève pendant un temps plus
ou moins long, lorsqu'on désire faire fonctionner cette che-
minée d'aérage.

Les journées étant courtes pendant l'hiver, il va sans
dire qu'on ne peut rien négliger pour laisser jouir les
plantes de la lumière. Pendant les jours les plus froids il
faut découvrir, ne fût-ce que particllement, de manière à
ce que les plantes jouissent d'un peu de lumière à tour de
rôle.

L'usage de deux châssis superposés est des plus recommandable, le double vitrage abritant bien, sans mettre obstacle à l'accès de la lumière.

Le règlement de *la chaleur* est un point très difficile
dans la culture forcée sur fumier ; il faut toujours, autant
que possible tenir compte des conditions de végétation naturelle des plantes qu'on force. Celles qu'on sème en pleine terre en février-mars telles que les Carottes, les Fèves,
les Pois ne doivent pas, étant cultivées sur couche, débuter
par la même température que le Pourpier, le Haricot et le
Concombre, dont on ne peut confier les graines à la terre
qu'au mois de mai.

Les indications météorologiques qui donnent la moyenne
maximum et minimum de chaleur pendant chaque mois de
l'année, seront d'un renseignement précieux pour le règlement de la chaleur des couches ; et ainsi, progressivement,
on tiendra compte de la température des mois pendant lesquels telle ou telle plante lève, vit, se développe et produit
en plein jardin à l'air libre.

Afin de constater la chaleur qui règne dans l'intérieur
d'une couche, on se sert du thermomètre-piquet, gradué sur

le tube en verre, celui-ci se glisse dans un étui en cuivre perforé à la base, qu'on plonge dans la couche (fig. 408 A et B). Pour se rendre compte de la température qui règne dans l'air ambiant d'une serre ou d'une couche, on y suspend

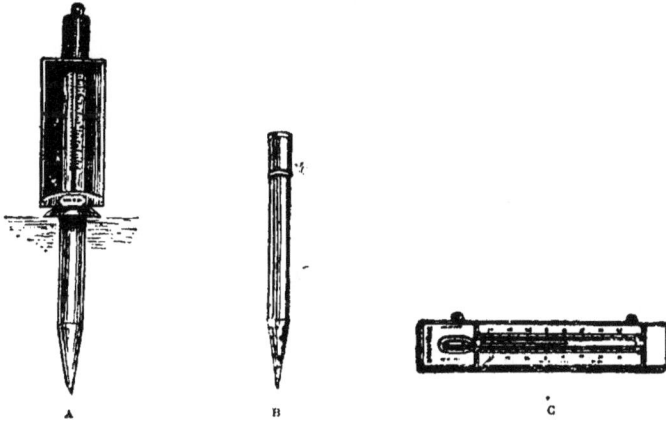

Fig. 408. — Modèles de thermomètres.

un thermomètre ordinaire. Quelquefois on a intérêt à savoir quelle température a régné à un moment donné dans une serre ou bâche. Dans ce cas on aura recours au thermomètre *maxima* et *minima* (fig. 408 C).

CULTURES SPÉCIALES.

Asperge.

Dans cette culture on doit avoir pour seule préoccupation de produire de la chaleur qui peut aller de 18° à 25°, sans se soucier de l'air ni de la lumière ; on peut donc la pratiquer pendant toute la période de repos. Malgré la facilité d'en faire de très bonnes conserves, l'asperge forcée reste toujours un produit rémunérateur.

Forçage sur place.

On établit à cet effet une aspergerie en *A. hâtive d'Argenteuil*, d'une façon spéciale : on plante à rez de terre 2 rangées d'Asperges à 50 c. sur le rang et à 60 c. entre les rangs. On laisse 1 mètre d'espace entre chaque double ligne. Les deux premières années, on donne les soins et on fait les entre-cultures comme dans la culture ordinaire.

A la troisième année, si les asperges ont bien marché, on peut déjà les forcer ; mais ce n'est que la quatrième année, alors que les plantes ont tout leur développement, qu'on les force en première saison.

Pour le forçage de haute primeur, il convient d'avoir les plantations en double, pour ne forcer les mêmes rangées qu'une année sur deux.

Au moment de mettre en train, on donne une riche fumure aux Asperges (engrais de volaille, vidanges, déchets de boucherie ou guano), puis on creuse entre les doubles rangées des tranchées d'environ 40 c. de profondeur sur 60 c.

de largeur. La première terre extraite se place sur les planches à une épaisseur de 10 c. ; le reste est mis de côté.

En creusant, on peut donner aux tranchées un peu plus de largeur dans le bas, de manière à les évider *sous* les lignes, surtout si le sol présente quelque consistance ; on remplit ces tranchées de fumier au fur et à mesure du creusement, pour empêcher les éboulements.

On se sert de bon fumier frais bien tassé, élevé jusqu'au dessus des planches, de manière à ce que les plantes restent dans un creux de 20 c. On comble ce creux de tannée usée, de sciure de bois à moitié décomposée ou d'un mélange des deux, ou bien on se servira de terre meuble, du vieux terreau de couche, terre de bruyère etc. et on couvre toute la surface d'une épaisse couche de litière.

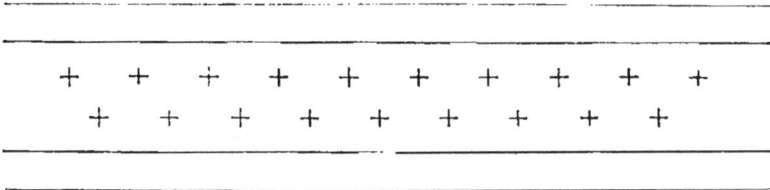

Fig. 409. — Aspergerie pour forçage sur place.

On pourrait aussi entourer les rangs d'Asperges de bordures en planches ou de coffres qui, extérieurement, retiendraient le fumier, dépassant la hauteur du sol, et intérieurement, la terre du chargement.

On couvre de panneaux en bois ou de paillassons grossièrement confectionnés avec de la paille serrée entre des lattes ou des perches. Lorsque les froids sont intenses, il est bon de placer un surcroît de couverture de paille ou de feuilles au-dessus des panneaux. En ne laissant pas descendre la température en dessous de 15°, on verra poindre les Asperges au bout de trois semaines environ. On fait la cueillette à la main, sans couteau, tous les deux jours aux moments les moins froids de la journée.

L'apparition plus ou moins rapide des Asperges est le meilleur thermomètre. Dès que la production ralentit sensiblement, c'est un signe que la chaleur fait défaut et il est temps de remanier les réchauds en y ajoutant une moitié de fumier frais. La récolte finit ordinairement au bout de 7 à

25

8 semaines ; on abandonne alors le carré d'Asperges sans rien enlever d'autre que les coffres et les panneaux. C'est seulement après l'hiver que l'aspergerie reprendra son état primitif, de façon à ce que le tout se trouve de nouveau à plat. Le forçage sur place se pratique de même en toute saison, avec cette différence, qu'il faut moins de matériaux et de soins pour obtenir des produits d'autant plus beaux et de venue plus facile qu'on se rapproche davantage de l'époque normale de production.

Dans les jardins de riches propriétaires, on peut établir des lits d'Asperges, qu'on force au moyen de tuyaux de chauffage soit au thermosiphon, soit à air chaud avec tuyaux en terre cuite vernis, de 15 c. de diamètre. La figure 410 donne une idée exacte de cette installation que nous avons remarquée au potager royal du parc de Windsor.

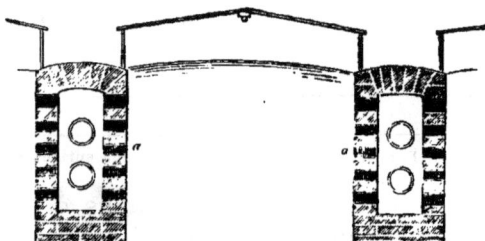

Fig. 410. — Asperges forcées au moyen d'un chauffage.

C'est une suite de planches d'Asperges séparées par des canaux en maçonnerie, dont les murs latéraux sont à jour. Ces canaux, au lieu de se terminer en voûte, pourraient bien mieux se fermer au moyen de dalles ou de panneaux en bois bien ajustés, qu'on couvrirait de feuilles ou de tannée pendant la période de chauffage. Cette disposition, appliquée parfois aux couches pour couvrir les réchauds, permettrait d'examiner, de réparer et d'enlever même les tuyaux sans qu'il soit nécessaire de rien démolir. C'est surtout pour la haute primeur, que nous conseillons de procéder au forçage par le thermosiphon.

On peut hâter les Asperges sans réchauds, en les couvrant simplement de châssis, reposant sur une bordure en planches ou coffre. Celui qui voudrait spécialement s'adonner à ce genre de culture devrait aménager des planches de 3 rangs d'Asperges, séparées par des sentiers de 80 c.

Forçage sur couche.

Lorsqu'on dispose de vieilles griffes d'Asperges à supprimer, on monte, à n'importe quel moment de l'hiver une couche chaude qu'on garnit d'un coffre pour y placer ces griffes, les racines entrelacées les unes dans les autres, sans rien y retrancher. Ceci fait, on les couvre de 25 c. de terreau ou autre substance légère, on place les châssis, qui sont couverts à leur tour de paillassons. Les Asperges qu'on produit dans ces conditions sont petites, mais elles sont savoureuses et s'obtiennent sans peine. On peut faire du plant en vue de cette culture, en semant deux graines ensemble à 20 c. de distance, ou bien, faire un semis très

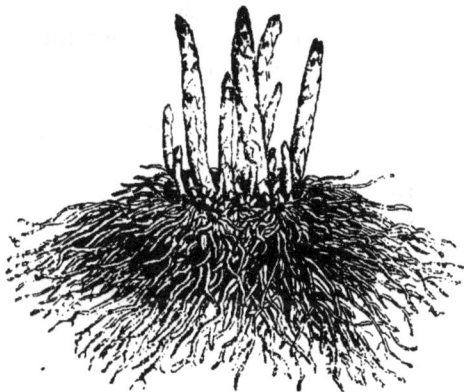

Fig. 411. — Touffe d'asperge forcée.

clair et employer les plantes (fig. 411) depuis la 4e jusqu'à la 5e et 6e année. On fera des semis successifs pour n'en être jamais dépourvu. Ce genre de forçage convient surtout pour la toute 1re saison ou pour se procurer des Asperges dans un temps et en quantité déterminés d'avance.

Asperges vertes.

Si au lieu de couvrir les griffes de terre à l'épaisseur de 25 c. on n'en met que 7 à 8 c. laissant pousser les Asperges au contact d'un peu de lumière, on obtient les Asperges vertes.

Une planche d'Asperges de 3 à 4 ans, semées en plein jardin, couverte ensuite d'un coffre garni de réchauds et de châssis, produira une abondante récolte d'Asperges vertes. On réussit encore en disposant des griffes sous les tablettes de serres ou autres places perdues dans des locaux chauffés, en posant les griffes horizontalement ou bien en lits placés en retraite, afin de former une couche ou meule en talus, comme pour la Chicorée.

Un genre de culture forcée sur place, pratiqué en Flandre, consiste à établir des planches d'Asperges à 3 rangées. Au moment du forçage on enlève la terre qui recouvre les souches d'Asperges ; celle-ci est remplacée par 30 c. d'un mélange devant à la fois chauffer, nourrir et blanchir les jets qui le traverseront. Ce compost, préparé quelque temps à l'avance, consiste en poussier de coton, de lin ou de chanvre, de tannée, d'un peu de sciure de bois, le tout fortement *animalisé* par des arrosements de guano délayé dans de l'eau, du bouillon d'animaux abattus, de sang ou de vidange. On couvre ce mélange d'une mince couche de fumier et d'épais paillassons.

Il est à remarquer que ce genre de culture ne peut se pratiquer avantageusement, que là où l'on se procure toutes ces matières en abondance et à peu de frais.

Les asperges à forcer au thermosiphon tel qu'il est représenté au tableau page 373 sont cultivées en planches de 1.50 m. de largeur, comprenant trois lignes de plantes à 45 centimètres de distance en tous sens. Les souches peuvent être forcées après la troisième ou la quatrième année de plantation.

Les premières forceries peuvent être commencées en novembre et continuées pendant tout l'hiver. Au bout de quinze jours avec une température de couche de 20 degrés, on peut généralement commencer la récolte ; elle se prolonge pendant au moins trois ou quatre semaines, proportionnellement à la force des plantes et au soin mis au maintien de la chaleur nécessaire au sol. Avant de forcer, le cultivateur doit arrêter le maximum d'asperges à récolter ; car en prolongeant trop la récolte, la première année surtout, on affaiblit considérablement les souches.

Les planches en forçage sont entourées d'un coffre en bois de 40 centimètres de hauteur. Après avoir ameubli la terre entre les plantes, on dispose les tuyaux entre les lignes, deux départs sur les côtés, deux retours au milieu et on y étend une petite couche de tannée ou de court fumier. Le coffre est ensuite recouvert de panneaux et enveloppé de fumier long, pour conserver la chaleur à l'intérieur de la couche.

Quoique l'asperge en forçage ne craint pas un excès de chaleur, il est cependant utile de veiller à maintenir une température de 20 à 25 degrés dans la couche, ce que l'on obtient facilement par l'emploi du thermosiphon.

Forçage de touffes séparées.

Dans les Aspergeries cultivées en touffes séparées, on peut choisir les plus belles, et les couvrir d'un pot à Chou marin qu'on remplit aux 2/3 de la terre légère, recouverts extérieurement d'un petit mont de fumier frais, qu'on abrite avec de la litière sèche. Ce procédé est excellent pour le forçage en petit.

Carotte.

On peut jouir depuis le mois de mai jusqu'au mois d'avril de l'année suivante des Carottes cultivées en pleine terre ; il n'y aurait donc pas de nésessité pressante d'en produire sur couche, si ce n'était qu'à l'état jeune et surtout venues sur couche, elles sont un produit tout à fait distinct. Cela est vrai à tel point, que dans certaines maisons de maître, le jardinier doit fournir de jeunes Carottes pendant tous les mois de l'année.

On commence la 1re saison vers le 1r janvier ; on monte une couche chaude de 60 c. d'épaisseur qui contiendra un tiers de feuilles, afin d'obtenir une chaleur durable de 18° à 20° maximum. On charge de 20 c. de terre composée de terre ordinaire de jardin, mêlée de moitié de terreau bien décomposé. Dans le terreau pur, les Carottes perdent entièrement leur belle coloration rouge ; il en est de même quand on arrose trop.

La graine doit être semée immédiatement, clair, à la volée, à raison d'un gramme par mètre carré ou, mieux encore, en lignes espacées de 8 à 10 c. On ne laisse entre la terre et le châssis que 6 à 7 c. d'espace. Pour ne pas perdre le temps assez long que la graine met à germer, il serait bon de la mettre 15 jours à l'avance dans du sable humide pour la préparer à la germination. On plombe légèrement le sol au moyen de la batte (fig. 412) et, aussi longtemps que le jeune plant ne se montre pas à la surface, il ne faut pas enlever les paillassons.

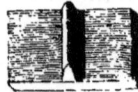

Fig. 412. — Petite batte.

En 1re saison on cultive la *C. rouge ronde hâtive parisienne*, qui n'a que le mérite de sa grande précocité, vu son petit volume. Généralement on lui préfère la *C. Toupie* ou *Grelot* (fig. 414). On peut y entresemer un peu de Radis ou de *Laitue Tom pouce* bien clair, celle-ci destinée à être repiquée sur d'autres couches. Après la semaille on couvre d'un demi centimètre de terreau fin, mêlé d'un peu de

Fig. 413. — Carotte ronde parisienne.

cendres et on tasse légèrement au moyen de la batte, petite planche carrée en bois dur, munie d'une poignée.

Dès que le plant lève il faut aérer, car il est très sujet à fondre ou à filer. Lorsque les premières feuilles caractérisées paraissent, il faut serfouir légèrement. Quelquefois une moisissure verdâtre apparaît sur la terre de la couche; il faut l'attribuer soit à un excès d'arrosements, qui doi-

vent être très modérés, presque nuls, soit à un défaut d'aérage. On saupoudre se sol qui commence à verdir, de
poussière de terre entièrement sèche ou de cendres fines.

Quand la plante porte 3 à 4 feuilles caractérisées, il faut
faire un premier éclaircissage et augmenter graduellement

Fig. 414. — Carotte Grelot ou toupie.

l'aérage ; un léger bassinage en plein jour ne peut que lui
être utile ; il pourra même être augmenté à mesure que les
petites Carottes commencent à *tourner* (à s'arrondir).

Quelques jours après le premier éclaircissage on en fait
un second; en 1re saison en effet, les plantes ne doivent pas
être serrées, afin de pouvoir se former promptement. Plus

tard on éclaircit, en récoltant dès que les racines ont atteint
la grosseur représentée par la fig. 414 ; après chaque récolte
on nivelle un peu la terre entre les plantes restantes ;
on les arrose et on tient toujours les châssis fermés jusqu'à
ce que les feuilles ne paraissent plus chiffonnées. En février se font les semis sur couche tiède et vers la fin du
mois, sur couche sourde ; pour ces deux dernières saisons
il convient de choisir la variété *C. courte hâtive à primeurs*
(fig. 416).

En 1908-09, la maison Vilmorin-Andrieux et Cie de Paris
a mis dans le commerce une variété spécialement destinée

Fig. 415. — Carotte courte améliorée à forcer.

à la culture en 2e saison. Elle est très précoce, à racine
tout à fait cylindrique, à collet très fin, d'un feuillage moins
développé que celui de la *C. rouge courte hâtive*. Cette nouvelle obtention constitue le type de la Carotte à châssis par
excellence, ce qui n'exclut pas son emploi pour la pleine
terre, où elle donne aussi un excellent produit.

Elle est absolument dépourvue de cœur, à chair très rouge, transparente, bien sucrée, et, tout en ayant la précocité
de la *C. ronde Parisienne*, elle présente sur celle-ci l'avantage de donner un produit bien plus abondant.

On la sème aussi fin février en pleine terre sur côtière

abritée de châssis-cloche. Ce produit intermédiaire entre la dernière saison de forçage et les premiers semis de pleine terre est des plus avantageux. Après le 1er éclaircissage, le

Fig. 416. - Carotte courte à primeurs.

semis se passe parfaitement des châssis ; il lui suffit d'être abrité la nuit avec des paillassons.

On recommence les semis sur couche éteinte, fin juillet après les Melons, si on veut récolter de petites Carottes en septembre-octobre.

Champignon.

Plusieurs espèces de champignons sont comestibles, dans les groupes des *Agarics*, des *Bolets*, des *Morilles*, des *Clavaires*, des *Pratelles*, des *Lépiotes*, des *Amanites*, mais il n'est pas toujours facile de les distinguer et les méprises peuvent avoir de graves conséquences. Le Champignon commun, *Agaric comestible* (*Pratelle*), est, à notre connaissance, le seul qu'on soit parvenu à faire pousser facilement sur des couches ou meules de fumier et qu'on distingue assez aisément des espèces vénéneuses.

Préparation du fumier.

L'opération la plus importante dans la culture des Champignons est la préparation du fumier destiné à la construction des meules.

Les autres conditions pour obtenir un bon résultat consistent à faire la culture dans une terre artificielle avec une température à peu près constante. C'est pour satisfaire à cette dernière exigence que les caves et les carrières sont

Fig. 417. — Groupe de champignons cultivés.

souvent choisies ; mais tout autre local peut également bien convenir, à condition toutefois que naturellement, ou par suite de l'emploi d'abris, la température n'y monte pas au delà de 25 degrés et descende le moins possible en dessous de 10°. La moyenne la plus favorable est 12° à 15°.

On peut commencer la culture en toute saison, mais la réussite est plus certaine au printemps et à l'approche de l'automne (juillet-août). On choisit du fumier de chevaux nourris au sec, peu pailleux, imprégné d'urine et bien piétiné.

D'après certains spécialistes, tous les fumiers chauds sont propres à cette culture : le fumier de lapins, de moutons, de chèvres, de volailles, aussi bien que celui des chevaux et des mulets. On a obtenu des résultats remarquables avec l'engrais pur de bétail, séché, concassé en petits

fragments, puis rendu moite au moyen d'eau salpêtrée. Des
essais faits avec le fumier de tourbe bien imprégné ont également été couronnés de succès.

Le nitrate de soude et les sels potassiques sont des ingrédients utiles à mêler au fumier pendant la préparation.
Il en est de même du plâtre dont on saupoudre le fumier ;
cette matière y fixe l'ammoniaque en provoquant la formation de sulfate d'ammoniaque.

Sur un terrain damé, uni et sec, on dispose le fumier en
tas conique de 1.20 m. de hauteur de 1.50 m. de largeur.
En montant le tas, on aura soin d'extraire les pailles sèches, le foin, en un mot, tous les corps étrangers ; on le
secoue fort pour que l'ensemble soit bien homogène ; on
tasse à fur et à mesure et, par un temps sec, ou si le fumier n'est pas très frais, on l'asperge d'eau. Ce travail terminé, on abrite le tas contre le soleil et la pluie en l'entourant d'une chemise de paille placée en longueur. Au bout
de six à sept jours, lorsque le fumier s'est bien chauffé
par la fermentation et qu'il commence à blanchir, on dé-
monte le tas et on le reconstruit à côté en divisant le tout
et en mêlant intimement les différentes parties. On mouille
légèrement le fumier à plusieurs reprises, à mesure que le
tas s'élève ; celui-ci conservera la forme qu'il avait lors du
premier placement.

On laisse de nouveau la fermentation se produire, et au
bout de cinq à six jours, on examine le fumier. Souvent il
est devenu assez court, assez gras et assez onctueux pour
servir à la construction de la meule. S'il présentait encore
des parties trop peu décomposées, il pourrait être remanié
sur nouveaux frais et on le laissera se réchauffer pendant
quatre ou cinq jours.

Pour que le fumier ait le degré de décomposition voulue, il doit être court, de couleur brun foncé ; pressé dans
la main de toute la force du poignet, aucun liquide ne peut
en découler ; enfin, il doit avoir perdu l'odeur ammoniaca-
le caractéristique du fumier d'écurie. S'il est trop sec, on
peut le ramener en l'aspergeant légèrement ; s'il est boueux,
il n'en faut espérer rien de bon ; l'ouvrage est à recommencer.

Formation des couches ou meules.

Quoiqu'on puisse, à la rigueur, élever les couches en plein air, nous ne le conseillons pas, d'autant plus qu'il n'est pas difficile de trouver un réduit quelconque, une cave, un hangar, une remise, une serre, une étable, etc. Si l'endroit est clos et obscur, il n'en sera que meilleur, car la température y restera plus uniforme.

On donne à la meule 60 c. de largeur, à la base, et à peu près autant de hauteur ; plus grande, on peut craindre une

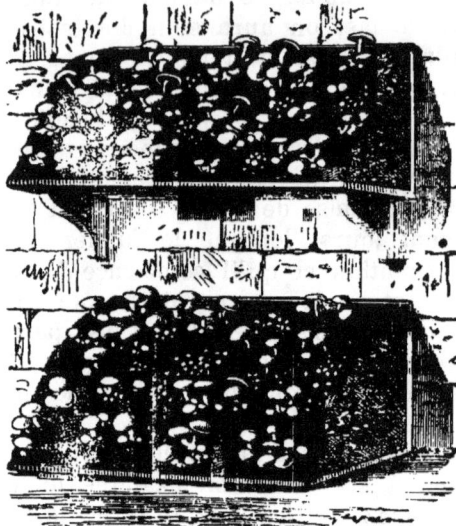

Fig. 418. — Petits meules à une pente, superposées et adossées à la muraille.

chaleur excessive lors de la reprise de la fermentation ; plus petite elle tient difficilement le degré de chaleur voulu. On l'adosse au mur, on l'établit en étages superposés sur des tablettes contre un mur ou, ce qui vaut mieux, on la monte au milieu de la pièce en dos d'âne ; on peut encore monter les couches dans les fûts sciés ou dans des caisses en bois. Le fumier doit bien se tasser, non en le foulant avec les pieds, mais en le serrant avec les mains qui doivent faire tout le travail du montage, c'est à dire, qu'en le mettant en place, on doit réduire les parties qui formeraient motte, mélanger les portions compactes, avec les parties pailleuses et bien triturer le tout ensemble ; après on peigne avec

la main les brins qui pourraient dépasser, afin de rendre
la surface de la meule bien ferme et bien unie, et on en
raffermit les flancs. Si l'emplacement où s'établissent les
meules, ne pouvait être soustrait à la clarté du jour, il
faudrait, pour les tenir dans une obscurité complète, les

Fig. 419. — Meule à champignons portative à double versant.

couvrir de litière longue et parfaitement sèche. Au lieu de
monter ces meules par terre, on peut les établir sur
des tablettes fig. 418 ou sur de simples planches. On leur
donne, dans ce cas, la forme d'un cône ou bien celle des tas
de cailloux qu'on rencontre sur les routes (fig. 419). De
cette façon, il est possible de les introduire dans des caves

Fig. 420. — Caissette de blanc de champignon.

ou autres parties d'habitation, où il répugnerait de faire
entrer du fumier en nature et de travailler au montage des
couches.

Après quatre ou cinq jours, la meule devient tiède ;
quand sa température intérieure est environ de 25°, le mo-

ment est venu de la garnir de blanc ; c'est ce que les Champignonistes appellent *larder* la meule. Le blanc est en réalité l'organe végétatif, c'est-à-dire la plante proprement dite ; le Champignon que l'on mange, n'est que le réceptable fructifère.

Le blanc le plus employé est celui provenant des couches à Champignons épuisées, préalablement séché et conservé en plaques ou galettes (fig. 421) ; à l'état sec, il peut rester bon pendant longtemps. Dans le commerce le blanc de couches est livré en caissettes (fig. 420). Les meilleures parties de fumier sont les plus incrustées de ces filaments blancs, au point de paraître moisies et feutrées. Le blanc, ainsi que les Champignons mêmes, se produisent parfois spontanément dans des couches à Melons et autres.

En recueillant les spores sur une feuille de papier et en les semant sur une meule bien préparée, on voit souvent apparaître du *Mycelium* vierge.

Fig. 421. — Galettes ou lardons de blanc de champignon.

Ce *blanc vierge* obtenu en tablettes par l'ensemencement direct des spores ou graines de Champignon, permet de ne cultiver que des variétés choisies avec soin entre les meilleures et d'éviter les maladies que le blanc ordinaire apporte fréquemment avec lui.

Ce nouveau blanc de semis, découvert par le Dr Répin, est la propriété exclusive de la maison Vilmorin de Paris et est livré sous forme de tablettes carrées, comprimées et parfaitement sèches, mesurant 7 centimètres de côté (fig. 422).

Ces tablettes, légères, d'une conservation presque indéfinie, sont en même temps très économiques, chacune d'elles pouvant facilement être fendue dans le sens longitudinal et constituer deux mises ; on a soin de mettre en contact avec le fumier, la partie mise à nu; dix tablettes peuvent suffire amplement à garnir un mètre carré de couche.

Pour larder la meule, on y pratique de petites ouvertures obliques, dirigées de bas en haut, larges de 10 c., profondes de 5 c. et distancées de 25 c. entr'elles. Dans chaque trou s'ajuste un fragment de blanc appelé *Lardon*, de 7 à 10 c. de long, autant de large et de 2 c. d'épaisseur, après quoi on referme bien l'ouverture de manière à ce que les bouts du blanc effleurent la surface de la meule, tout en restant en contact, intérieurement, avec le fumier. Une recommandation qu'il importe de ne pas perdre de vue, c'est que, avant l'opération, il faut faire *revenir* le blanc, le faire passer de l'état sec à l'état moite ; à cet effet on le pose dès l'avant-veille au fond de la cave et on le couvre même au besoin d'un linge humide ; ce traitement rend la reprise plus certaine et plus prompte.

Fig. 422. — Briquettes de blanc vierge.

Quelques jours (7 ou 8) après la mise du blanc, celui-ci commence à se développer, les filaments s'allongent. Si, à l'inspection, on remarquait qu'il a bruni et qu'il se fond, il faut pratiquer de nouvelles ouvertures à côté des premières et recommencer la mise du blanc.

Lorsque le blanc s'est étendu dans tous les sens (quinze jours après la mise), on retire les plaques de blanc qu'on a introduites et on procède au *gobetage* de la meule, c'est-à-dire qu'on la couvre d'un lit de 2 à 3 c. de terre sableuse ou calcaire tamisée, soit du sable blanc mêlé d'un peu de chaux ou de plâtre. Dans l'un et l'autre cas on portera au préalable, la matière employée au degré de moiteur voulu par un arrosage d'eau, tenant en dissolution du salpêtre, à raison de 2 à 3 grammes par litre. La nitrification de la terre est d'un grand secours dans cette culture.

Peu de temps après, on voit apparaître à la surface des quantités de Champignons de toute grosseur qui donnent à la meule l'apparence des figures 418 et 419.

Pour cueillir les Champignons, on les saisit entre le pouce, l'index et l'annulaire, on appuie sur le chapeau ou partie supérieure en imprimant un mouvement de torsion pour les détacher. En les tirant à soi, on soulèverait le plateau de blanc et souvent on s'exposerait à n'en voir plus paraître à cette place. En tout cas, en opérant maladroitement, on détache prématurément les petits Champignons qui naissent dans le voisinage des grands.

Il n'est pas recommandable de laisser grossir les Champignons au point que le chapeau se détache du stipe, on ne doit pas cependant rejeter, comme mauvais, ceux qui sont parvenus à ce degré de croissance. Seuls ceux dont le chapeau se relève horizontalement et dont les lamelles ou cloisons inférieures sont devenues noires, ont réellement perdu beaucoup de leurs qualités et pourraient à la rigueur être rejetés.

Après chaque récolte, on remplit de terre de gobetage les cavités produites. Si la meule est humide au point de transpirer, cette terre devra être poudreuse. On arrosera très légèrement si la terre de la meule est sèche. Cet arrosement se fera avec de l'eau salpétrée ayant 25° à 30° de chaleur, chaque fois qu'on croit remarquer que la récolte diminue ou que les Champignons viennent à stipe effilé et à chapeau mince et étroit.

On a reconnu que le Champignon exige beaucoup de phosphate de chaux et qu'il est bon de l'ajouter au fumier sous forme de scories Thomas ou phosphate basique.

Quelquefois, à la suite d'un abaissement notable du degré de température ou par suite de l'humidité, la couche boude et il lui arrive de rester plusieurs semaines sans produire. Après quelque temps la production reprend, si on a soin de suspendre les arrosements et de semer de la terre tout à fait sèche à la surface de la meule.

Quand la couche ne chauffe pas également, il se forme alors par places où le *Mycelium* se développe, des groupes de Champignons qui se soudent, au point de ne former qu'une seule masse et qui pourrissent.

Quand la couche descend sous le degré de chaleur voulue

les Champignons s'arrêtent dans leur développement et se détachent spontanément. Une couche qui se trouve dans ce cas, peut parfois se remettre à produire à la faveur de la chaleur que lui communiquent les nouvelles meules qu'on monterait dans son voisinage.

En Angleterre, il est d'usage d'élever des serres à Champignons (*Mushroom-houses*) ; ce sont des apentis clos, adossés à la face nord des murs où sont établies les forceries. L'intérieur est divisé en dressoirs en bois qui supportent les meules (fig. 423).

On peut cultiver aussi des Champignons sur une petite quantité de fumier quand il est bien préparé. Mais, il est difficile d'obtenir une bonne préparation, si l'on n'opère pas sur une certaine quantité à la fois ; on ne peut guère traiter convenablement un tas de moins d'un mètre cube ;

Fig. 423. — Serre avec hangar à champignons, adossé.

c'est là une cause fréquente d'insuccès dans les petites cultures. Si les meules à monter n'en exigent pas autant, il ne faut pas moins en préparer un mètre cube ; le fumier qui ne servira pas aux Champignons, peut être utilisé comme engrais pour les autres cultures.

D'après les procédés indiqués, et en montant sous couvert trois ou quatre couches par an, on peut s'assurer une production continue. En outre, pendant toute la belle saison, on peut monter des couches au dehors, dans un lieu ombragé et obtenir une production abondante. Les couches qui servent aux autres cultures forcées, peuvent aussi être

26

lardées, sur leurs côtés, de blanc de Champignon et elles donnent parfois de bons produits, pourvu que la température soit favorable et qu'on ait soin de protéger les jeunes Champignons par une légère couverture de terre au moment où ils commencent à se développer.

Les Champignons cueillis à l'état sauvage sont supérieurs en qualité à ceux provenant de couches établies à l'obscurité, mais il faut se défier des erreurs qui peuvent avoir des suites funestes. L'*Agaric bulbeux* est facilement confondu avec le bon Champignon, si on ne tient pas compte des différents caractères suivants qui distinguent ces deux espèces :

AGARICUS BULBOSUS.	AGARICUS EDULIS.
Vénéneux.	**Comestible.**
Goût et odeur désagréables.	Parfum et goût agréables.
Tige garnie au pied d'une espèce d'appendice (*Volva*).	Pied ne portant à sa base aucun appendice.
Les lamelles garnissant le côté inférieur du chapeau sont blanches à tout âge de la plante.	Lamelles d'abord roses, puis brunissant avec l'âge et devenant noires.
Face supérieure du chapeau visqueuse, portant parfois des verrues, peau très adhérente à la chair.	Chapeau sec, uni, pas visqueux, se pèle facilement.
Spores (graines) blanches.	Spores de teinte purpurine.
Croît dans les bois.	Croît dans les prés.

Cette espèce vénéneuse est cause des trois quarts des empoisonnements. C'est elle qui a fait dire, que parmi les champignons, les meilleurs ne valent rien.

Il ne suffit pas de se mettre en garde contre les espèces naturellement vénéneuses, ou de celles qu'on ne connaît pas très bien, il faut encore tenir compte des conseils suivants relativement aux espèces comestibles :

Rejetez comme impropre à la consommation tout champignon trop avancé, piqué des vers à l'intérieur, ramolli par suite de pluies abondantes ou d'un commencement de décomposition. Dans ces divers états, ils sont indigestes et malsains.

Il faut conserver les Champignons dans un local bien sec, à la cuisine par exemple, car l'humidité les corrompt, les moisit rapidement et peut les rendre vénéneux.

Aux environs de Paris, dans les carrières abandonnées, cette culture se pratique par au moins 300 cultivateurs-champignonistes. Ces intéressants travailleurs mènent une existence de mineurs, travaillant en moyenne à 30 m. sous le niveau du sol. On évalue à 10 millions de francs le produit annuel de cette culture. Une seule firme envoie annuellement 14.000 boîtes de Champignons en Angleterre.

Près de St-Denis, un seul champignoniste occupe en location une immense carrière, où il emploie en moyenne 50 ouvriers et 19 chevaux, et il construit 8.000 m. courant de meules.

Aux environs de Merly-sur-Oise, un autre cultivateur exploite dans une carrière 3.580 m. de meules et il fournit mensuellement au marché 18.000 k. de son produit. Bruxelles est tributaire de ces cultivateurs pour un gros contingent.

Voici les proportions dans lesquelles on peut établir les frais d'exploitation de la culture dans les carrières jusqu'au moment où on arrive à un mois de production.

Location d'une carrière.	40 francs.
5 ouvriers à 95 francs	465 »
Fumier.	468 »
Transport du fumier	120 »
Entretien d'un cheval	130 »
En frais . .	1,223 francs

Une culture qui comporterait ces frais peut rapporter une moyenne de 70 kil. de Champignons par jour à fr. 1.50 le kil. établissant en chiffres ronds, un revenu brut de 3.000 francs. Nous négligeons outre la valeur du terreau qui reste à la fin de la culture, celle du blanc des meules épuisées. Le bénéfice serait encore considérable, s'il ne fallait pas déduire les frais de déblayement et de désinfection des carrières, qui le diminuent sensiblement.

Il y a longtemps que les producteurs de champignons de la banlieue de Paris connaissent la maladie de la *molle* qui déforme les agarics de couche et les ramollit. On conçoit que cette affection inspire de sérieuses craintes dans une industrie qui représente chaque année un capital de 16 millions de francs. La cause de cette maladie réside dans un petit fungille parasite auquel les botanistes ont donné le nom de *Mycogone rosea*, rencontré depuis longtemps sur d'autres espèces que le champignon de couche.

Cette végétation parasite, qui se répand rapidement, doit être combattue par la désinfection des locaux où l'on se propose d'établir des cultures.

Chicorée (Witloof).

La chicorée est une des principales plantes potagères auxquelles on peut appliquer l'usage du thermosiphon, tel que M. E. Français l'explique dans sa brochure. Ce procédé est déjà suivi par plusieurs spécialistes.

Comme nous l'avons expliqué dans la culture naturelle, l'arrachage des racines se fait en octobre-novembre, on en fait immédiatement l'habillage et on les dispose dans des tranchées creusées en plein jardin. Ces tranchées mesurent 40 c. de profondeur et 1.50 m. de largeur ; les racines y sont placées les unes contre les autres, verticalement et de manière que les collets soient au même niveau. Aussitôt que le silo est rempli, on recouvre les racines avec de la terre fine et légère ; c'est dans cette couche de terre meuble, de 30 c. d'épaisseur, tassée légèrement et uniformément, que les chicons se forment.

Le premier forçage peut être entrepris une quinzaine de jours après la mise des racines en tranchées.

Pour obtenir le witloof il faut une température constante de 15 à 20 degrés centigrades pendant 15 à 20 jours, à l'intérieur des couches, ce que l'on fournit très régulièrement par l'emploi du thermosiphon.

Les racines étant disposées dans la tranchée, on entoure celle-ci d'un coffre en planches supportant des panneaux placés avec une légère pente, à environ 0.20 m. au dessus de la couche. Les tuyaux sont en dessous, disposés sur la couche. Pour éviter les pertes de calorique, on couvre le tout avec de la grande litière ou des paillassons.

Pendant le forçage on maintient la couche au degré voulu de température, 20° environ ; au delà de 25°, il faut craindre la brûlure qui se produit après quelques heures d'une chaleur trop forte.

Si l'on considère qu'il ne faut que quinze jours à trois semaines de chauffage, on conçoit qu'un thermosiphon portatif très réduit peut suffire pour une exploitation très importante où il y a un grand nombre de couches ; on peut même ne disposer que d'un seul réseau de tuyaux.

On peut aussi forcer la chicorée en chauffant par en dessous ; on en obtient même une végétation plus rapide avec moins de travail et de charbon, qu'en chauffant par au-dessus.

Dans ce cas il faut autant de réseaux de tuyaux qu'il y a de couches à forcer, attendu que tous les silos doivent être préparés dès l'arrachage des racines. De plus, en attendant le moment du forçage, toutes les tranchées où les racines sont établies doivent être préservées de l'humidité dès qu'elles sont plantées ; car en chauffant par en dessous, la terre dans laquelle le witloof se développe n'évapore pas autant que si les tuyaux sont au-dessus, et il importe que cette couche de terre soit sèche pour que les chicons soient propres lors de la récolte.

Le cultivateur qui dispose d'un thermosiphon pour la production des primeurs printanières, peut l'utiliser avantageusement en automne pour forcer des chicorées en chauffant par en dessous.

Chou-fleur.

On sème très clair vers le 15 août, de la graine jeune et forte de *Ch.-fleur très nain hâtif à petites feuilles (Boule de neige)* ; c'est le meilleur pour la forcerie car il n'atteint qu'une hauteur de 35 c. et produit une pomme ferme, d'un blanc pur. Cette variété est tellement perfectionnée que sa pomme monte difficilement en graines ; aussi la semence se vend-elle toujours très cher. A défaut de cette variété, on peut cultiver le *Ch.-fleur Lenormand hâtif* fig. 425, ou le *Ch.-fleur d'Erfurt hâtif* fig. 424, tous deux également recommandés pour la pleine terre ; on donne même à ces variétés la préférence, pour le forçage de

2e et de 3e saisons. Vers la fin de septembre on repique
les plantes sous châssis froid ou en lignes espacées de 15 c.
sur une plate-bande, élevée le long d'un mur bien exposé

Fig. 424. — Chou-fleur hâtif d'Erfurt.

(fig. 426). Si on s'aperçoit que le plant avance trop vite, on
le repique une seconde fois à la fin de septembre, mais de
nouveau sous châssis froid ou sur plate-bande bien terreautée à l'exposition du midi. On en met aussi une partie en

Fig. 425. — Chou-fleur hâtif Lenormand.

pots de 8 c. qu'on enterre à côté des premières ou qu'on hiverne en serre-froide. La culture en pots du plant de *Ch.-
fleur* est bien recommandable en culture forcée, même quand

elle est pratiquée en grand. L'époque de la culture forcée commence en novembre pour les Ch.-fleurs de la plantation de juillet qui, à cette époque, ne montreraient pas leur pomme ; on les couvre de châssis et de coffres garnis d'accots ou de réchauds.

Fig. 426. — Choux-fleurs repiqués.

On en plante au commencement de janvier, sur une couche forte, pouvant donner une chaleur de 18° à 20° ; on la charge d'un mélange d'au moins 25 c. composé de terreau, de terre franche, de limon, ou de gazons décomposés, le

Fig. 427. — Transplantoir-houlette.

tout bien mouillé d'engrais liquide. On met les plantes à 25 c. pour la petite variété et à 40 c. pour les autres, près du vitrage ; on entreplante du plant de Laitue Gotte semée au mois d'août, à raison d'une rangée pleine entre chaque ligne. On peut aussi planter en double les plants de Choux-fleurs, pour remplacer ceux qui périraient ou pour garnir plus tard d'autres couches en les transplantant avec motte. Pour ce dernier usage on lève les plantes avec précaution au moyen de la houlette (fig. 427).

A mesure que les Choux-fleurs grandissent, on éclaircit les Laitues entreplantées pour en garnir d'autres châssis; on agit de même pour les plants de Ch.-fleurs doublés. Il ne faut perdre aucune occasion pour donner de l'air et de la lumière, car le Ch.-fleur file facilement et ne donne, dans ce cas, quelque remède qu'on y apporte, qu'une pomme insignifiante. On butte les Ch.-fleurs en augmentant de 10 centimètres le chargement de terreau que l'on étend à la main entre les plantes. Les Ch.-fleurs sur couche devant être tenus frais, il sera utile de pailler le sol. Vers l'époque de la formation de la fleur, on doit donner beaucoup d'eau et un peu d'engrais délayé, nitrate de soude ou autre. Les coffres seront soulevés à mesure que les plantes grandissent. Les Ch.-fleurs forcés à partir de février, peuvent être plantés sur une couche tiède ayant déjà donné un autre produit ; la dernière plantation se fait vers le 15 mars, sur couche sourde.

Il est très recommandable de planter avec une petite motte ; ainsi s'explique la grande supériorité de l'élevage du plant en pots abrités sous châssis froid, ou même en serre froide près du vitrage. Il faut si peu de plantes, que personne ne considérera cette précaution comme trop difficile à prendre, surtout dans une culture bourgeoise.

Au commencement de mars, on plante les premiers Ch.-fleurs au jardin sous cloches, ou châssis-cloche.

Chou marin.

La culture forcée du Ch.-marin consiste tout simplement à les recouvrir de pots à couvercle fig. 428, mesurant 35 c. de largeur et autant de hauteur, et à remplir l'intervalle et le dessus de fumier chaud. Après trois semaines, on visite de temps en temps pour voir s'il n'y a pas de jets blancs à récolter encore, ou éventuellement pour renforcer le chauffage.

Tous ces procédés de culture forcée sont du domaine de

l'amateur. Si on voulait en faire une spéculation, il faudrait recourir à la culture géothermique, telle qu'elle est appliquée à l'Asperge et à la Chicorée Witloof.

La culture forcée de ce légume offre de l'intérêt parce qu'on obtient le produit en peu de temps et qu'il remplace l'Asperge, jusqu'à un certain point.

En plantant des *Ch.-marins* à 40 c. et sur trois rangs, on peut en faire le forçage vers la fin de février, en les entourant d'un coffre sur lequel se placeront des châssis et des paillassons entourés de réchauds enterrés de 20c. et qui s'élèvent à la hauteur des châssis. On couvre les plantes

Fig. 428. — Pot à choux marins.

en remplissant le coffre de tannée usée ou autre matière très légère.

Il est bon de ne forcer les mêmes plantes qu'une année sur deux.

On peut aussi les forcer à la manière des *Chicorées barbe de capucin* : Dans un endroit chaud et obscur, on dispose des racines d'un, ou mieux, de deux ans, en meule ou en talus ; au bout de quelques semaines on récolte les premiers étiolats, suivis bientôt d'un petit regain. Les racines peuvent être replantées en pleine terre au printemps et servir au même usage deux années plus tard.

Concombre.

Seuls les *C. longs verts*, surtout les bonnes variétés anglaises, tels que *C. Duke of Bedford* (fig. 429), *Rollisson's Telegraph* (fig. 431), le *C. Grec* ou *d'Athènes* et le *Géant de Quedlinbourg* (fig. 430), valent les frais de la culture sous verre. Ils exigent tous une température de 20° à 25° et supportent avec avantage une chaleur plus intense.

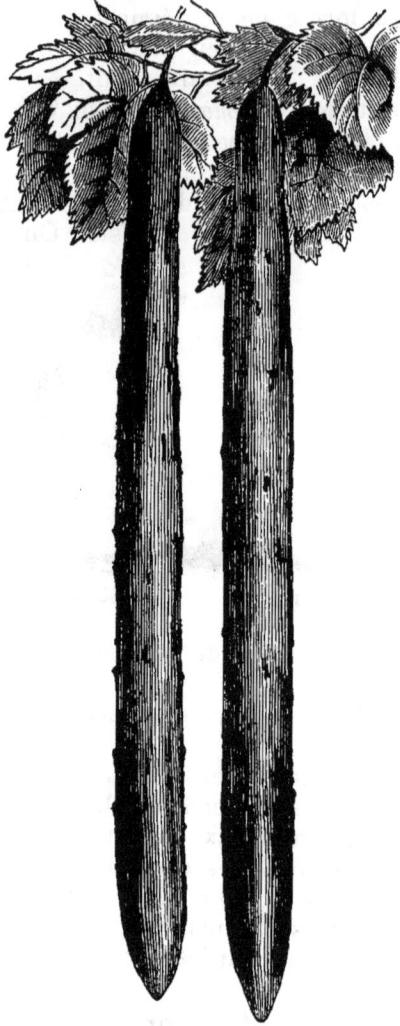

Fig. 429. — Concombre Duke of Bedford.

La chair de toutes ces variétés est épaisse, ferme, tendre, d'un goût délicat. On procède dans la culture des

Concombres longs absolument comme pour les Melons, à cette différence près, qu'on plante 4 plants par châssis au lieu de deux et qu'on laisse à chaque plante 6 des plus beaux fruits.

On peut aussi les cultiver en pots. On sème chaque graine isolément dans un petit pot à moitié rempli de terreau.

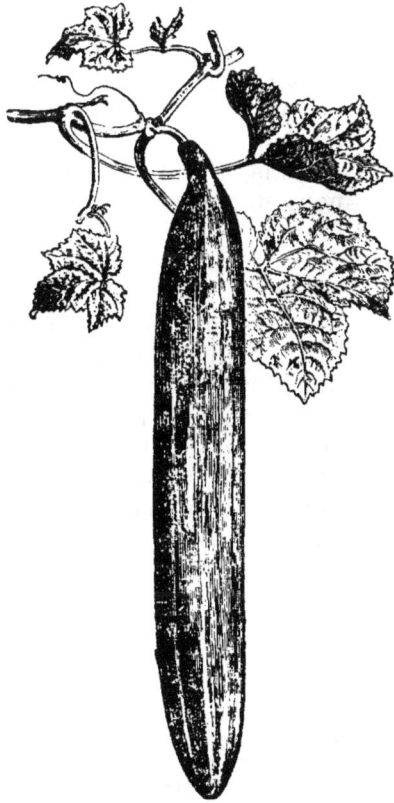

Fig. 430. — Concombre Géant de Quedlinbourg. Fig. 431. — Concombre Rollisson's Telegraph.

A mesure que le jeune plant s'allonge on achève de remplir le petit pot. On les rempote successivement jusqu'à 3 reprises depuis le pot d'élevage de 7 à 8 c., pour arriver à des pots de 20 c. qu'on remplit d'abord à moitié de bonne terre à Melons. Trois semaines plus tard on achève de remplir en guise de buttage. On peut les conduire en treille ou en guirlande comme les Vignes, ou autour des supports verticaux qu'on rencontre dans certaines serres. Pour la dernière saison de primeurs on sème fin février sur couche; on élève les plants en petits pots en les faisant passer par deux rempotages successifs ; en avril on les plante sous châssis sur couche éteinte ou sur côtière où on les couvre de châssis ou de cloches et de paillassons. Lorsqu'on peut les confier au plein air, on les conduit sur des tuteurs. En Angleterre la culture des Concombres longs est très importante, aussi beaucoup de primeuristes de ce pays affectent-ils à cette culture des serres spéciales, chauffées au thermosiphon.

Dans la culture sur couche, on suit les indications que nous donnons plus loin pour les Melons, c'est-à-dire, que dès que les plants ont trois feuilles, on les taille au dessus de la 2e pour provoquer la sortie de deux sarments. On les plante deux à deux par châssis ordinaire. Lors de la floraison on doit opérer la fécondation artificielle.

En culture forcée, le Concombre est exposé à des affections cryptogamiques causées par le *Cercospora Melonis* et le *Plasmopora cubensis*. Le saupoudrage de fleur de soufre est le remède efficace, qui prévient ou détruit aussi le blanc (*Spharotheca Castagnei*). On a constaté aussi certains ravages causés par le champignon *Ustilago cucumeris*, qui s'attaque aux racines, par suite d'un excès d'eau ou de chaleur insuffisante.

Endive.

On peut cultiver sur couche de l'*E. frisée toujours blanche*, en semant dès la fin de novembre, très serré, comme s'il s'agissait de Laitue à couper, mais on cultive principalement l'Endive pour la faire blanchir en plante faite et on donne la préférence à l'*E. frisée fine d'Italie* (fig. 432) et à l'*E. frisée fine d'été* (fig. 433). A cet effet on sème clair sur couche pouvant produire 25° à 30° de chaleur revêtue de 15 c. de bon terreau, en novembre, très près du verre. On ne recouvre la graine que d'un millimètre de terreau fin et on fait adhérer la graine à la terre en tassant celle-ci au moyen de la batte (fig. 412 page 389). Lorsque les plantes sont bien levées on les repique en cotylédons à 5 c. l'une de l'autre, pour les planter plus tard sur couche chaude à 20 c. de distance en tous sens dès qu'elles ont 4 à 5 feuilles, en ayant soin de

Fig. 432. — Endive frisée d'Italie.

les déranger le moins possible. On peut commencer à blanchir les Endives dès qu'elles ont quelque développement, en les couvrant d'une feuille de Chou, en attendant que les

Fig. 433. — Endive frisée fin d'été.

autres plantes soient assez développées pour être liées. Lorsque certaines plantes montent en graines, on les remplace par des plantes de réserve, repiquées en double dans les

rangs. Quelquefois on repique à une distance doublement
rapprochée pour éclaircir plus tard une plante sur deux
qui serviront à de nouvelles plantations. Ce mode de double
repiquage peut être appliqué dans plusieurs cas de cultu-
ture forcée ; il offre en partie les avantages de l'élevage
du plant en pot, également applicable à l'Endive.

On peut continuer jusqu'en mars les semis d'*E. frisée*
pour en récolter successivement, en observant de donner
au moins 15° de chaleur, pour éviter que les plantes ne
montent en graines. Ce produit faisant, jusqu'à un certain
point, double emploi avec la Chicorée Barbe de Capucin et
le *Witloof*, est peu cultivé en primeurs par les amateurs.

En culture forcée l'Endive est parfois attaquée par le
puceron des racines qui se groupent au collet de la plante.
Il faut les combattre par des arrosements d'eau coupée avec
un peu de jus de décoction de tabac.

Fraisier.

De toutes les plantes qu'on force, le Fraisier paie
le mieux en agrément ou en rapport pécuniaire, les peines
et les frais inhérents à sa culture.

On peut le forcer en serre, soit seul, soit en combinaison avec d'autres produits, sur couche, en pot ou sur place en pleine terre.

Un point essentiel de cette culture est la préparation du
plant. Divers procédés sont préconisés, dont les uns sont
plus parfaits, d'autres le sont moins, mais plus simples et
partant plus applicables dans les grandes exploitations.

Préparation du plant.

Après que la récolte du fruit en pleine terre est
terminée, on nettoye les fraisières, on leur donne un
engrais auxiliaire, on enterre entre les plantes le nombre voulu de petits pots de 6 à 7 c. de diamètre, remplis de
bon terreau. On amène les premiers stolons vers ces petits
godets et on les y fixe (fig. 434) ; au bout de quelques
jours ils auront émis un grand nombre de racines et on pourra les sevrer, c'est-à-dire, couper le filet qui les unit encore

à la plante-mère. S'il ne faut obtenir qu'un petit nombre de
plants, on ne se servira que des 2 ou 3 premiers stolons
de chaque coulant ou filet. Ces plantes pourront être traitées de différentes manières.

1ᵉʳ *procédé.* — On les plantera en motte, sans le pot
(fig. 435) sur une bonne plate-bande bien exposée et bien
fertilisée, à 15 c. de distance en tous sens ; on les om-
bragera un peu les 2 premiers jours et on paillera

Fig. 434. — Marcottage des stolons.

la surface du sol avec du vieux tan, des cendres de
houille, des sciures de bois, des aiguilles de pin, ou
autres matières analogues. Vers le commencement de
septembre on se trouvera ainsi en présence de belles touffes qu'on pourra empoter, chacune dans un pot de 18 c.
Si on les rempotait plus tôt, les plantes auraient le temps
de former contre la paroi du pot une filasse de racines ;
elles épuiseraient entièrement la terre, ce qui nuirait au

Fig. 435. — Fraisier en motte provenant de marcottage en pot.

bon résultat. Empotées plus tard, elles n'auraient plus
le temps de bien prendre racine avant l'hiver.

Les stolons peuvent aussi, après le sevrage, être rempo-
tés dans des pots de 10 à 12 c., après quoi on les enterre
en plein jardin pour les rempoter vers la mi-septembre
dans les pots à fructifier de 16 à 18 c. Dans les deux
cas, dès que les plantes se trouvent dans leurs pots définitifs on les protège contre les rayons solaires pendant 3-

4 jours, ensuite on les place, pas trop serrés, si possible,
sur un lit de 2-3 c. de cendres de houille en plein jardin
et on les bassine régulièrement. Ils recevront aussi pendant
ce séjour, un ou deux arrosements de jus de fumier de vache, de préférence.

Si on ne désire pas un grand nombre de Fraisiers en
pot, il est plus simple encore de marcotter les stolons directement dans les pots à fructifier, à raison de 3 stolons
par potée.

2e *procédé*. — Les premiers stolons sont enlevés de terre
et plantés directement sans empotage, à 15 c. en tout sens
sur une planche bien fumée, située en plein soleil ; elle
sera un peu élevée au dessus du niveau général du sol, si
on se trouve en présence d'un terrain humide ou compact.

Fig. 436. — Truelle à déplanter.

On acrite pendant 4-5 jours contre les ardeurs du soleil, en ayant soin de pailler et de bassiner la plate-bande.
Vers le 15 septembre on sera en possession de petites touffes bien constituées, à enlever à la truelle (fig. 336), pour
être empotées, en petites mottes, dans les pots à fructifier.

3e *procédé*. — Les stolons, si on s'y prend tard pour
les détacher, ne peuvent plus acquérir le degré de force
voulu pour la mise en pots à l'automne de la même année.

Dans ce cas, il suffit de repiquer au mois d'août les stolons à 20 c. de distance sur une planche bien préparée, de
la pailler, et de couvrir en hiver d'un peu de litière. Au printemps suivant on découvre et on nettoie. Pendant l'été il
faut empêcher la production de stolons et en septembre faire la mise en pots de ces touffes, qui, ayant une année

d'âge, auront acquis un beau développement. A la rigueur la plantation de ces stolons peut se faire au printemps ; il leur restera bien le temps nécessaire pour se développer suffisamment avant l'époque de l'empotage. Ce 3ᵉ procédé convient par sa ·simplicité, surtout aux cultures très étendues.

Empoter des vieilles touffes prises en motte au jardin, ou bien planter en grands pots des petits stolons qu'on arrache dans les planches de Fraisiers au mois d'août-septembre, sont des pratiques erronées qui persistent, parce que même dans ces mauvaises conditions, le Fraisier produit parfois une récolte plus ou moins passable.

Terre à Fraisiers.

Le Fraisier affectionne une terre très fertile, assez corsée : un mélange de 1/3 terreau de couche, 1/3 terre de gazon décomposé, de terre un peu argileuse ou du limon bien mûri à l'air et 1/3 terre légère de jardins. Au moment du rempotage en pots définitifs, il faut disposer de ce mélange fait six mois d'avance. A défaut de ces éléments on peut se servir d'un mélange de terreau de fumier bien décomposé et de terre de jardin, le tout préparé 3 mois à l'avance remué de temps en temps, et imprégné, à chaque manipulation, d'engrais de vidange. Le mélange de cendres de bois et de 1 kil. scories Thomas par hectolitre de compost, améliore considérablement celui-ci, car le phosphate est indispensable au Fraisier, et il fait presque toujours défaut dans les mélanges de terre qu'on prépare. De quelle manière qu'on s'y prenne, les plantes prospèreront, pourvu qu'on dispose d'une terre bien nutritive et pas trop fine ; aussi n'est-il pas recommandable de la tamiser, mais de la passer simplement à la claie, ou de se borner à la purger, à la main, des pierres, du bois et autres corps étrangers.

M. Jaegher recommande de mettre au fond du pot, au-dessus des tessons, une petite couche de mousse qui a été trempée dans un liquide nutritif (dissolution de nitrate de soude) et puis séchée. Cette couche, dit l'auteur du *Gemüse Treiberei*, constitue à la fois une réserve d'humidité et de nourriture.

27

En rempotant les Fraisiers, il faut bien drainer les pots, tasser raisonnablement la terre, enfoncer la plante jusqu'aux feuilles, afin qu'elle émette de nouvelles racines au collet et laisser 2 c. de vide à la surface afin de pouvoir bien arroser et mettre plus tard, lors de la rentrée en serre, une petite couche de terre nouvelle à la surface du pot.

Rentrée des plantes.

Après avoir empoté les Fraisiers dans les pots à fructifier, on les laisse au jardin jusque fin octobre. On peut alors les rentrer en bâche sous châssis, en serre ou dans tout autre endroit à l'abri de la gelée et de la pluie, sans avoir appréhension de les voir se mettre en végétation.

Ceux qui n'ont pas de locaux libres à ce moment, pourront conserver les plantes dans des sillons, remplis de feuilles mortes, le pot incliné vers le nord. Pendant les gelées on couvrira de litière longue ou de paillassons, découvrant chaque fois que le temps le permettra.

A mesure qu'on veut les forcer, on les retire de leur emplacement provisoire, on lave les pots, on fait la toilette des plantes en coupant les racines sorties par le fond du pot et les feuilles mortes ou fortement endommagées; on gratte la surface de la terre et on remplit de bon terreau. On les laisse se ressuyer à l'air avant de les rentrer.

Forçage en serre.

On peut forcer le Fraisier en serre, seul ou en combinaison avec d'autres plantes, en bâche ou coffres, sous châssis et sur place.

Pour la culture en serre, on peut y affecter un local spécial, une serre adossée à un mur au midi, avec gradins près du vitrage et de nombreuses ouvertures d'aérage en bas et en haut. Un simple chauffage à air chaud ou au thermosiphon complètera cette installation.

Les petites serres bâches se prêtent admirablement à cette culture. On peut faire des petites serres à Fraisiers dans des proportions plus modestes encore, en tenant toujours compte du fait que les plantes doivent être rapprochées du verre et prospèrent mieux, placées sur des planchettes, que si les pots sont en contact avec la terre. Les serres démontables, faites au moyen de châssis mobiles appliquées contre un mur, répondent parfaitement au but.

L'extension qu'ont prise la culture de la Vigne et du Pêcher sous verre, auxquels on peut associer avantageusement celle du Fraisier, ainsi que le bon marché, même des serres, n'ont pas peu contribué à vulgariser la production hâtée de ce fruit délicieux.

Le Fraisier entre en pleine végétation par 5°-6° ; à 10°-12° il fleurit et commence à nouer ; or, ce n'est qu'à ce degré que la Vigne bourgeonne ; elle ne peut donc jusque là exercer la moindre influence fâcheuse sur les Fraisiers qu'on lui a associés. Dans certaines serres à Vignes, il n'est pas difficile de laisser une partie du vitrage complètement libre dans le haut, et de construire là une tablette ou un petit gradin propre à recevoir les Fraisiers en pot. Ceux qui disposent d'une serre à fleurs peuvent également en utiliser une partie pour la culture du Fraisier.

Lorsqu'on est obligé de mettre les pots à Fraisiers sur la plate-bande intérieure occupée par les racines des Vignes ou des Pêchers, il est bon de placer chaque pot sur un autre pot à fleur retourné, ou bien d'établir, (toujours sur des pots à fleurs placés le fond en l'air), une petite banquette en planches étroites, pour chaque rangée de pots de Fraisiers. Cette disposition convient bien aux Fraisiers et les racines de Vignes ne courent aucun danger d'asphyxie, ni de pourrir faute d'air ou par suite d'une humidité excessive causée par les arrosages et le manque d'évaporation du sol.

Les fraisiers s'accommodent plus facilement encore de la société du Pêcher cultivé en serre. On commence le forçage fin janvier ; ces deux plantes demandent à peu près le même degré de chaleur et les mêmes soins généraux.

Forçage sous châssis.

La culture forcée sur couche ne peut réussir que si on ne commence qu'en février ; à cette époque on peut déjà compter sur le concours du soleil, pour les moments critiques, c'est-à-dire, lors de la floraison et du nouage des fruits. Avant cette époque les couches ne peuvent servir qu'à faire pousser les plantes en feuilles et cessent d'être

utiles lorsque les plantes marquent distinctement leurs boutons. Jusqu'alors les plantes auront pu être placées *à tout
touche*. En les transportant dans une autre bâche chauffée
par un foyer, elles seront espacées, à peu près, à double
distance, de telle sorte que les pots qui n'occupaient que
3 châssis sur la couche, en rempliront au moins 5 dans la
bâche, où elles viendront fleurir et accomplir toutes les
phases de leur fructification. Les bâches chauffées (fig.
396, page 371), avec leurs hausses se prêtent bien à ce
forçage, mais on doit les munir d'un gradin où les plantes se trouvent près du vitrage. Quand on chauffe à air
chaud, un seul conduit suffit, mais si la longueur de la bâche dépassait 15 m. il faudrait un foyer à chaque extrémité, chauffant chacun un côté. Lorsqu'il n'y a qu'un
foyer, il est bon de partager la serre en deux compartiments,
dont l'un fournira des produits plus avancés que l'autre.

Si on était obligé de pousser jusqu'au bout la culture sur
fumier, il serait nécessaire de couvrir la couche de vieux
tan ou de sciure de bois pour éviter la buée, et de mettre
les pots à bonne distance les uns des autres.

On peut placer sur le terreau d'une couche, des touffes de
Fraisiers toutes formées mais jeunes encore, arrachées de
terre et en attendre un produit passable ; c'est toujours
une ressource dans le cas où l'on ne dispose pas de plantes préparées.

Forçage sur place

On peut planter de jeunes stolons comme nous l'avons
expliqué pour la mise en pots, les laisser sur place et les
y forcer de la manière suivante :

On dispose 3 rangées de plantes sur une planche de 1 m.
25 c. qu'on couvrira tout l'hiver de feuilles et de litière ;
vers le 15 février on enlève la couverture, on serfouit, on
nettoye et on met un paillis de bon fumier court. Après ce
travail préparatoire, on vide les sentiers sur une largeur
de 50 c. et une profondeur de 40 c. pour les remplir de
fumier frais comme pour les Asperges ; ces réchauds doivent s'élever à la hauteur des coffres.

Vers la fin du mois, ou au commencement de mars, on
peut aussi, sans avoir recours aux réchauds, placer des

châssis sur un simple encaissement en planches ou sur des briques posées à sec et appuyées extérieurement par une bordure de terre. Les châssis-cloches conviennent admirablement pour abriter ainsi la première planche venue, pourvu que les plantes soient en état de bien produire ; on aura soin de ne pas arroser et de n'aérer que pendant la floraison. C'est une culture hâtée simple, agréable et lucrative, car à l'époque où l'on obtient cette récolte, les fraises sont plus rares qu'au moment du forçage proprement dit.

On fait le plus avantageusement le forçage sur place, par le procédé de culture géothermique, comme il a été expliqué pour la Chicorée witloof et le chou-marin.

Soins généraux.

Pendant les deux première semaines du forçage, on ne dépasse pas 7° à 10° de chaleur ; la nuit il faut laisser arriver un déclin de 2°, et augmenter successivement jusqu'à la floraison, pour arriver à 12°-14°. Lorsque les fleurs sont régulièrement épanouies, on peut laisser descendre le thermomètre à 10°-12° et profiter de cette circonstance favorable pour aérer en plein, si la température extérieure ne s'y oppose pas trop, afin d'assurer la fécondation.

Pour les Fraisiers de 1re saison, il est recommandable de faciliter la dispersion du pollen en passant 2 ou 3 fois sur les fleurs un plumeau ou une brosse d'épis légers de graminées (Stipa pennata), ou bien en agitant les fleurs et en déplaçant le pollen au moyen d'un soufflet à soufrer.

A la défloraison, la température peut monter jusqu'à 16° et, dès ce moment, augmenter graduellement. Quelques journées de froid lors du nouage compromettent le développement du fruit. D'ailleurs, arrivé à cette période, le produit ne peut que gagner à la chaleur. A l'approche de la maturité, rien n'empêche de les transporter dans des locaux plus froids, seulement, dans ces conditions, les fruits qui seraient encore à l'état rudimentaire ne se développeront plus guère.

Il se passe dans des conditions ordinaires 7 à 8 semaines entre la pousse des feuilles et la maturité des premiers fruits, et la cueillette de ceux-ci dure d'ordinaire environ 3 semaines.

Jusqu'à la floraison on doit donner de fréquents bassinages, qu'on arrêtera pendant l'épanouissement pour les recommencer à partir du nouage des fruits. Un air trop sec et trop chaud engendre le puceron vert, qu'il n'est pas facile de détruire, le Fraisier ne supportant pas les fumigations de tabac; dans les mauvaises conditions de sol et d'air trop secs, les plantes sont souvent atteintes aussi par la *grise*, espèce de petit acarien (*Tetrarychium telarius*). D'autre part, un air trop renfermé et chargé d'humidité provoque le *blanc* qui est tellement contagieux, qu'il est urgent d'éloigner les plantes atteintes ; c'est surtout dans la haute primeur qu'on voit surgir ce fléau. Pour cette raison, et à cause de danger de voir couler ou se féconder incomplètement les fleurs, on ne commence jamais le forçage avant le mois de janvier, à moins de disposer de locaux irréprochables. Peu de temps après la rentrée, puis après la défloraison et enfin quand les premiers fruits prennent couleur, on arrose avec un peu de tourteau délayé, mêlé à un peu de cendres de bois ou simplement avec de la bouse de vache.

Il est rare qu'on doive ombrager; l'aérage y supplée, si ce n'est en 2e et 3e saison lorsque le soleil darde fort pendant la floraison. Lorsqu'on n'a pas beaucoup des pots à soigner, on peut les mettre chacun dans une soucoupe, dans laquelle on fait les arrosements ; mais, dans ce cas, les pots doivent être drainés avec des tessons ou mieux encore avec du charbon de bois à la hauteur de la soucoupe de manière à empêcher l'eau contenue dans cette dernière d'effleurer la terre du pot.

Pour avoir une succession régulière de fraises forcées, il faut en rentrer une partie par intervalles de 3 semaines.

Après le forçage, on rejette les plantes ou bien, on les plante en pleine terre. Ce serait une grave erreur de les conserver en pots pour le forçage de l'année suivante.

Variétés.

Dans chaque catégorie de Fraisiers, il y a des variétés qui fructifient bien en culture forcée, mais on donne naturellement la préférence à celles qui sont précoces quoiqu' elles ne soient pas toujours les plus méritantes à d'autres titres.

Vicomtesse Héricart de Thury, la meil-

Fig. 437. — Fraise Marguerite.

Fig. 438. — Fraise Reine Marie-Henriette.

leure variété pour être forcée en toutes conditions ; elle

produit abondamment, conserve la saveur exquise de plein
air, mais elle laisse à désirer sous le rapport du volume.

Marguerite (fig. 437). Variété fertile, teint pâle,

Fig. 439. — Fraise Noble.

saveur presque nulle, se tachant au moindre attouchement
et ne se conservant fraîche que pendant quelques heures.

Fig. 440. — Fraise D' Morère.

Son gros fruit, sa précocité et sa fructification abondante la
maintiennent toutefois sur les rangs. Le *F. Marguerite* gèle plus facilement en pots que d'autres variétés.

Reine Marie Henriette (fig. 438), c'est la variété *Comte de Paris* sélectionnée. On reproche avec raison à ce Fraisier, d'ailleurs excellent, d'être un peu trop feuillu.

Noble (fig. 439). Variété hâtive des plus méritante

Fig. 441. — Fraise Louis Vilmorin.

pour toutes les saisons de forçage, mais fruit délicat au transport.

Les variétés *Princesse royale*, *Princesse Alice*, étaient cultivées, d'ancienne date, et ne sont pas entièrement abandonnées.

Les Anglais préconisent beaucoup *Président*, *Sir Ch. Napier*, *Dr Hogg* et *James Veitch*, mais elles exigent beaucoup de temps pour arriver à maturité, ce qui est un défaut pour les cultures de spéculation.

Les *Fr. Docteur Morère* (fig. 440) *Triomphe de Gand*, *Napoléon* III, ne sont pas précoces non plus, mais elles rachètent bien ce défaut par une production régulière de beaux fruits.

Royal-Sovereign, est une des meilleures variétés pour la culture en pots, en raison de sa grande fertilité, de la dimension des fruits et de sa rusticité. Parfois les fleurs sont tellement abondantes qu'il est utile de les éclaircir si on veut obtenir de beaux produits.

Fig. 442. — Porte-fraise à point d'arrêt.

La meilleure variété pour la culture forcée générale est le *Fr. Louis Vilmorin* (fig. 441), tant pour la culture bourgeoise que pour la vente. Fruit gros, moyen régulier, rouge foncé vernissé, chair très ferme, grande fertilité, maturité demi-hâtive. Il est juste d'ajouter qu'elle convient moins pour la haute forcerie ; quand l'air et le soleil font défaut, ce Fraisier est généralement atteint du blanc, et cette maladie se transmet avec une rapidité effrayante à toutes les plantes.

On peut aussi forcer ou hâter les *F. remontants blancs* et *rouges*, en place, sous châssis.

La nouvelle série des *Fraisiers remontants à gros fruits*
et principalement le Fraisier *St-Joseph*, se prêtent spéciale-
lement à la production des fraises hors de saison. Le Fraisier remontant, *St-Joseph*, permet, en dehors de sa grande
production en pleine terre, d'obtenir de belles et bonnes Fraises pendant tout l'hiver, sans les frais que nécessite la
culture forcée faite avec les autres variétés ; il suffira de
mettre en pots en juillet-août et même au commencement de
septembre, les filets que le Fraisier Saint Joseph produit
en abondance, et de les rentrer à l'approche de l'hiver sous

Fig. 443. — Porte-fraise hélicoïdal.

châssis, dans une serre, orangerie ou tout autre endroit
abrité ; avec quelques légers soins, on pourra cueillir des
Fraises durant toute la mauvaise saison.

Le Fraisier cultivé en pot est une jolie plante d'ornement, surtout si on soutient les hampes au moyen du support fig. 442.

La maison Dutry-Colson de Gand a mis dans le commerce un nouveau porte-fraise élégant et pratique, l'*hélicoïdal*,
fig. 443.

Culture en tonneaux.

Dans les derniers temps on a beaucoup écrit au sujet
de la culture en tonneau. Ces tonneaux sont en plus grand
une reminescence de la persillère hollandaise et des fûts,
à parois troués pour la production de la barbe de capucin,

mais avec quelques perfectionnements, dont les deux principaux sont : 1° le mouvement rotatif du tonneau, 2° l'emploi de la cage intérieure en treillis pour la fumure et le drainage des plantes.

C'est à simple titre de curiosité que nous décrivons ce singulier procédé de culture.

Le tonneau rotatif (Revolving barrel) s'appelle en France le *Rotatif Nayrolles* (1).

Le tonneau est percé de trous dont la largeur et le nom-

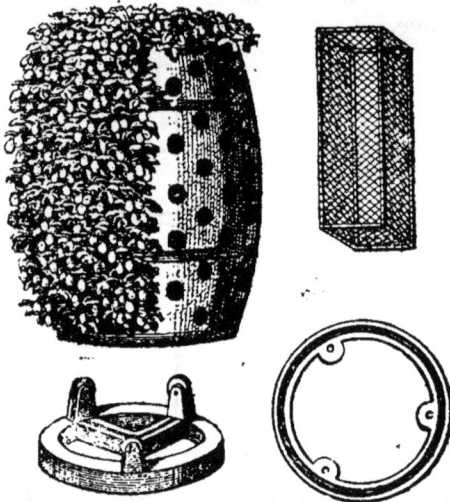

Fig. 414. — Tonneau rotatif.

bre peuvent varier suivant les cultures à y faire et peut aller de 30 à 100. Le fonds est perforé à la façon des grands pots à fleurs pour laisser passer l'eau d'arrosage, surabondante. Un solide anneau de fer fixé au fond du tonneau, repose sur 3 petites roulettes qui se meuvent sur un second disque, placé sur des pièces de bois ou des briques, de sorte que le tonneau, pivotant sur lui-même, peut présenter à volonté ses différentes faces à la lumière.

Au centre se trouve une cage en treillis qu'on remplit de fumier frais, pour qui veut forcer les plantes et, de foin,

(1) En Angleterre on vend le baril percé de 100 trous fr. 18.75; le support à pivot avec châssis de rotation fr. 18.75 ; la cage centrale à fumier fr. 7.50.

de feuilles ou de fibres de bois, si on ne désire pas produire de la chaleur artificielle. Cet engin est surtout recommandé pour la culture du Fraisier, mais il convient à
d'autres végétaux, même des plantes à fleurs. On peut planter
ter aussi sur la partie supérieure, qui est ouverte et ne porte pas de couvercle. Un Français enthousiaste de ce procédé de culture a dit : « Utilisez vos vieux tonneaux, pour
Fraisiers, Fleurs, Tomates, Salade en cave, etc., etc. »

Pour la plantation des Fraisiers, on choisit des plants
d'un an, qu'on place avec la motte de terre dans chacun
des trous, et au fur et à mesure on remplit de terre bien
fumée. L'arrosage se fait par le haut et au centre du tonneau ; l'eau s'écoule par les trous du fond.

Le tonneau disparaît sous la végétation et les fruits, qui
viennent en abondance. En présentant ces faces successivement au soleil, on règle la végétation, la récolte est prodigieuse, et les fraises sont meilleures.

L'originalité est, nous croyons, le mérite principal de
cette invention américaine.

Haricot.

Les semis en pleine terre ne pouvant se faire qu'en mai
et la production s'arrêtant dès qu'arrivent des nuits bru-
meuses d'octobre, il s'écoule un laps de temps bien long,
pendant lequel nous devons demander cet excellent produit
à la culture artificielle.

Fig. 445. — Haricot nain Triomphe des châssis.

Par la même raison, le traitement de cette plante exige
quelques précautions ; elle est d'une constitution délicate,
de nature frileuse et ses fleurs subissent les conséquences
graves du froid, du manque d'air et surtout de lumière, de

l'humidité, autant d'inconvénients assez inhérents à la culture forcée.

Les variétés recommandables pour ce genre de culture

Fig. 446. - Haricot nain très hâtif Prince noir.

sont les différentes sous-variétés de *H. Flageolet* : le *H. nain Flageolet d'Etampes*, le *H. nain Flageolet Merveille de France*, et surtout *Triomphe des Châssis* (fig. 445). La variété *H. nain noir de Belgique* est relativement la plus

Fig. 447. – Plante de Haricot à repiquer.

accommodante et la plus rustique. Les *H. nain Merveille de Paris* et *Prince noir* (fig. 446), en sont des sous-variétés hâtives et plus productives que l'ancienne race.

On sème une première fois vers la mi-janvier en serre ou sur couche et dès que les plantes ont développé leurs deux cotylédons *a*, *b* et leurs premières feuilles séminales, *c*, *d*, et avant que le bourgeon central *e* (fig. 447) se soit développé, on les lève avec précaution afin de ne pas endommager les racines ; on pince une partie du pivot *h*, et on plante en place. On pourrait semer directement à demeure, mais ce serait occuper pendant quelques jours inutilement la couche ; d'ailleurs, les Haricots qui ont été repiqués avec soin, reprennent facilement, viennent moins haut et produisent plus tôt. La couche où ils se plantent doit avoir au moins 60 c. et pouvoir fournir au moins une chaleur de 20° à 22°. Le chargement de terre ne peut dépasser 20 à 25 c. d'épaisseur et sera composé de terreau très léger, mêlé de ¼ cendres fines de houille. On plante une ligne au milieu de chaque rangée de carreaux de vitres, donc, 3 ou 4 lignes par châssis et à 15 c. sur la ligne.

Outre les soins ordinaires, tels que couvrir, découvrir et aérer, surtout pendant la floraison, il faut bassiner avec beaucoup de modération, remanier souvent les réchauds, recueillir soigneusement les feuilles jaunes, et combattre toutes les causes possibles qui pourraient provoquer de l'humidité ; dans cet ordre d'idées, il faudrait remédier à une exubérance de végétation, par exemple, en enlevant quelques feuilles, et en n'en laissant jamais toucher une seule au vitrage. Lorsque les plantes ont 25 c. de hauteur, on les incline vers le haut du coffre et on les maintient dans cette position en y couchant une petite latte ou gaulette. Au bout de peu de temps, les extrémités se redressent et la partie inférieure reste couchée ; cette position favorise la production des gousses. La récolte commence ordinairement au bout de 6 à 7 semaines ; les premières cueillettes consistent en petites cosses ou aiguilles. Cette culture se répète de mois en mois jusque fin mars.

Les Haricots sont moins sensibles au manque d'air, qu'à la privation de lumière. Pour ce motif il serait opportun de remplacer, par les temps rigoureux, les paillassons par un 2° châssis. Le double vitrage abrite parfaitement, à cause de la couche d'air emprisonnée entre les deux châssis et il offre l'inappréciable avantage de ne pas intercepter la lumière.

On comprendra sans peine que dans la culture de haute primeur de cette plante délicate, le chauffage au thermosiphon doit être d'un emploi fort utile.

Au commencement d'avril on peut encore semer par potées pour replanter sur côtière bien exposée, où on les abrite au moyen de cloches ou de châssis-cloches.

Culture en pots.

On peut cultiver le Haricot en pots, dans des petites serres semblables à celles qu'on érige pour le Fraisier, c'est-à-dire sur gradins près du verre.

On sème 5 à 6 grains dans des pots de 16 à 18 c. de diamètre à fond bien drainé et remplis aux deux tiers, d'une terre légère et fertile. On couvre à peine les graines et les pots se placent sur couche ou en serre. Aussitôt qu'elles lèvent, il importe que les plantules jouissent de la lumière pour se fortifier. Lorsqu'elles ont formé deux feuilles, les pots seront remplis de la même terre légère jusqu'aux cotylédons ; et plus tard, quand ces folioles commencent à jaunir, on remplit entièrement le pot de terre. Placés dans une serre à Vignes, ou dans une serre à Fraisiers à la période de la coloration de la fraise, les Haricots y trouvent suffisamment de chaleur et donnent un produit qui, pour n'être pas abondant, n'en est pas moins important, en raison de la facilité avec laquelle il s'obtient.

A la mi-octobre on fait encore un semis en caisse, ou mieux encore, en petits pots, 5 graines par pot, placés en serre ou sur couche chaude. Quand ils germent, on prend des pots de 15 à 18 c. qu'on remplit comme nous venons de l'expliquer. Après les avoir laissé se chauffer dans la serre, on y transplante les jeunes Haricots pour les traiter de la façon exposée plus haut. Mais il va sans dire, que pour réussir à cette saison, il faut disposer d'un local, serre ou bâche, bien chauffée. Dans la culture en pots, à quelqu'époque qu'on opère, il faut soutenir les plantes en piquant sur le pourtour quelques menus branchages.

• **Semis automnal.**

On sème parfois des Haricots nains vers le 15 juillet, pour les récolter en octobre. Pour atteindre ce but il faut que dès le commencement de septembre, plus tôt même si on traversait une période de pluies, on les couvre de châssis-cloche, qu'on aère abondamment chaque fois qu'il ne pleut pas.

La *Grise*, maladie causée par un insecte de l'ordre des acariens, atteint souvent les Haricots forcés et fait recroqueviller les feuilles. De légers bassinages avec de l'eau tiède sont le seul palliatif connu.

Laitue.

La culture en primeurs de ce légume est une des principales spéculations des maraîchers de la banlieue de Paris.

On cultive sur couche trois sortes de Laitues : 1° *L. à couper* ; 2° *L. pommée hâtive* ; 3° *L. Romaine*.

Pour obtenir la première, on sème dru sur couche sourde en toute saison, à commencer de fin septembre, la variété *L. à couper frisée* (fig. 448) et successivement jusqu'en février sur couche chaude ou tiède semant de préférence de la graine germée d'avance en sable humide. On peut aussi semer de la *L. pommée hâtive*, qu'on cueille en la coupant au collet de la racine. La véritable *L. à couper* fournira une 2ᵉ coupe, si on a soin, en la cueillant, de ménager le cœur de la plante.

Les variétés de *L. pommée hâtive* les plus propres à la culture forcée sont les *L. Reine de mai* (fig. 449), *L. de Milly* (fig. 451) et l'ancienne *L. Gotte blanche lente à monter*. La *L. de Milly* diffère de cette dernière, par sa pomme plus volumineuse, serrée, se formant rapidement et mettant un temps plus long à monter en graines; c'est la variété à châssis par excellence. La *L. Citron* (fig. 450), quoique plus lente à se former que les précédentes, convient cependant à la culture sous verre. Sa belle teinte jaune la rend propre à être cueillie avant qu'elle ne soit pommée.

On fait un premier semis de *L. à forcer de Milly* le 15 août. Le plant se repique à 12 c. dans une ancienne couche à Melons dont on nivelle la terre en y ajoutant 5 c.

28

Fig. 448. — Laitue à couper frisée.

Fig. 449. — Laitue Reine de Mai.

Fig. 450. — Laitue citron.

Fig. — 451. — Laitue de Milly.

Fig. 452. — Laitue Tom pouce.

environ de bon terreau neuf. Ces plantes pourront encore
se développer à l'air libre jusqu'au 15 octobre, si l'arrière-

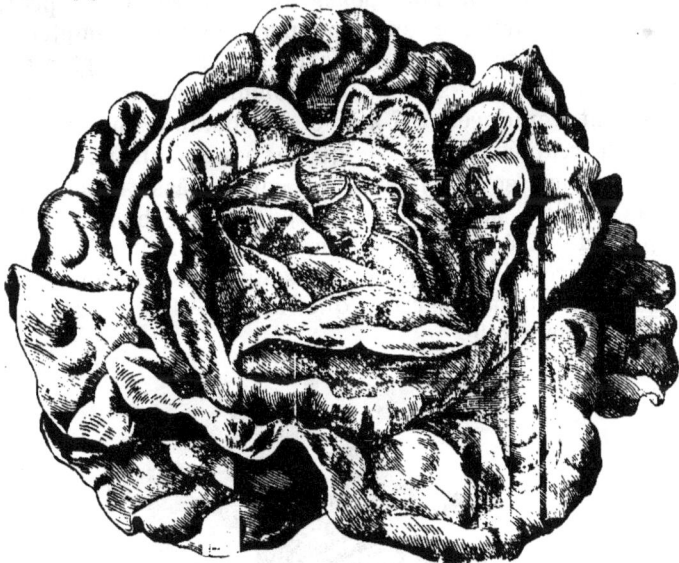

Fig. 453. — Laitue Tom pouce grandeur naturelle.

saison n'est pas pluvieuse. A cette époque on y place les
châssis qu'on n'ouvre plus guère, cette variété n'étant pas

Fig. 454. — Laitues sur côtière abritée.

exposée à s'étioler ni à filer ; il n'est pas exagéré de dire
qu'elle réussit d'autant mieux qu'elle est plus privée d'air.

On couvre de paillassons, la nuit, et on entoure au besoin
le coffre d'un accôt. On cultive aussi avantageusement à
cette époque la *L. Tom pouce de Wheeler*. Cette petite Laitue, qui est presque toute pomme, tourne promptement et
peut se récolter avant les fortes gelées. Les plantes des
autres variétés se sèment au commencement de septembre
et seront repiquées à 7 à 10 c. de distance sur une plate-
bande terreautée (fig. 454) qu'on pourra abriter de paillassons ou bien sous châssis ou sous châssis-cloche.

La *L. Tom pouce* (fig. 452), se prête bien à la culture
en pots de 10 c. de large remplis de terreau. On les place
en serre près du vitrage et elles forment en peu de temps
leur petite pomme serrée, que la fig. 453 représente en
grandeur naturelle.

Fig. 455. — Couche couverte et aérée.

Le forçage proprement dit commence depuis la fin de
décembre sur couche chaude, dans laquelle la chaleur ne
peut dépasser, au début 10 à 12° pour atteindre graduellement
15°. On la charge de 15 c. de bon terreau, presque pur, et on
y repique avec motte les petits plants conservés pour cet usage. Ces plants ont besoin d'un espace de 25 à 30 c. en tous
sens pour bien se développer, mais on peut en doubler ou
tripler le nombre, pour enlever successivement ceux qui
sont superflus ; ils serviront à garnir d'autres couches, ou
à les entreplanter dans les Choux-fleurs. Le grand ennui à
appréhender dans cette culture, c'est que les Laitues ne s'étio-
lent et ne fondent pendant cette première saison. On doit
veiller surtout à donner de l'air en toutes occasions et à

planter très près du vitrage ; ce n'est que par exception qu'on devra arroser.

On fait une nouvelle plantation sur couche chaude en janvier, et, si le plant hiverné était épuisé par la première culture, ou fortement détérioré par les froids, on pourrait en élever d'autres, également sur couche, qui donneraient de très bons résultats. Lorsqu'on ne fait pas de grandes cultures, on peut, à la rigueur, semer en terrines ou en petites caisses en bois, pour repiquer dans des récipients semblables, aussitôt que les plants ont développé leurs cotylédons ; en un mot les traiter comme s'il s'agissait de l'élévage de plants de Reines Marguerites, de Quarantaines, etc. Quoique la température pour les Laitues, en toutes saisons, ne doive guère dépasser les 15°, il est parfois difficile de la maintenir au degré voulu. Il va sans dire qu'on doit, dans ce cas, doubler la couverture et surtout avoir recours aux châssis momentanément sans usage pour abriter les couches. Le double vitrage est un abri d'autant plus recommandable, qu'il protège sans intercepter la lumière, point capital pour ce produit tendre et assez sujet à pourrir. Répétons encore dans le même ordre d'idées, que les rares fois qu'on bassinera, on ne se servira que d'eau ayant 25 à 30° de chaleur et qu'on s'abstiendra de pareille opération au moment où le soleil darde sur les châssis.

Fin février et mars, les Laitues pourraient brûler par le soleil sans qu'on les ait mouillées. Pour y obvier, on aère du côté de la paroi la plus basse du coffre, afin que la surface du vitrage, se présentant horizontalement, les rayons solaires aient moins d'actions sur les plantes.

On construit encore des couches tièdes de 40 c. environ d'épaisseur, dans la 1re quinzaine de février, à moins qu'on ne fasse une 2e culture sur une couche chaude ayant déjà donné un produit et dont on se contente de renouveler les réchauds. On y fait dans les mêmes conditions une plantation de L. pommée Reine de mai, dont la pomme est intérieurement du plus beau jaune beurre ; elle se distingue aussi par une plus grande rusticité contre la pourriture et contre l'étiolement ainsi que par la formation rapide de sa pomme. A la station expérimentale pour le forçage au thermosiphon à Roulers, on a obtenu en 5 semaines des L. Reine de mai parfaitement pommées. En Flandre les jardiniers se

servent beaucoup à cette saison de la *L. Jaune de Hollande* (Haarlemsche Broeigele) qui donne de belles pommes ;
cependant elle est avantageusement remplacée par la *L. pommée Citron*.

Ajoutons, comme soins généraux à donner, qu'il faut encore tenir bonne note des considérations suivantes :

Une température en dessous de 10° et celle qui dépasse
les 15° exposent les plantes à *fondre*. Au moment où les
pommes commencent à se former, il faut dégager les plantes en enlevant les feuilles jaunes ou entamées par la pourriture, amonceler et mettre autour de chaque Laitue un peu
le terreau qu'on serre contre le pied ; cette opération fait
grossir la pomme plus promptement.

Quand les jeunes pommes de Laitues commencent à bien
se former, il faut couvrir de triples couvertures afin de
concentrer beaucoup de chaleur ; la végétation nocturne

Fig. 456. — Laitue romaine hâtive, pomme en terre.

produit les feuilles les plus tendres. On peut faire sur la
même couche deux cultures successives de Laitues.

Vers la fin de février, la culture ne présente plus aucune difficulté : On plante sur couche éteinte, ou sur couche
sourde montée dans une tranchée de 30 c. de profondeur,
qui sera garnie de coffres et de châssis. Lorsque, au bout
de 4 à 5 jours, la terre est réchauffée par le soleil, on y
plante les Laitues en observant tout ce qui a été prescrit
pour les autres saisons. On peut, en outre, entresemer des
Radis hâtifs.

Les jardiniers français se servent de cloches pour cette
culture ; ils repiquent sous chaque cloche 5 Laitues, ou
bien 4 Laitues et un Chou-fleur au centre. Dans les intervalles que laissent ces cloches entr'elles, on repique encore une Laitue. Le tout est abrité de paillassons pendant la
nuit ainsi que pendant les journées froides.

La culture forcée de la L. *Romaine* est identique à celle des autres espèces, mais elle n'est guère pratiquée en Belgique. Les jardiniers parisiens, qui en font de grandes cultures à toutes saisons, donnent la préférence à la variété L. *Romaine, pomme en terre* (fig. 456) parce qu'elle prend peu de développement et qu'elle se coiffe et pomme facilement. Il est à remarquer que la L. *Romaine* exige beaucoup d'air, ce qui rend son traitement difficile en haute primeur. Le semis pour l'obtention du jeune plant à forcer se fait dans les premiers jours d'octobre.

La variété dite L. *Romaine verte plate* qui forme une pomme bien serrée est un peu plus lente à se coiffer, mais elle est des plus méritante pour la culture forcée de dernière saison.

Un puceron propre à la Laitue (*Aphis sonchi*) fait parfois invasion dans les châssis ; il est dû à la sécheresse du sol. On prévient son apparition par les aspersions et on le combat en seringant avec du fort jus de tabac dilué à raison d'un litre par 100 litres d'eau.

Les Laitues des primeurs, ont un ennemi redoutable dans le *Peronospora gangliformis*, qui donne aux feuilles un aspect blanchâtre, d'où le nom de *Meunier* que les jardiniers donnent à ce parasite. Il se développe à la face inférieure des feuilles sous forme de petites taches jaunes qui s'élargissent rapidement ; l'excès de chaleur et l'humidité favorisent le développement de ce cryptogame.

Le traitement contre le *blanc* ou *Meunier* des Laitues, doit être absolument préventif : il n'est pas possible de guérir une plante attaquée sans la détériorer entièrement. Il suffira donc d'asperger de bouillie bordelaise le sol où on se dispose à planter des Laitues.

Lors des premiers ravages causés par cette maladie, le Syndicat des maraîchers de Paris avait offert une prime de 10.000 francs à qui trouverait un remède efficace contre ce fléau. Nous ne croyons pas que la prime ait été gagnée ; mais les maraîchers qui ont employé des scories Thomas sur leurs couches, n'ont plus eu à en souffrir.

Melon.

La souche primitive des variétés cultivées croît à l'état sauvage sur les bords du Niger et dans l'Inde anglaise.

Culture en 1re saison.

Il n'est pas recommandable d'entreprendre cette culture avant le mois de janvier : la chaleur, la lumière et l'air pourraient être insuffisants pour la réussite. On monte une couche de 75 c. d'épaisseur, composée de deux tiers de bon fumier d'écurie et 1/3 de feuilles sèches, de préférence de Châtaigner. La couche sera couverte d'un lit de terre de 30 c. d'épaisseur. Elle sera composée d'une partie de terre de jardin, d'une partie de terreau bien divisé, provenant des couches de l'année précédente et d'une partie de terre de

Fig. 457. — Melon noir des Carmes.

Fig. 458. — Melon précoce à châssis.

Fig. 459. — Melon Cantaloup petit orange.

prairie ou de gazon décomposé, ou bien encore de limon, provenant de fossés et ayant séjourné quelques mois à l'air. Si ce compost ne peut se constituer comme nous l'indiquons, il faut suppléer en le mouillant bien d'engrais de vidange pendant qu'on le travaille et qu'on fait le mélange.

La terre préparée étant mise en place un peu élevée en taupinière vers le milieu du châssis, on couvre de paillassons.

Lorsque la couche a chauffé la terre, on peut procéder à la plantation. Pour cette 1re saison on donne la préférence aux variétés précoces, *M. noir des Carmes* (fig. 457). *M. Can-*

MELON CANTALOUP (NOIR DES CARMES.)

Gand. 11th. Ad. Hoste.

Fig. 460. — Melon hâtif Boule d'or.

Fig. 461. — Melon Cantaloup de Vaucluse.

Fig. 462. — Melon Cantaloup prolifique de Trévoux.

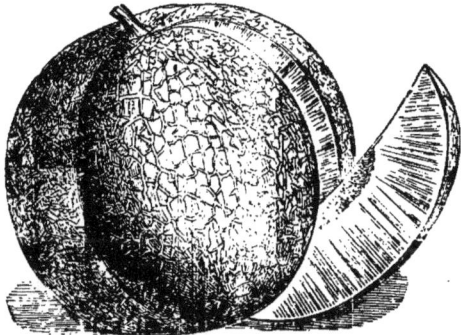

Fig. 464. — Melon brodé à chair verte.

Fig. 465 — Melon Cantaloup Prescot fond blanc.

Fig. 466. — Melon brodé Sucrin de Tours.

taloup *précoce à châssis* (fig. 458), *M. Cantaloup petit orange* (fig. 459) (Lekkerbeetje des Flamands), *M. boule d'or* (fig. 460), variété anglaise, appelée dans son pays *M. Golden perfection*, fruit fin, à chair verte, épaisse, sucrée et très parfumée, et au *M. Cantaloup de Pierre Bénite*, (*M. de Vaucluse* ou *M. de Cavaillon*), très précoce et productif et de culture facile (fig. 461). Avant d'aller plus avant, nous mentionnerons les principaux points à observer dans cette culture en général :

1º Les meilleures graines se récoltent sur les Melons de saison, c'est-à-dire sur ceux mûrissant en juillet-août.

2º On sème de préférence de la graine conservée depuis au moins deux et, au plus, depuis quatre années.

3º Il faut semer à haute température, 25º, la germination et le premier développement des plantes doivent se faire rapidement. Les arrosements d'eau tiède facilitent beaucoup la germination.

4º On repique le plant en l'enterrant jusqu'aux cotylédons, en petits pots, dès que les premières feuilles commencent à poindre ; il faut rejeter les plantes qui montreraient des cotylédons ondulés, ou recroquevillés, signes certains de tempérament chétif.

5º La plantation en place se fait tout près du verre, par deux plantes au milieu du châssis, aussitôt que les racines touchent à la paroi du pot. Plus tard on doit élever les coffres veillant à ce que jamais une feuille ne touche le vitrage.

6º Les premiers jours qui suivent la plantation, il faudra tenir les châssis fermés et ombrager légèrement les jeunes plantes.

7º Après la reprise, on n'ombrage plus ; il vaut mieux combattre les effets du soleil trop ardent en ouvrant les châssis de préférence par le bas, ou même pendant la 3º saison, en les enlevant entièrement.

8º L'arrosement se fait au moyen de l'arrosoir à pomme et avec de l'eau tiède à 35º. Pendant la floraison, on arrose peu et on se sert de l'arrosoir à goulot.

9º Par les temps froids, l'arrosement se fait le matin ; après les journées chaudes, il se fait le soir.

10º Lorsque les fruits sont définitivement noués, on les

pose sur des tuiles, des ardoises ou des fragments de verre ; à défaut de cette précaution ils contractent le goût de
fumier. On les laisse cachés sous le feuillage, en ayant soin
de placer le fruit de telle sorte qu'il ne soit pas sur le
flanc, mais posé à plat sur le point pistilaire comme le fruit
représenté sous cloche par la fig. 463 ; une position vi-
cieuse cause souvent un développement irrégulier.

11° Les Melons sont mûrs dès qu'ils commencent à se
cerner, c'est-à-dire, dès que le pédoncule se fendille autour

Fig. 463. — Bonne pose du Melon.

du point d'insertion ; ils mettent environ 3 mois à arriver
à cet état. S'ils changent de couleur, on peut déjà les couper sans attendre d'autre signe de maturité et après
les avoir coupés, on les laisse s'achever sous le châssis
pendant un jour au moins.

Une fois rentrés, les fruits doivent être déposés sur un
plat en lieu éclairé, plutôt chaud que froid.

En cave la conservation est plus longue, mais c'est au
détriment de la qualité. On refroidit le Melon avant de le
servir en le plongeant dans l'eau froide ou glacée.

Culture en 2ᵉ saison.

On monte en février des couches de moindre épaisseur
et dans lesquelles entre, de plus, une partie de vieux fumier
recuit ou éteint. On peut encore les planter sur des couches qui auraient donné d'autres produits, en renouvelant
les réchauds. Si on avait des doutes concernant la fertilité
de la terre, rien n'empêcherait de la fumer à l'endroit
qu'occupera la plante, en la détrempant bien de purin, d'engrais de volaille, de tourteau ou de bouse de vache délayés
dans de l'eau.

Les variétés les plus recommandables, parmi celles qui
exigent impérieusement la culture sous châssis pendant les
autres saisons, sont les suivantes :

Le *M. Cantaloup Prescott fond blanc* (fig. 465) ; c'est
un beau Melon gros et plat, à côtes très saillantes, la variété la plus recherchée dans le commerce à raison de son
bel aspect. Son écorce est épaisse, ses graines sont nombreuses ; la chair mangeable ne constitue que la moindre
partie, mais c'est le fruit d'apparat par excellence ; il a
plusieurs sous-variétés.

Le *M. brodé* ou *sucrin de Tours* (fig. 466), est encore
une bonne variété, relativement rustique, à côtes peu pro-
noncées et à surface couverte d'un réseau. Il fait en Touraine l'objet d'une grande culture en plein air. Il est extrêmement accommodant et fertile. On en connaît une sous-
variété à chair verte.

Recommandons encore, d'une façon particulière parmi les
Cantaloups, les variétés *M. Cantaloup d'Alger* et le *M.
Cantaloup prolifique de Trévoux* (fig. 462) à chair fon-
dante, parfumée, d'une belle couleur rouge, écorce, mince à
côtes faiblement marquées. La nouvelle variété *M. Cantaloup Délices de la table* (fig. 467), justifie pleinement le
nom qui lui a été donné par MM. Rivoire de Lyon : beau
fruit de 1re qualité, production abondante ; ses graines tiennent peu de place, il est tout en chair. Les variétés de Melons sont très nombreuses, parce que toutes se croisent entre elles avec une facilité désespérante, pour celui qui
tient à la conservation exacte des types. Les Melons peuvent subir la même influence par le voisinage des Concombres, lorsque la floraison de ces deux plantes coïncide.

Culture en 3e saison.

On ne fait plus que des couches sourdes au moyen de
fumier éteint, de feuilles, de litières etc. Si les matières
employées semblaient trop inertes, on pourrait les raviver
en les mouillant bien d'engrais de vidange. Les Laitues,
les Asperges et autres produits forcés cèdent souvent la
place aux Melons de cette saison ; il ne sera pas nécessaire de remanier les couches, il suffit de dresser et, au besoin, d'améliorer la terre. Comme les plantes doivent enco-

re se trouver près du vitrage, si la couche n'est pas assez chargée, on les plante sur une légère élévation, disposée au milieu du coffre. En plantant, il faut défaire un peu la

Fig. 467. — Melon Cantaloup Délices de la table.

motte, dans le cas où les racines se seraient enchevêtrées par un trop long séjour en petits pots. Il est bon d'éviter cet inconvénient par un rempotage, car les plantes qui ont tapissé d'un tissus de racines les parois des pots, sont généralement durcies et compromises pour l'avenir.

Taille du Melon.

Lorsque les plantes montrent leur 5e feuille, on coupe la jeune tige au-dessus des deux feuilles inférieures (fig. 468), afin de la faire bifurquer en deux sarments *primaires* qu'on conduit dans des directions opposées. Si on remarquait des yeux à l'aisselle des cotylédons, il faudrait les éborgner. Il est utile, après chaque taille, de saupoudrer les plaies produites, d'un peu de terre sèche.

Lorsqu'il faut garder les plantes trop longtemps avant de les planter, il est bon de les rempoter et de leur appliquer la 1re taille déjà avant la plantation (fig. 468).

Quelquefois des fleurs mâles (fig. 469 A et B) apparaissent après cette taille ; c'est un indice de manque de vigueur ; il faut, dans ce cas semer une grosse pincée de nitrate de soude autour du pied.

Les deux sarments·mères seront rognés, à leur tour, au-dessus de la 4ᵉ feuille ; on attendra toutefois que la 5ᵉ ait atteint le tiers de son développement normal, ce qui revient à dire qu'il ne faut pas trop se presser de supprimer les extrémités des sarments à tailler. Cette taille provoque la naissance des axes *secondaires*.

Il arrive qu'à la suite de la 2ᵉ taille, les sarments obte-

Fig. 408. — 1ʳᵉ taille du Melon.

nus produisent des fleurs femelles (fig. 469 C). Tous ceux portant des fleurs qui nouent seront pincés à la 3ᵉ ou 4ᵉ feuille au-dessus du fruit, aussitôt que celui-ci est assuré. On peut considérer comme tel, le jeune Melon ou *Maille*, qui, de duveteux, devient lisse et dont le grossissement est bien visible. Quant aux sarments qui ne montrent pas de fleurs femelles ou de fruits, on continue à les rogner à 3

Fig. 469. — A. Fleurs mâles. B. Coupe montrant les étamines. C. Fleurs femelles. D. Pistil.

feuilles, afin de provoquer la sortie de ramifications, qui finalement produiront des fruits.

Lorsque les plantes portent un nombre suffisant de fruits bien arrêtés, on rogne tous les sarments à la limite du châssis et on enlève les yeux à l'aisselle de *tou-tes* les feuilles restantes. Les sarments qui ne por-tent aucun fruit ne doivent être enlevés que pour autant

qu'ils causent de la confusion; mais nous insistons sur la
nécessité de laisser la plante bien garnie de feuilles. On
laisse 2 à 3 fruits par plante, si on désire obtenir de gros
fruits d'apparat et 4 ou 5, si l'on préfère récolter de bons
Melons moyens pour le ménage.

Si la taille des Melons avait été négligée, il faudrait éclaircir les sarments à deux ou trois reprises, puis fermer les
châssis et ombrager pendant une couple de jours, après
chaque élagage.

Le Melon pourrait parfaitement, comme les autres cucurbitacées, fructifier sans aucune taille, mais comme les
cadres de nos coffres sont trop restreints pour permettre
au sarment initial de s'allonger, jusqu'à ce que la fructification se fasse naturellement, la taille s'impose pour faire
ramifier la plante et par ce moyen la porter à un degré
de développement, qui amène la fructification, sans qu'il
soit nécessaire de la laisser sortir des limites du coffre.
C'est, en somme, l'unique raison de cette opération.

Culture sur butte.

Dans les jardins bien abrités et non loin d'un mur ou
abris exposé au midi, on peut réussir à cultiver le Melon,
sans le secours de coffres ni de châssis, en les plantant
sur butte de la manière suivante :

Fig. 470. — Aspect d'une butte à melons.

Dans les premiers jours de mai, on creuse des fosses cir-
culaires, à 2 m. de distance de centre à centre : ces fosses
auront 75 c. de diamètre et 20 c. de profondeur ; la terre
extraite est répandue à l'entour. Dans ces creux, s'établissent les buttes : on dépose au fond une couche de feuilles

ou de litière sèche ; sur ce premier lit, on amoncelle, jusqu'à une hauteur de 75 c. environ, du fumier à moitié décomposé, provenant du démontage de couches éteintes ou
d'autres matières à moitié décomposées, herbes, balayures
etc. Ces buttes se terminent en cône tronqué. On peut faire aussi une butte continue comme la figure 470 l'indique.

On les tasse bien, afin de prévenir tout affaissement ul-
térieur ; au lieu de former des cônes isolés, elles peuvent
former une espèce de meule continue, d'une longueur indéterminée ayant 75 c. de base et de même hauteur. De
quelque manière qu'on juge à propos de les construire, elles
seront chargées d'une couche de terreau mélangé par moitié de gazons décomposés ou de bonne terre franche de 15
cent. d'épaisseur, le tout bien serré et retenu, au besoin,
par une bordure de planches, de tuïles ou d'ardoises.

Dans les terrains frais elles peuvent être montées au niveau du sol.

Au sommet des buttes on creuse de petites fosses qui
contiendront une bonne pelletée de terreau léger ; on y
place deux plantes à 12 c. de distance entr'elles et à 2 m.
d'intervalle, d'un groupe à l'autre.

Les plantes doivent être immédiatement protégées, au
moyen de cloches, de bouts de cylindres de verreries, ou
d'une petite verrine improvisée, composée d'un cadre de 4
planchettes de 30 c. sur 10 c., clouées entr'elles et recouvertes d'un carreau de vitre. Ces petites verrines se fixent
facilement sur les buttes et peuvent être couvertes pendant
les nuits froides.

Lorsque les jeunes plants remplissent le casier vitré ou
la cloche, on aère en soulevant d'un côté ; plus tard on
place les cloches ou les verrines sur des briques ou sur
3 crémaillères pour laisser échapper les sarments par dessous.

A ce moment, on habitue peu à peu les plantes à l'air
libre et elles reçoivent un copieux arrosage de bouse de
vache ou de tourteaux délayés dans l'eau. On coupe l'extrémité des sarments, afin qu'ils se ramifient suffisamment
pour couvrir plus tard toute la surface de la butte, sur
laquelle on les fixe en les *crochetant*. Lorsque les plantes
commencent à s'étendre, on couvre toute la butte d'une couche de tan à moitié décomposé, de déchets de lin ou de

chanvre, ou mieux encore d'herbe fraîche de regain. Ce
paillage maintient la chaleur et la fraîcheur des buttes.

Dans cette culture, on emploie avant tout les variétés
précoces, les moins délicates et, en première ligne, l'excellente et fertile variété M. noir des Carmes, les M. Cantaloup précoce, M. Cantaloup petit orange (Lekkerbeetje des
Flamands) et M. de Vaucluse que nous avons recommandés aussi pour la culture en 1re saison. Les petits M. verts
à rames et M. Cantaloup Pomme (fig. 471) à nombreux

Fig. 471. — Melon Cantaloup Pomme.

petits fruits sphériques gros comme une orange, à chair
épaisse juteuse et d'excellente qualité, conviennent également bien pour cette culture.

Toutes ces variétés peuvent aussi être plantées fin mai,
sur couches sourdes enterrées, qu'on couvre de châssis,
reposant sur un simple lit de briques ou sur une bordure
en planches ; c'est une culture que nous recommandons particulièrement pour l'utilisation des châssis, qui au printemps servent d'abris aux Pêchers, ainsi que des châssis-
cloches.

Culture en serre.

En Angleterre il existe des petites serres dans lesquelles
est établi un chauffage sous la terre des accotements où
l'on cultive des Melons. Les plantes y sont palissées sur

29

treillis à la façon des Vignes et les fruits sont soutenus en les suspendant dans des filets à larges mailles ou par des brides élastiques. Dans les serres à plantes ornementales, serres à Azalées et autres à tablettes garnies de cendres qui sont vides en été, cette culture dérobée présente un grand intérêt. On déblaie les cendres de 1.50 m. à 1.50 m. ou à une distance un peu plus grande si les tablettes ont moins d'un mètre de largeur; on y place un petit monticule de bon terreau auquel on a ajouté une double poignée, à parties égales, de nitrate de soude, de chlorure de potassium et de phosphate basique (Scories Thomas) ou bien qu'on a imprégné d'engrais de vidange. Ces petits tas ne doivent pas avoir plus de 30 c. d'épaisseur et s'étendent sur un mètre de surface environ. Lorsqu'ils y sont établis depuis 3 jours, temps pendant lequel la serre ne sera plus aérée, on y place une plante de Melon, qu'on traite comme à l'ordinaire. Les vitres de la serre ne peuvent pas être blanchies ni ombragées d'aucune façon et quand les plantes ont repris on aère au besoin et on seringue pour entretenir une température moite. On bassine de temps en temps les Melons et on asperge abondamment la partie des tablettes où les cendres sont restées en place. Les Melons feront d'abondantes racines dans les cendres, qu'elles affectionnent beaucoup et où ils prospèrent, comme d'ailleurs tous les végétaux sans exception. Ne pas oublier d'arroser 2-3 fois abondamment avec des engrais délayés.

Maladies et Insectes.

Le Melon est sujet à la *Grise*, petit insecte appelé *Acarus cucumeris*, qui attaque principalement la face inférieure des feuilles. C'est l'air aride qui en est cause, aussi faut-il le combattre par les seringages. Quelquefois ce sont des pucerons verts qui proviennent de la même cause. Le *blanc* ou Erésiphé se combat par la fleur de soufre. Les gros sarments peuvent être atteints à leur point de naissance par une pourriture sèche ou *chancre* qu'on réussit à arrêter au début, en nettoyant la partie malade et en l'entourant de poussière de charbon de bois, de plâtre ou de ciment. Cette maladie est occasionnée, le plus souvent, par des arrosages mal distribués. Pour l'éviter, il ne faut jamais arroser directement au pied des plantes, mais sur toute la surface de la couche en évitant que l'eau ne coule et séjourne au pied.

Le champignon *Scoleocotrichum Melophtorum*, cause la maladie appelée *Nuile*, ayant pour conséquence la destruction rapide des tissus par la pourriture Le Melon est aussi exposé aux attaques du *Cercospora Melonis*.

L'*Anthracnose* du Haricot attaque aussi plusieurs cucurbitacées sans épargner le Melon. Il faut combattre ce cryptogame par des solutions cupriques.

A tous ces ennemis il faut opposer les moyens préventifs que procurent de bons soins de culture : se préparer à la guerre en vue de la paix et désinfecter le matériel lorsque les maladies ont sévi.

Navet.

L'idée de forcer cette plante sur couche, ferait hausser les épaules à beaucoup de nos jardiniers. Cependant aux environs de Paris, c'est une culture très importante ; certains maraîchers y consacrent plusieurs centaines de châssis, sur couches ayant donné une récolte de Laitue pommée hâtive. Quoique le Navet récolté à l'automne se conserve l'hiver, n'oublions pas, combien sa qualité s'altère par l'effet du froid et vers le printemps, par la pousse.

Fig. 472. — Navet de Milan à petites feuilles.

Une condition essentielle, c'est de posséder les variétés adaptées à cette culture : racine de fine qualité, précoce, à la formation et à feuillage très réduit. Tels sont les *N. de Milan hâtif à petites feuilles* (fig. 472), le *N. blanc rond de Jersey* et le *N. demi long blanc à forcer*, race perfectionnée du *N. des Vertus* (fig. 473).

Ces variétés se sèment dès le mois de février sur couche avec une chaleur constante qui ne doit pas dépasser 8°. On couvre la couche de 25 c. pour le N. long, de 18 c. pour le N. rond, de terreau bien décomposé, auquel on mêle 2 litres de chaux éteinte et quelques poignées de fines cendres de bois. Le semis peut se faire en petits poquets que l'on pratique à 12 ou 15 c. en tous sens et à 2 c. de profondeur ; on y dépose 2 à 3 graines ; on plombe légèrement et, après la levée, on fait le démariage. De cette

Fig. 473. — Navet demi long blanc à forcer.

façon il y a moyen de récolter environ 90 navets pour châssis ordinaire. La végétation doit marcher rapidement pour éviter la montée. Il importe de pouvoir les récolter deux mois après le semis ; on fait un nouveau semis en mars sur couche sourde. Dans l'un et dans l'autre cas il faut aérer autant que possible. Pour ce dernier semis les châssis sont enlevés après 4 semaines et utilisés pour d'autres cultures telles que Céleris, Carottes, Endives.

On peut faire avec succès des semis de N. *blanc long à forcer*, sur côtière jusque fin mars et courant avril.

Piment.

Origine.

Cette plante annuelle originaire du Brésil, est autant

une plante d'ornement en raison de ses beaux fruits rouges ou jaunes de formes variées, qu'un condiment utile.

Fig. 474. — P. rouge long.

Fig. 475. — Piment rouge long (plante).

Ce sont les fruits à l'état sec et réduits en poudre qui produisent le *poivre de Cayenne*. Les fruits frais constituent

Fig. 475. — Piment monstrueux.

l'assaisonnement indispensable des *Pickles* et des *Variantes*. Il se sème au commencement de mars en pot sur couche ou en serre chaude et on traite les jeunes plantes comme celles de Tomates, à cette différence près, qu'on les maintient définitivement en pots de 12 à 15 c., à moins de les planter en mai sur une couche éteinte. On peut aussi les semer en août et hiverner le jeune plant en serre, pour ob-

Fig. 476. — Piment Trompe d'éléphant.

tenir des fruits mûrs dans les premiers mois de l'été. Les figures 475, et 476 donnent une idée de la forme des fruits dont il existe beaucoup de variétés, quelques-unes à forme très bizarre, tels p. ex. le *P. Trompe d'Eléphant* et *P. Monstrueux*.

Pois.

La culture de primeur des Pois, sous abri vitré ou en serre-bâche, n'est pas à dédaigner, surtout lorsque l'emplacement permet de cultiver une variété précoce à ½ rames.

Sur couche, sous châssis, le Pois ne paie jamais les frais. On cultive les *P. nain mange-tout* (fig. 478), et le *P. nain à châssis* (fig. 479). Ces variétés sont naines et précoces, mais le *P. nain d'Amérique* les suit de très près; il est plus productif et son grain vert ridé est de meilleure qualité.

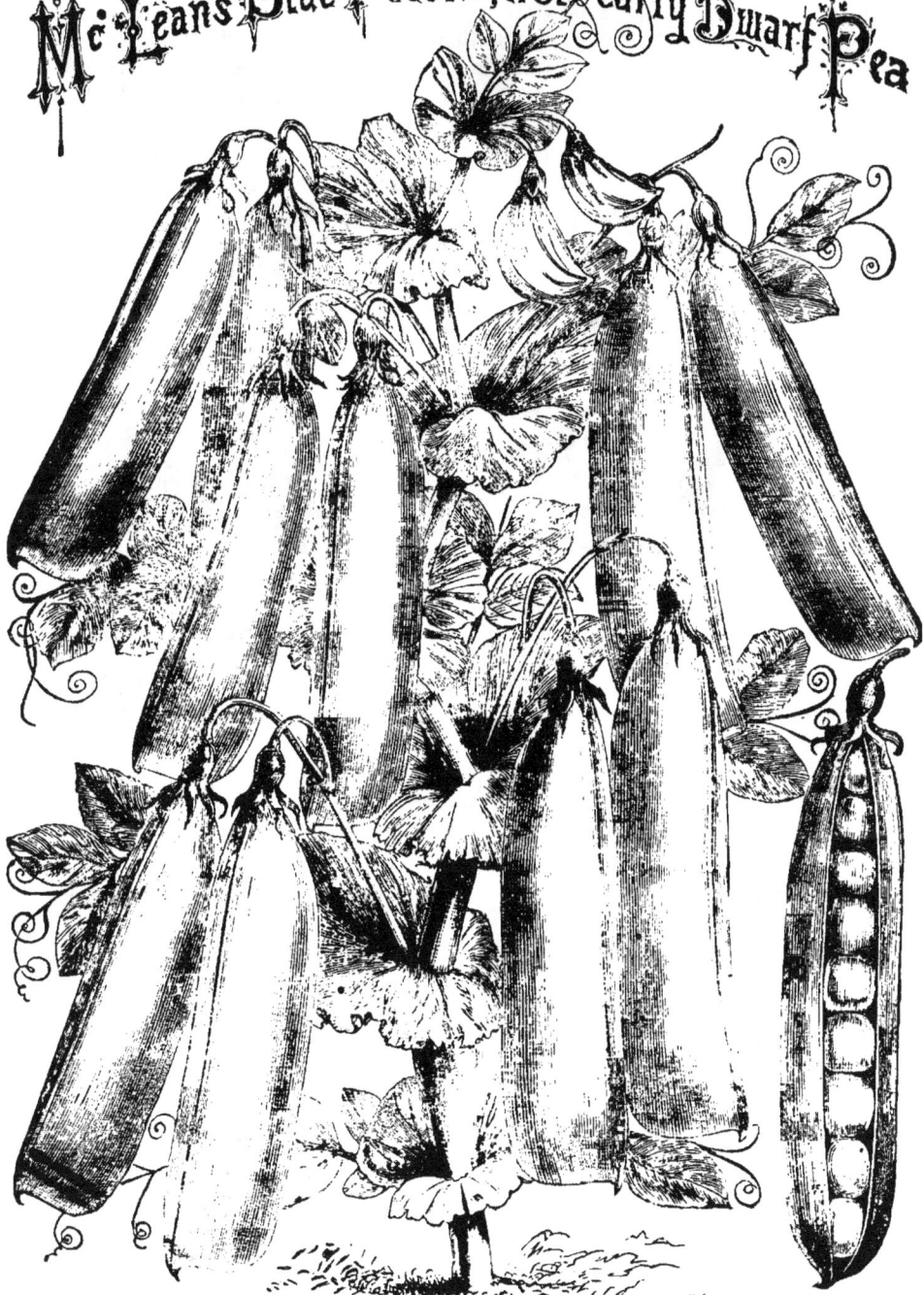

McLean's Blue Peter first early Dwarf Pea

1ST Class Certificate Royal Horticultural Society · 1872

Fig. 477. — Pois nain Blue Peter.

Parmi les pois franchement nains, la variété *Mac Lean's blue Peter*, mérite une mention spéciale ; sa taille ne dépasse guère 30 c. et quoique de 2 à 3 jours moins hâtive que le *Pois nain à châssis*, il convient très bien pour la culture forcée, parce qu'il est beaucoup plus productif. Les gousses sont à pointe obtuse, solitaires ou disposées 2 par 2 ; chaque tige porte 6 à 7 nœuds fertiles. Les graines conservent une teinte verte à la maturité. C'est aussi une variété recommandable comme bordure et comme entre-culture.

Cette variété d'origine anglaise a obtenu une haute distinction à un meeting de la société royale d'horticulture de

Fig. 478. — Pois nain mange-tout.   Fig. 479. — Pois très nain à châssis

Londres en 1872 ; en Angleterre, elle n'a encore rien perdu de sa vogue depuis cette date. Nous la cultivons depuis son apparition dans le commerce.

On sème les pois en petits pots pour les repiquer ensuite en motte sur le terreau d'une couche tiède à 35 c. de distance.

Les petits procédés mis en pratique pour hâter la production de Pois en pleine terre, peuvent être appliqués aux Pois forcés.

Si on dispose d'une serre ou d'une serre-bâche où règnent 12° à 15° de chaleur, il y a encore plus d'avantage à cultiver les *P. ½ nains, hâtifs*.

Le Pois mange-tout présente l'avantage de pouvoir être livré à la consommation avant la formation du grain et de rapporter une plus grande masse utilisable.

La conservation si parfaite des petits pois, d'après le procédé d'Appert, a donné une moins-value considérable aux produits forcés.

Les soins généraux à prodiguer aux Pois sont les mê-

mes que ceux qu'on prend des Haricots et des Fèves de
Marais. Parmi ces dernières, c'est la variété *F. naine verte
de Beck* (fig. 480) qu'on soumet à ce genre de culture, en

Fig. 480. — Fève naine verte de Beck.

la soumettant à une chaleur de 10° à 12°. Mais la Fève se
conserve, elle aussi, d'une manière si parfaite, qu'on la réclame, en hiver, plutôt aux bocaux de l'office, qu'aux châssis du primeuriste.

Pomme de terre.

A tort ou à raison, beaucoup d'amateurs attachent du
prix aux nouvelles Pommes de terre, à celles surtout qui
se récoltent tout à fait en dehors de la saison normale.

On les avance au printemps en les faisant germer dès
le commencement de février par 12° de chaleur, soit en plantant les tubercules en pots soit en les plaçant à *tout touche* non couverts de terre, sous un châssis de couche tiède, comme on met pousser les bulbes de *Begonia*.

Elles forment des germes verts, courts et trapus qui,
habitués à l'air sans transition subite, permettent de plan-

ter sur côtière en plein midi, à condition de couvrir pendant les nuits froides, car la Pomme de terre est une de ces plantes dont on dit, avec un semblant de raison « qu'elles gèlent de peur».

On conçoit que préparées en pot et mises en place sans déranger les racines, les plantes aient une grande avance sur les tubercules simplement germés. On peut aussi les

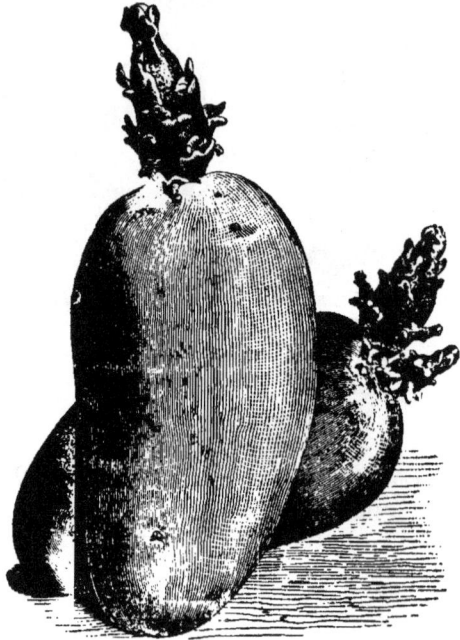

Fig. 481. — Pomme de terre Marjolin germée.

cultiver en pot jusqu'à la récolte ; dans ce but on remplit *à moitié*, de bon terreau auquel on mêle un peu de cendres de bois, des pots de 18 c. et on place un tubercule *sur* la terre du pot sans le couvrir. Quand il aura bien germé, on le couvrira légèrement de terreau et à mesure que les tiges s'allongent, on achève en deux reprises le remplissage complet des pots. Ceux-ci peuvent être placés dans une serre où règnent au moins 15° de chaleur, soit serre à Vignes, à Fraisiers, etc., soit sur couche, aussi longtemps que le permet la hauteur des tiges.

On en plante en place sur une couche de 18° à 22° de
chaleur chargée de 20 c. de terre, composée de moitié terreau, moitié terre usée des couches ou terre légère de jardins. Les plants préparés et germés sont mis à 35 c. de
distance entr'eux et couverts de 2 c. de terre. On couvre
de paillassons qu'on enlève le jour, dès que les jets ont
traversé la terre, qui recouvre les tubercules. On butte en
rechargeant de 10 à 12 c. de terre mise en deux fois. La

Fig. 482. — Pomme de terre Marjolin développée.

récolte commence au bout de 65 jours. Les tubercules se
cueillent un à un en fouillant la terre sans meurtrir le jeune produit qui se développera à son tour. Après chaque
cueillette on laisse les châssis fermés pendant un jour,
pour que les tiges reprennent leur turgescence. La production est de 4 à 5 kil. par châssis.

La plantation à 35 c. n'est pas trop rapprochée, car
non seulement, la *P. de terre Marjolin* émet des petites
tiges et en nombre limité, mais les tubercules se groupent
en masse serrée au centre de la plante, comme le montre
la fig. 482.

La variété par excellence pour ces modes de forçage est toujours la *P. de terre Marjolin* (fig. 482) et sa dérivée la *P. de terre Victor*. Cette dernière variété cultivée sur couche avec 15° de chaleur en terre et 12° au dessus, donne son produit au bout de 40 jours. Elle a la propriété de ne

Fig. 483. — Clayettes à pommes de terre.

donner qu'une génération de germes. C'est pour cette raison qu'il faut les conserver en couches simples sur des clayettes en lattes ou tringles (fig. 483) comme les pommes et les poires, ou bien disposées en petits paniers plats (fig. 484). C'est de cette façon que les maisons de commerce les

Fig. 484. — Pommes de terre germées en paniers.

conservent et les expédient toutes germées en paniers de 5 et de 10 kil.

Elles sont rangées en panier, dès l'automne, et exposées à la pleine lumière. En voyageant de cette manière les tubercules n'éprouvent, en cours de route, ni dérangement ni la moindre destruction de germes.

Il n'est pas rare de voir la *P. de terre Marjolin* produire sous terre des nouveaux tubercules sans qu'elle ait
émis des tiges. Nous avons observé ce phénomène plus
d'une fois, après avoir planté en pots des tubercules dont
le germe avait été brisé dans l'opération. C'est comme le
résultat d'une transfusion des matières élaborées, de l'un
tubercule à l'autre.

Radis.

On peut en commencer la culture fin octobre, commencement de novembre, sous châssis froid. On sème sur couche chaude à commencer de décembre. Celui qui en fait

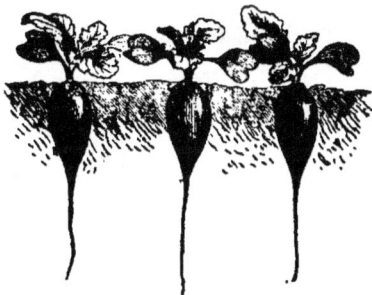

Fig. 485. — Radis provenant de graines plantées.

une culture spéciale, sèmera en rayons distancés de 7 à 8
c., *plantant* les graines à 3 c. de distance (fig. 485). La
terre doit presque toucher au vitrage et être assez tassée.

Fig. 486. — Radis rond rose hâtif.

On couvre les graines de terreau bien émietté qu'on ne
plombe pas.

Le radis n'a pas de saison spéciale dans la culture for-

cée. On le sème aussi longtemps que la pleine terre n'en
fournit pas, soit semé seul, soit associé à, ou intercalé entre d'autres légumes. La graine doit être enterrée à 2 c.
environ.

Fig. 487. — Radis Triomphe.

Les Radis se sèment entre les Carottes, mais surtout entre les Choux-fleurs, les Laitues et les Asperges vertes. On
choisit principalement les variétés, *R. rond rose hâtif* (fig.

Fig. 488. — Radis rond rose à bout blanc.

486), le *R. demi-long* (fig. 485) et le *rond rose à bout
blanc* (fig. 488) le *R. blanc hâtif à petites feuilles* et le
R. blanc demi-long. Le *L. Triomphe* (fig. 487), ce joli Ra-

dis à racine ronde, blanche, curieusement striée et tachetée d'écarlate vif, par la rapidité avec laquelle il se forme autant que par son feuillage court et peu abondant, se rattache à la série des *Radis à forcer*. La bizarrerie de sa couleur, en fait un hors d'œuvre très ornemental pour la table.

Dès que les graines soulèvent la terre, il faut aérer beaucoup. C'est pendant les premiers jours que le plant file ; le même inconvénient se produit lorsqu'on a semé trop dru.

Le dernier semis se fait dans les premiers jours de février sur couche éteinte ou sourde.

Pour s'en ménager pendant tout l'hiver, il faudrait monter des couches tièdes de trois en trois semaines, en faisant deux semis de Radis sur chaque couche.

Rhubarbe.

Outre qu'on peut hâter les premiers produits de la Rhubarbe, au printemps, en entourant les souches d'une couche

Fig. 489. — Rhubarbe Paragon forcée.

de sciure de bois, de tannée usée ou de fines cendres de houille, qu'on recouvre ensuite d'un pot à chou marin ou d'un autre grand pot à fleurs, cette plante se prête aussi à une culture forcée proprement dite : On dispose des planches de 3 lignes placées à la largeur d'un coffre. On creuse les sentiers à 60 cent. de profondeur qu'on remplit de

fumier bien tassé et qu'on monte à la hauteur du coffre.
Celui-ci est couvert de châssis et de paillassons. Les plantes ne tardent pas à pousser par une température de 12°.
Il n'est pas nécessaire d'aérer et on ne donne qu'une lumière partielle afin que les pétioles soient à moitié étiolées;
ils n'en seront que de meilleure qualité. On peut aussi enlever des touffes de pleine terre, les placer sous les tablettes d'une serre chaude ou tempérée, les privant partiellement de lumière pour obtenir de très beaux produits.

Après le forçage sur place on remet les plantes dans
leur état normal. Quant aux touffes qui ont été retirées du
jardin, on les replante, pour les forcer encore après une
année de repos. Le forçage en grand se fait sur place au
thermosiphon transportable comme nous l'avons indiqué
pour le Chou-Marin et les Asperges. On donne la préférence à la R. *Princesse royale hâtive* dérivée de la R. *Paragon.*

Tomate.

Elle est originaire du Pérou. Cette plante est trop frileuse pour supporter le plein air ; en outre elle réclame un
appui, soit mur, palissade ou tuteur, pour y soutenir ses
branches flexibles. La récolte des fruits mûrs sans l'aide de
quelques moyens artificiels est très aléatoire, et pour ce
motif nous ne l'avons pas mentionnée dans les cultures naturelles.

On doit, sous notre climat, s'en tenir surtout à la culture sous verre.

La culture sous verre et en plein air, de la Tomate se
pratique sur une vaste échelle dans les environs de Malines.

On peut faire une culture temporaire de tomates, dans
les serres à vignes nouvellement installées et où les vignes
n'occupent encore que peu de place ; cette utilisation ne
peut cependant se faire que pendant deux ans. Tout abri
vitré, si élémentaire qu'il soit, convient à la culture des Tomates. Dans les propriétés où on abrite les pêchers au printemps, on peut, à partir de fin mai, utiliser les châssis
pour improviser des serres à Tomates. Nous avons visité
en Angleterre des vastes cultures commerciales de Tomates

abritées par 50 serres contiguës d'une construction simple
en bois brut, espèces de hangars vitrés. On y multiplie les
Tomates par bouture. On construit aussi des petites serres-
volantes (fig. 490), mi-bâche, mi-serre, formées de châssis qu'on puisse déplacer aisément.

Certes le supplément de chaleur que produit le vitrage
profite aux tomates et en hâte la maturité, mais c'est l'abri

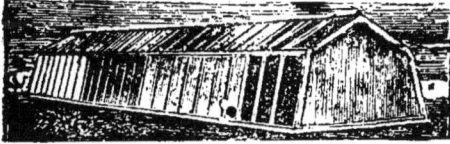

Fig. 490. — Serre mobile pour Tomates.

contre l'excès d'humidité qui est surtout précieux dans cette
culture.

La *Tomate Reine des hâtives* ou la *T. Merveille des
Marchés*, cultivées en pots, succèdent avantageusement aux

Fig. 491. — Tomate rouge naine hâtive.

fraisiers forcés. Comme on jette les plantes après le forçage, les mêmes pots servent pour les Tomates.

Pour une culture suivie, il faut avoir une installation
appropriée, consistant en une construction mi-bâche, mi-
serre, formée de châssis mobiles, de façon à pouvoir être
déplacée facilement.

30

Quant aux variétés, tous les cultivateurs visent à obtenir des fruits lisses, sans côtes, de couleur rouge foncée, à chair pleine et à tiges peu encombrantes. La *T. Champion* et *T. Perfection* répondent à ces *desiderata* : Leur tige est courte et se soutient presque sans tuteurs aussi longtemps qu'elle n'est pas trop chargée de fruits. Ces derniers sont lisses, réguliers, de précocité moyenne; leur teinte

Fig. 492. — Tomate Perfection.

Fig. 493. — Tomate Reine des hâtives.

est rouge foncé. La variété appelée *T. rouge naine hâtive* (fig. 491), qui prend moins de développement encore et dont les fruits qu'elle produit à profusion, mûrissent plus tôt, se prête fort bien à la culture en pots et en serre-bâche.

La *T. rouge Reine des hâtives* (fig. 493) est une amélioration de la *T. rouge grosse* ordinaire et en diffère par une végétation très modérée, une grande précocité et surtout par ses fruits qui sont beaucoup plus gros mais pas entièrement sans côtes.

Nous recommandons aussi la variété *T. Roi Humbert.* Le fruit, d'un beau rouge écarlate, a les dimensions d'un œuf de poule : aplati à l'extrémité, il est plutôt quadrangulaire près du point d'attache. Les grappes, étagées sur la plante depuis la base jusqu'à 1 m. de hauteur, portent en moyenne 6 à 8 fruits chacune. La chair est épaisse, ferme et de

Fig. 494. — Tomate merveille des marchés.

Fig. 495. — Tomate grosse lisse champion.

longue conservation. Maturité demi-hâtive et de toute 1re qualité pour les salades de Tomates, servies en tranches fines. La variété *Up-to-date,* produit des grappes de fruits ronds lisses, d'une finesse extrême. Les vrais amateurs de Tomates cueillent les fruits de cette variété à la plante et les mangent comme un Brugnon ou une Reine Claude.

Comme gros fruit, la *T. rouge grosse lisse Trophy* est la plus recherchée pour les conserves en boîte. La sous-variété *T. Chemin* est plus hâtive, à fruit lisse, mais elle vient assez haut de taille ; ses fruits sont souvent réunis en grappe serrée, au point qu'il faut éclaircir pour ne conserver que des groupes de 3 ou 4 fruits réunis.

On pourrait commencer le forçage en semant à mi-octobre pour récolter en avril, mais le fruit qui se consomme surtout en conserves, n'a ni une valeur ni une importance assez grandes pour compenser les frais. Nous nous bornerons donc à expliquer les modes de culture les plus utiles et les mieux à la portée de tous les amateurs.

Au commencement du mois de février on sème de la grai-

Fig. 496. — Tomate palissée sur baguettes.

ne âgée de deux à trois ans, en pot ou en terrine, qu'on place en serre chaude ou sur couche. Lorsque les plantes ont produit leurs deux cotylédons, elles se repiquent chacune dans un petit pot ou godet, en enterrant la jeune tigelle jusqu'aux folioles. Dès que les jeunes plants tapissent de leurs racines les parois du pot, on les rempote dans un pot un peu plus grand et dans du terreau léger, puis on les replace sur couche. Quand les racines ont bien traversé la nouvelle terre, on pourra les mettre à la place où elles doivent fructifier, dans des trous remplis de terreau ou en grands pots. On tient la terre modérément fraîche et on seringue de temps en temps.

Quand les plantes ont repris et que leur végétation est

lancée, il faut en pincer la tête à quatre ou cinq feuilles, afin de forcer la tige à émettre des rameaux latéraux, auxquels on donne la disposition d'un éventail ou d'un candélabre (fig. 496). On peut se servir pour le palissage-des pieds isolés, de petits lattis en forme de raquette (fig. 497) qu'on pique en terre derrière la plante.

Lorsque les rameaux principaux portent des fruits noués, on empêche toute élongation ultérieure en les rognant, fût-ce à diverses reprises, par le pincement. Toutes les autres tailles se bornent à ne laisser subsister que les bras obtenus au début du dressage des plantes, en éborgnant les

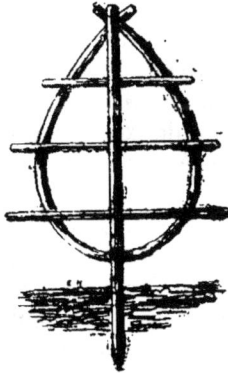

Fig. 497. — Raquette pour palissage.

yeux ou en enlevant les pousses naissantes, à l'aisselle de toutes les feuilles.

On peut aussi les conduire sur échalas, comme la Vigne en vignoble. On ne provoque, en ce cas, que la naissance de deux tiges, qu'on laisse arriver à la hauteur de 1 m. au moins, et on ébourgeonne sévèrement les rameaux latéraux.

Les Tomates cultivées sous verre et conduites en simple cordon vertical, peuvent se charger de fruits sur un parcours de 2 m. environ.

On peut encore semer au commencement de mars et planter sous simple abri vitré. Les plantes de semis faits au mois d'août et hivernées en serre fructifient tôt en saison l'année suivante.

Il faut bien aérer les serres à Tomates. Dans une atmosphère trop confinée et humide, les fruits sont atteints par un champignon du genre *Phoma*, qui creuse et dessèche les fruits que le parasite commence par marquer de tâches arrondies de moisissure blanche, qui se transforment en une croûte brune.

Culture en pots.

Lorsque les jeunes plants sont bien établis, on peut les rempoter, chacun dans un pot de 16 à 18 c. et dans une terre composée de moitié terreau de couche et moitié terre ordinaire ou terreau usé.

Cette culture est beaucoup plus facile que celle en pleine terre, d'autant plus qu'on peut déplacer les plantes suivant leurs besoins, les rapprocher du verre, les distancer davantage, les transporter vers l'époque de la floraison ou de la maturation dans un milieu plus chaud. Il faut arroser abondamment et deux ou trois fois, avec un peu de nitrate de soude délayé dans l'eau (25 grammes par 5 litres d'eau).

Quant aux soins, autres que la taille et le palissage, ils consistent à arroser les plantes, mais vers la maturité il ne faut donner de l'eau que quand elles souffrent visiblement de la sécheresse. On peut aussi effeuiller graduellement pour avancer la maturité.

Dans les situations exceptionnellement propices, on pourrait aussi en planter en pleine terre, p. ex. contre un mur au midi ou contre de petits abris improvisés ou bien sur côtière ou sur butte dans un endroit sec et bien abrité.

Pour cette culture on procède comme suit :

Quand les jeunes plants ont bien traversé la terre des petits pots on commence à les habituer peu à peu à l'air pour pouvoir les mettre en place vers le 15 mai. Les premiers jours, on ombrage au moyen de quelques ramilles qui servent en même temps d'abri contre les petites gelées blanches éventuelles.

On plante les jeunes plants dans des trous un peu plus grands que le volume de la motte et on entoure celle-ci de terreau. Il n'est pas mauvais que les plantes, après avoir traversé cette première terre, rencontrent un sol moins fertile, car leur excès de vigueur nuit à la maturation des fruits. On plante sur une petite élévation.

Si les pluies se prolongent, il faut abriter par des auvents ou des châssis, sinon plantes et fruits sont bientôt atteints par la maladie et les fruits ne mûrissent pas. Lorsque les fruits commencent à prendre couleur on effeuille successivement pour mettre ceux-ci à découvert et on finit par un effeuillement complet. Si on craignait l'arrivée des froids, on cueillerait les tomates qui sont encore sur les plantes pour les exposer sur une tablette de serre, en plein soleil, ou sous châssis, où elles achèvent leur maturité jusqu'à un degré passable. On peut aussi les laisser adhérents aux plantes, arracher celles-ci et les étendre sur un lit de paille, sous châssis.

Maladies et Insectes.

La tomate est une des plantes utiles les plus exposées aux attaques des parasites cryptogamiques. Elle est sujette à une maladie qui est en tout semblable à celle qui s'abat sur les pommes de terre et causée par le champignon *Peronospora* ou *Phytophthora infestans*, qui lui fait beaucoup de tort ; la pourriture bactérienne en détruit parfois entièrement les fruits. On prévient le développement de ce champignon et on le combat par la bouillie bordelaise (1).

Pour augmenter l'adhérence de la bouillie bordelaise sur le feuillage, on peut ajouter 2 kil. de mélasse par 100 litres d'eau ; pour l'aspersion, on se sert du pulvérisateur. La bouillie employée à temps constitue pour ainsi dire un remède infaillible ; on commence le premier traitement vers la fin de juin, on le renouvelle une ou deux fois suivant le besoin.

Une moisissure voisine du *Cladosporium* commun, le *Cl. fulvum*, forme sur les feuilles des taches gris-brun qui les recouvrent très rapidement ; il peut s'étendre aussi sur les jeunes fruits dont il entrave le développement ; parfois la plante se dessèche complètement et meurt.

---

(1) Voici une très bonne recette pour la préparation de la bouillie bordelaise :

3 Kil. sulfate de cuivre qu'on fait dissoudre dans 5 litres d'eau.

3 Kil. chaux vive qu'on éteint avec 5 litres d'eau.

La solution de sulfate de cuivre est mêlée à 90 litres d'eau. La chaux y est ajoutée après avoir été passée au tamis, en remuant le liquide.

Les racines sont parfois atteintes par un ver, *Herodora radicola*, de la famille des Anguillules.

Porte-graines.

On cueille quelques fruits des premiers mûrs, les plus gros et de préférence ceux sans côtes ou dont les côtes sont peu saillantes ; on les écrase, on extrait la graine par le lavage à grande eau et on les sèche rapidement.

Légumes herbacés.

Nous résumons sous ce titre le traitement de quelques plantes qu'on cultive sur couche, pour la production de leurs produits foliacés et qui toutes demandent les mêmes soins.

Il suffit de monter une couche suivant la saison et d'y faire les semis ou les plantations dans de bon terreau. On peut semer au besoin de l'*Arroche blonde*, du *Céleri à couper*, du *Cerfeuil*, du *Cresson alénois*, du *Pourpier*. On fait pousser des plantes qu'on met en motte sur couche : de *Cerfeuil vivace*, d'*Oseille*, de *Persil*, de *Cresson de terre* et de toutes les autres plantes condimentaires à racines vivaces dont on désire cueillir des feuilles fraîches.

On peut comprendre dans cette catégorie, toutes les plantes qu'on fait pousser par la chaleur à l'obscurité, pour l'obtention *d'étiolats* ou produits blanchis, telles que Pois semés drus pour herbe à potage, *Céleri-nave*, *Salsifis*, *Scorsonères*, etc.

Le Cresson alénois semé sur couche chaude à l'obscurité donne par ses tigelles étiolées, en 48 heures une herbe fine pour l'assaisonnement des viandes froides et pour garniture de Salade.

CALENDRIER DU POTAGER.

Epoques de semis et de production des légumes mentionnés dans cet ouvrage.

Afin de tirer de ces indications toute l'utilité possible, on devra, au commencement de chaque mois, vérifier les travaux du mois précédent restés inachevés, et commencer par ceux-ci. Souvent en effet les intempéries ou d'autres causes accidentelles empêchent l'exécution courante des opérations telles qu'elles sont renseignées dans ce calendrier.

JANVIER.

Culture sur couche ou en serre.

Production : Même année.

Asperge	Févr.-Mars
Carotte	Mars-Avril
Cerfeuil	Février
Champignon (en cave) . .	Avril-Mai
Chicorée Witloof	Mars
„ Barbe de Capucin	Fév.-Mars
Chou cabus hatif	Mai-Juin
„ de Milan hâtif . .	Mai-Juin
Chou-fleurs hâtif . . .	Mai-Juin
Chou-Marin	Mars-Avril
Concombre (en pots). . .	Avril-Mai
Cresson alénois	Février
Endive frisée fine . . .	Avril-Mai
„ toujours blanche à couper	Févr.-Mars
Epinard	Févr.-Mars
Fève de Marais hâtive .	Mai-Juin
Fraisier	Mars-Avril
Haricot noir hâtif de Belgique	Mars-Avril
Laitue pommée hâtive .	Mars
„ à couper. . . .	Févr.-Mars
„ romaine	Avril-Mai
Melon	Avril-Mai
Navet	Mars
Oignon blanc hâtif . .	Juin-Juillet
„ de Madère . . .	Sept.-Oct.
Oseille.	Févr.-Mars
Poireau	Mai-Juin
Pois nain hâtif à châssis .	Mai
Pois pour en récolter la verdure.	Février
Pomme de terre (germée) .	Avril
Pourpier	Févr.-Mars
Radis hâtif	Févr.-Mars
Tomate rouge naine hâtive	Mai-Juillet

Culture en plein terre.

Ail commun (bulbes) . .	Juin-Juillet
Cerfeuil tubéreux (stratifié)	Juin-Juillet
Fève hâtive (sur côtière abritée)	Mai-Juin
Oignon (sur cotière abritée)	Juillet-Août
Oignon (bulbilles à replanter)	Juin-Juillet
Panais.	Juin-Nov.
Persil	Mai-Autom.
Pois germés.	Mai-Juin
» semis en place . . .	Juin-Juillet

FÉVRIER.

Culture sur couche ou en serre.

Toutes les espèces et variétés désignées pour janvier peuvent être semées et en plus :

Culture en pleine terre.

Asperge semis	Année suiv.
Carotte hâtive	Juin-Juillet
Céleri à couper.	Mai
» à côtes	Juin-Août
» rave	Sept.-Oct.
Choux cabus et de Milan .	Été-Aut.
Ciboule commune. . .	Juin-Print.
Ciboulette (Civette)(plants)	tout l'Été
Cresson de fontaine . .	Été-Aut.
Echalotte (bulbes) . .	Juin-Juillet
Epinard	Avril-Mai
Fève . . . . . , . .	Mai Juin
Laitue pommée hâtive .	Mai-Juin
» « d'été. .	Juin-Août
» Romaine . . .	Juin-Juillet
Oignon (bulbilles) . .	Juillet Août
Panais	Juin-Nov.
Persil	Mai-Aut.
Poireau	Juill-Hiver

Pois nain et à rames . . . Juin-Juillet
Radis hâtifs. . . . . . . Mars-Avril
Scorsonère . . . . . . Oct.-Hiver
Stachys tubéreux(Crosnes) Nov.-Hiver

MARS.

Culture sur couche ou en serre.

Production : Même année.

Artichaut (semis)
    Année suivante. Juin-Juillet
Cardon. . . . . Oct.-Dec.
Céleri à côte . . . . . Sept.-Nov.
  » à couper . . . Mai-Juin
Champignon (en cave) . Juin-Juillet
Chou cabus et de Milan . Juin-Oct.
Chou fleur divers . . . Août-Oct.
Concombre et Cornichon . Juin-Juillet
Courge et Potiron . . Août-Oct.
Endive frisée fine d'été. Juin
Fraisier . . . . . Mai-Juin
Haricot nain hâtif . . Mai-Juin
Laitue pommée hâtive . Mai-Juin
  » à couper . . . Avril
  » romaine . . . Mai-Juin
Melon hâtif . . . . . Juillet-Août
Navet . . . . . . Mai
Oignon hâtif . . . . . Juillet-Août
Pastèque (Melon d'eau) . Sept.-Oct.
Piment. . . . . . . Août-Sept.
Poireau . . . . . . Juillet-Aut.
Pomme de terre (germée) . Mai
Radis hâtif . . Avril-Mai
Tétragone . . . . . Juillet-Aut.
Tomate . . . . . . Août-Sept.

Culture en pleine terre.

Arroche (Belle-Dame) . Mai-Juin
Asperges (griffes) 3e année. Avril-Juin
  » graines 4e année . Avril-Juin
Carotte hâtive . . Juin-Juillet
  » de 2e saison . . . Juillet-Août
Cerfeuil . . . . . Avril Mai
Chou cabus de Milan tardif Août-Oct.
Chou de Bruxelles . . Oct.-Hiver
  et vert non pommé . . Sept.-Mars
Chou fleur . . . . . Août-Oct.
  » rave . . . . Juillet-Aut.
Cresson alénois . . . Avril
  » de fontaine . . Automme
Échalotte (Bulbes) . . Juil-Août
Epinard . . . . . Mai-Juin
Fève de Marais . . . Juin-Juillet
Fraisier graines et plantes. Année suiv.
Helianthi (rhizômes) . Novembre
Laitue pommée hâtive . Mai
  » » d'été . . Juin
  » romaine . . . Juin-Juillet
Navet hâtif . . . . Août
Oignon (graines) . . . Août-Sept.
  » (bulbilles à replanter) Juillet-Août
Oseille . . . Fin d'été-aut. et an. suiv.
Oseille-épinard . . . . Aut.-Print.

Panais . . . . Juillet.Nov.
Persil . . . . Juin-Aut.
Poireau d'hiver . . . Août-Print.
Pois nain et à rames . . Juin-Juillet
Pomme de terre
    Suivant les var. Juin-Août
Radis hâtif . . . . . Avril-Mai
Raifort sauvage (racines) . Oct.-Print.
Salsifis blanc . . . . Oct.-Février
Sariette vivace . . . . Année suiv.
Scorsonère Oct.-hiv. et An. suiv.
Stachys tubéreux (tuber-
  cules) . . . . . Nov.-Hiver
  Etc., etc.
Pendant ce mois on sépare et on replante
  toutes les plantes vivaces qui réclament
  ce soin : Rhubarbe, Oseille, toutes les
  plantes condimentaires : Ciboule, Ci-
  boulette, etc.

AVRIL.

Culture sur couche ou en serre.

Production : Même année.

Cardon. . . . . . . Oct.-Hiver
Champignon (Blanc de) (en
  cave). . . . . . Juillet-Août
Concombre et Cornichon . Juin-Oct.
Courge et Potiron . . Sept.-Oct.
Haricot flageolet d'Etam-
  pes . . . . . . Juin-Juillet
Haricot noire de Belgique. Juin-Juillet
Melon . . . . . . Août-Sept.
Piment . . . . . . Sept.-Oct.
Tomate . . . . . . Août-Sept.
  Etc. etc.

Culture en pleine terre.

Arroche (Belle dame) . . Juin-Juillet
Artichaut (œilletons)
    Parfois Sept.-Oct. et
    année suiv. Juin-Août
Asperges (griffes) 3e année Avril-Juin
  » (graines) 4e année Avril-Juin
Betterave à salade . . Sept.-Nov.
Carotte hâtive . . . Juillet-Sept.
  » tardive. . . . Oct.-Nov.
Céleri à côté . . . . Sept.-Oct.
Céleri-rave . . . . . Oct.Nov.
Cerfeuil commun . . . Mai-Juin
Chicorée sauvage et amé-
  liorée . . . . . Juin-Oct.
Chicorée de Bruxelles . .
Choux cabus tardif . . Sept.-Nov.
  » de Milan tardif . Sept.-Nov.
  » de Bruxelles . . Oct.-Hiver
  » vert non pommé . Sept.-Mars
Chou fleur demi-hâtif . Août-Oct.
Chou navet ou Rutabaga . Oct.-Hiver
Chou rave (sur terre) . Août-Sept.
Ciboule commune . . Juill.-Print.

Cresson alénois . . . . Mai
» de fontaine . . . Sept.-Print.
« de jardin ou vivace Aut -print.
Endive frisée et scarole . Juillet Août
Epinard . . . . . . Juin-Juillet
Fève de marais . . . . Juillet-Août
Haricot hâtif . . . . Juin-Août
Laitue pommée d'été . Fin Juin-Sept.
Laitue romaine . . . . Juill.-Août
Poireau . . . . . . Août-Print.
Poirée à carde . . . . Oct.-Print.
Pois nain et à rames . . Juillet-Sept.
» sans parchemin ou
Mange tout. . . . . Juill.-Sept.
Pomme de terre (tuber-
cules) . . . . Juillet-Oct.
Radis d'été et Rave. . . Mai-Juin
Sariette annuelle . . . Juill.-Août
Tétragone cornue . . . Juillet-Oct.
Thym (graines) . . . . année suiv.

MAI.

Culture en pleine terre.

Production : Même année.

Arroche (Belle-Dame) . . Juillet-Août
Betterave à salade . . . Sept.-Hiver
Cardon. . . . . . . Nov.-Hiver
Céleri court . . . . . Oct -Hiver
» Rave . . . . . Oct.-Nov.
Cerfeuil (à l'ombre) . . Juin-Juillet
Champignon (en cave) ou
à l'air libre . . . . Août-Sept.
Chicorée sauvage améliorée
de Bruxelles . . . . Oct.-Nov.
Chicorée (pour barbe de ca-
pucin) . . . . . . Nov.-Avril
Chou cabus hâtif . . . Août-Sept.
et tardif. . . . . . Oct.-Hiver
Chou de Milan hâtif. . Août-Oct.
» » tardif . Oct.-Hiver
» vert non pommé . Oct.-Mars
et de Bruxelles . . Oct.-Févr.
Chou fleur . . . . . Sept.-Nov.
» rave blanc et violet . Sept.-Oct.
Concombre et cornichon . Juillet-Sept.
Courge et Potiron . . . Sept.-Oct.
Cresson alénois . . . . Juin
» de Fontaine . . . Aut. Print.
Endive d'été et scarole . Août-Sept.
Epinard d'été (à l'ombre) . Juin-Juillet
Haricot nain et à rames . Juill.-Sept.
Laitue pommée d'été . Juillet-Sept.
« Romaine . . . Août-Sept.
Melon . . . . Août-Sept.
Navet hâtif . . . . . Juillet-Août
Oseille. . . . . . . Août-Aut.
Persil . . . . Août-Déc.
Poireau. . . . . . . Hiv.-Print.
Poirée blonde . . . . Juillet-Août
» à carde . . Oct.-Print.
Pois nain et à rames . Août-Sept.

Pomme de terre tardive . Sept.-Oct.
Pourpier . . . . . . Juin-Juillet
Radis d'été . . . . . Juin-Juillet
Rave et R. d'automme. . Août-Oct.
Salsifis blanc . . . . Oct.-Mars
Scorsonère
Année suivante. Été-Aut.
Tétragone cornue . . . Août-Oct.

JUIN.

Culture en pleine terre.

Production : Même année.

Arroche (Belle-Dame) . . Juillet-Août
Betterave à salade . . . Oct.-Nov.
Carotte hâtive . . . . Sept.-Nov.
Céleri court . . . . . Oct.-Nov.
Cerfeuil (à l'ombre). . . Juillet-Août
Champignon (en cave ou à
l'air libre) . . . . . Sept.-Oct.
Chicorée pour barbe de ca-
pucin . . . . . . Nov.-Avril
Chou de Milan tardif . . Nov -Hiver
» de Bruxelles . . Nov.-Fév.
» vert non pommé . Nov -Mars
» fleur. . . . . . Sept.-Nov.
» Brocoli ann. suivante. Mars-Avril
Chou-navet . . . . . Oct -Hiver
Chou-rave hâtif . . . Sept.-Oct.
Concombre et Cornichon Août-Oct.
Courge (pour manger en
fruit jeune) . . . Sept.-Oct.
Cresson alénois (à l'ombre) Juillet
Endive frisée et scarole . Sept
Epinard (à l'ombre). . . Juillet
Fraisier (graines) an. sui-
vante . . . . . . Sept.
Haricot nain hâtif . . . Sept.
Laitue. . . . . . . Août-Sept.
Navet. . . . . . . Août-Oct.
Oseille (Semer) . . . Octobre
Persil . . . . Août-Déc.
Pissenlit . . . . . . Printemps
Poireau . . . . . . Hiver-Prin.
Poirée blonde . . . . Aut.-Print.
Pois Michaux . . . . Sept.-Oct.
Radis d'été et Rave. . Août

JUILLET.

Production : Même année.

Arroche (Belle-Dame) . . Septembre
Carotte hâtive . . . . Oct.-Nov.
Cerfeuil (à l'ombre) . . . Août-Oct.
Champignou (blanc de) (en
cave) . . . . . . Sept.-Oct.
Chicorée sauvage et amé-
liorée . . . . . . Août-Mars
Chou-Brocoli Année suiv. Mars-Avril
» rave hâtif (sur terre) Octobre
» vert non pommé frisé Déc.-Print.
Ciboule commune . . . Oct.-Print.
Claytone de Cuba . . . Oct.-Print.

Cresson alénois (à l'ombre) Août-Oct.
Endive frisée de Meaux et
  Reine d'hiver . . . . Sept.-Nov.
Endive scarole . . . . Sept.-Nov.
Épinard (à l'ombre). . . Août
Haricot flageolet (récolte
  en vert) . . . . . Sept -Oct.
Laitue pommée d'automne Sept.-Oct.
  »   romaine . . . . Sept.-Oct.
Mâche . . . . Sept.-Nov
Navet . . . . Sept.-Nov.
Ognon blanc hâtif de Paris
  (2ᵉ quinzaine).
         Année suiv Mai-Juin
Oseille   Oct.-Nov. et Années suiv.
  » Épinard
     Print. suiv., mieux 2ᵉ année
Persil . . . . Oct -Déc.
Pissenlit . . . .Année suiv. Print.
Poireau . . . . . . Déc.-Print.
Pois de 2ᵉ saison . . . Oct. Nov.
Pourpier doré . . . . Août-Sept.
Radis d'été et Rave . . Août-Sept
  » d'hiver. . . . . Oct.-Hiver
  » d'automne . . . Sept.-Déc.

AOUT.

Carotte courte . . . . Hiv.-Print.
Cerfeuil . . . . . . Sept -Nov.
Champignon . . . . . Oct -Déc.
Chou cabus hâtif . . . An.suiv.Mai
  » » rouge
        Année suiv. Août-Déc.
Chou de Milan hâtif
        Année suiv. Avril-Mai
  » fleur hâtif
        Année suiv. Avril-Mai
Claytone de Cuba . . . Hiv.-Print.
Cresson alénois . . . . Sept.-Oct.
Épinard   Sept.-Oct. et Mars-Avril
Fraisier (plants)
        Année suiv. Mai-Juin
Laitue pommée d'hiver
        Année suiv. Mars-Avril
  » pommée hâtive
  » romaine
        Année suiv. Mars-Avril
Mâche . . . . Oct.-Nov.
Navet d'automne et d'hiver Nov.-Mars
Oignon blanc hâtif
        Année suiv. Avril-Juin
Oseille. . . . Nov et Année suiv
Persil . . . . Nov.-Print.
Radis hâtif . . . . . Sept.-Oct
  » d'hiver . . . . Nov.-Hiver

SEPTEMBRE.

Culture en pleine terre.
Production : Année Suivante.
Cerfeuil ordinaire . . . Oct.-Nov.
  » tubéreux . . . Juillet

Champignon (en cave) . . Nov.-Janv.
Chou cabus hâtif . . . Mai-Juillet
  « de Milan hâtif· . . Mai-Juillet
Chou fleur . . . . . Mai-Juin
Cresson alénois
        Même année Oct.-Print.
Endive d'Italie et E. de
  Louviers (sous châssis)
        Même année Déc.-Févr.
Épinard . . Même année Nov.-Avril.
Fraisier (plants). . . . Mai-Juin
Laitue hâtive (sous chassis) Déc.-Févr.
  » pommée d'hiver . Avril-Mai
Mâche . . . Même Année Nov.-Mars
Navet hâtif . Même année Novembre
Persil . . . . . . Mars-Mai
Radis hâtif   Même année Oct.-Nov.

OCTOBRE.

Culture en pleine terre.
Production : Année suivante.
Cerfeuil . . . . . . Printemps
Champignon (en cave) . . Déc.-Févr.
Cresson alénois
        Même année Nov.-Print.
Épinard . . . . . . Mars-Mai
Fraisier (plants) . . . . Mai-Juin

NOVEMBRE.

Culture sur couche.
Production : Année suivante
Carotte rouge très courte . Févr.-Mars
Chou fleur hâtif . . . Févr -Mars
Cresson alénois . . . Déc.-Janv.
Laitue pommée hâtive . Févr.-Avril
Radis hâtif . . . . . Déc.-Janv.

Culture en pleine terre.
Pois Michaux (bonne expo-
  sition) . . . . . Mai-Juin

DÉCEMBRE.

Culture sur couche ou en serre.
Production : Année suivante.
Asperge forçage sur place . Février
Carotte rouge très courte . Févr.-Mars
Champignon (en cave) . . Mars-Avril
Chicorée witloof. . . . Janv.-Avril
Chou-marin . . . . . Janv.-Févr.
Fève naine . . · . . Avril-Mai
Haricot flageolet hâtif . . Mars-Avril
Laitue pommée hâtive. . Mars-Avril
Pommes de terre Victor
  et Marjolin (germées) Mars-Avril
Radis hâtif . . . . . Février

TABLE DES MATIÈRES.

Ouvrages du même auteur.

---

www.ingramcontent.com/pod-product-compliance
Lightning Source LLC
Chambersburg PA
CBHW060919220326
41599CB00020B/3025